Motorrad-
Technik pur

Gaetano Cocco

Übersetzung von Waldemar Schwarz

Motorrad-Technik pur

Funktion – Konstruktion – Fahrwerk

Motor buch Verlag

Wir wollen uns bei denen bedanken, die uns bei diesem Buch unterstützt haben.

Professor Vittore Cossalter für seine unverzichtbare, wissenschaftliche Unterstützung;
Alan Cathcart für die Betreuung der englischen Übersetzung;
Dr. Laura Bastianetto für ihre Hilfe beim Erstellen des Textes.

All den Rennfahrern, Testfahrern, Mechanikern und Konstrukteuren in der Renn-
abteilung und Entwicklung, die dazu beigetragen haben, Aprilias umfangreiches
technisches Know How zu schaffen.

Einbandgestaltung: Katja Draenert unter Verwendung des Originalumschlages von
Andrew Hutchings.

Copyright 1999 © by Giorgio Nada Editore, Vimodrone (Milan). Die Originalausgabe ist dort
erschienen unter dem Titel „**How and why - Motorcycle Design and Technology**".
Ins Deutsche übersetzt von **Waldemar Schwarz**.

ISBN 3-613-02416-0

1. Auflage 2005

Copyright © by Motorbuch Verlag, Postfach 103743, 70032 Stuttgart.
Ein Unternehmen der Paul Pietsch Verlage GmbH + Co.

Sie finden uns im Internet unter:
www.motorbuch-verlag.de

Lektor: Joachim Kuch
Satz: PHG-Lithos, 82152 Martinsried / TEBITRON GmbH, 70839 Gerlingen
Druck und Bindung: Castelli Bolis Poligrafiche Spa, Bergamo
Printed in Italy

Inhaltsverzeichnis

Vorwort

In erster Linie möchte ich meinem Freund und langjährigen Mitarbeiter Gaetano Cocco danken, der dieses Buch erdacht und geschrieben hat. Ein solch beachtliches Werk hat in der internationalen Motorradliteratur bisher gefehlt. Es deckt daher einen grundlegenden Bedarf.

Dieses Buch ist sowohl für den Motorradenthusiasten, als auch für junge Leute gedacht, die auf dem Zweiradsektor Konstrukteure oder Techniker werden wollen. Es basiert auf dem breiten Erfahrungsschatz, den Aprilia über viele Jahre in der Forschung, Entwicklung und Konstruktion von Straßen- und Rennmotorrädern gesammelt hat. Das Wissen steht nun jungen Leuten und all denjenigen zur Verfügung, die beabsichtigen, ihre Leidenschaft fürs Motorrad zu vertiefen, indem sie mehr über die Grundlagen und technischen Aspekte erfahren wollen.

Das bedeutet aber nicht, dass dieses Werk nur ein technisches Handbuch oder eine Arbeitsanleitung für Werkstattspezialisten sein soll. Es beabsichtigt vielmehr, klar und einfach die Prinzipien und Gesetze der Physik zu beschreiben, die das Fahrverhalten eines Zweirads bestimmen: Der Fahrer ist in der Lage, Zeugnis von Dynamik, Schräglage und Kurvenfahren sowie Powerslides und Wheelies abzulegen.

Ein Geheimnis bleibt ungelöst. Wir alle wissen, dass es Dinge gibt, die wir nicht leisten können. .... Andere Dinge tun wir, ohne es zu wissen. Kaum ein Motorradfahrer hat vorher jemals die physikalischen Grundlagen zum Fahren eines Zweirads studiert. Wir lernen es ganz automatisch durch unseren Instinkt, indem wir den angeborenen Gleichgewichtssinn benützen.

Cocco`s Buch beabsichtigt, unserem Unterbewusstsein zu lernen, wie man Motorrad fährt. Es liefert auch eine wissenschaftliche Erklärung, wie man die höchste Leistungsfähigkeit und Sicherheit mit dem Motorrad erreicht. Fahrer, die gewohnt sind, sich auf ihre Maschinen zu setzen und loszufahren, ohne groß darüber nachzudenken, werden während dem Lesen herausfinden, dass plötzlich Einsichten und Erinnerungen über Fahrsituationen oder Erfahrungen in ihrem Gedächtnis aufblitzen.... vielleicht sogar der unerwartete Sturz, der bisher Rätsel aufgegeben hat.

Aus diesem Grund empfehle ich das Buch allen Motorradbegeisterten. Durch die Offenlegung des Zusammenspiels der Kräfte lernt uns Cocco, unsere Maschinen besser zu verstehen und zu beherrschen, ohne den Spaß, das Gefühl und den Nervenkitzel beim Motorradfahren einzuschränken.

Als Kind war es mein großer Traum, eines Tages Motorradweltmeister zu werden. Ich muss gestehen, ich hatte immer die Angewohnheit, von großen Taten zu träumen. Aber die Erfahrung hat mich gelehrt, dass Schwierigkeiten dazu da sind, Individualisten noch stärker anzutreiben: Je größer also ihr Traum ist, um so mehr Kraft und Nachdruck legen sie in dessen Verwirklichung. Das lässt sich auf geschäftliche Aktivitäten ebenso wie auf den Rennsport anwenden, für Unternehmer ebenso wie für Rennfahrer. Aprilia ist dafür ein gutes Beispiel.

Die Bestimmung ist selbstverständlich nicht die einzige Voraussetzung, um persönliche Träume zu erfüllen: Ein bisschen Glück ist unverzichtbar. Um ehrlich zu sein, es kommt oft zur rechten Zeit. Mein großes Glück – und das von Aprilia – besteht darin, dass ich erfolgreich in wenigen Jahren einen Kern innovativer und intelligenter junger Leute um mich versammeln konnte, die dank ihrer Liebe zum Motorrad und ihrer Begeisterung für den Rennsport hoch motiviert sind.

Ich hoffe, dass dieses Buch etwas von der Leidenschaft und Begeisterung, dem wahren Kapital von Aprilia, auf junge Leute von heute und auf diejenigen überträgt, die sich in der Zukunft der faszinierenden Welt des Motorrads widmen wollen. Ich hoffe auch, dass es ihnen hilft, auf Herausforderungen, die sie im neuen Jahrtausend erwarten, besser vorbereitet zu sein.

Ivano Beggio

Kapitel 1

Einleitung

Warum

Das Buch erklärt die fundamentalen Größen, welche die Funktion und das Verhalten der wichtigsten Bauteile des Motorrads beeinflussen, und beabsichtigt gleichzeitig, das Fahrvergnügen zu steigern.

Für wen ist dieses Buch?

Für denjenigen, der nie ein Motorrad gefahren hat und der sich der Welt des Motorrads anschließen will. Es ist nie zu spät...
Für junge Motorradbegeisterte.
Für alte Hasen mit Erfahrung, die Motorräder im Blut haben.
Für Asse mit Nerven aus Stahl, die gleichzeitig Wert auf Stil legen.
Für gut informierte Technikexperten, die eine Menge Know How auf diesem Gebiet haben.
Mit einem Wort, dieses Buch ist für jeden Motorradfahrer.

Wie?

Dank der Anleitung wird selbst der anspruchsvollste und am besten informierte Leser in der Lage sein, einen Nutzen aus der vollständigen Präsentation technischer Hintergründe für unterschiedliche Konzepte zu ziehen, die selten so gründlich erklärt wurden.

Der erste Teil des Textes erklärt die physikalischen Grundlagen, welche die Handhabung und Kontrolle eines Motorrads ermöglichen. Gleichzeitig behandelt es die geometrischen Größen, die das dynamische Verhalten eines Fahrzeugs bestimmen. Der zweite Teil liefert eine komplette Illustration der wichtigsten Bauteile des Motorrads und deren grundsätzliche Funktion.

Eine große Anzahl von Zeichnungen, Tabellen und Illustrationen runden das Buch zur Veranschaulichung ab.

Zum Verständnis der Konzepte zieht der Autor oft Vergleiche zwischen Motorrädern und Pkws. Beide zeigen sowohl Ähnlichkeiten, als auch grundsätzliche Unterschiede zwischen dem Aufbau und dem Verhalten der beiden Fahrzeugkategorien.

Erklärtes Ziel dieses Buches ist es, dem Leser mehr Bewusstsein und Kenntnis zu verschaffen, damit er mit dem Motorrad eine Einheit bildet und gleichzeitig mehr aktive Sicherheit und Erfahrung gewinnt.

Kapitel 2

Motorrad-
fahren

Den Strand entlang zu fahren gehört zu einer der stärksten Ausdrucksformen des Freiheitsdrangs, die das Motorrad bietet. Die technische Beschreibung eines "Einspurfahrzeugs", wie das Motorrad in der Literatur genannt wird, steht in direktem Zusammenhang mit dem typischen Eindruck, den es beim Strandriding hinterlässt.

Diese Eigenheit gestaltet das Studium des Motorrads so unbestreitbar komplex, gleichzeitig aber auch so überraschend und faszinierend.

Die Transportmittel, die wir gewöhnlich im Alltag benutzen und die uns so vertraut sind, dass wir ganz selbstverständlich mit ihnen umgehen, lassen sich im Wesentlichen in zwei Kategorien einteilen: In zwei- und vierrädrige Fahrzeuge.

Zur ersten Kategorie gehören Fahrrad und Motorrad, die in ihrem Bewegungsablauf identisch sind. Zur zweiten das Automobil, das heutzutage das am besten erforschte Fahrzeug mit der umfangreichsten Geschichtsschreibung ist.

Zweifellos besteht der wesentliche Unterschied zwischen dem Auto und dem Zweirad im Problem, das Gleichgewicht aufrecht zu erhalten:

Eine zwar banale, aber grundlegende Betrachtung ruft ins Gedächtnis, dass ein stehendes Auto, ob mit oder ohne Insassen, eine stabile Gleichgewichtslage einnimmt. Das Motorrad fällt dagegen im Stand um, wenn der Fahrer es nicht festhält oder der Ständer nicht stützt.
Einige einfache Beobachtungen erhellen grundsätzliche Unterschiede bei der Betrachtung der beiden Fahrzeuge in Bewegung:

Ein Jugendlicher, der das erste mal am Steuer eines Autos sitzt, merkt schnell und intuitiv, dass bei der Drehung am Lenkrad das Fahrzeug entsprechend einschlägt. Selbst Anfänger können das Fahrzeug auf Anhieb in die gewünschte Richtung dirigieren.

Dagegen hat selbst ein Erwachsener zwangsläufig Probleme, wenn er erstmals versucht, Fahrrad zu fahren. Anfänger sind bei dem Versuch, die richtige Richtung einzuschlagen, gezwungen, ihre Füße auf den Boden zu stellen, um das Gleichgewicht zu halten.

Anfangs balancieren sie ungeschickt, um nicht umzukippen. Sie merken jedoch schnell, dass es um so leichter geht, das Gleichgewicht zu halten, je höher die Geschwindigkeit ist.

Die Handhabung und Kontrolle eines Zweirads ist tatsächlich alles andere als einfach und intuitiv. Es überrascht vielleicht, dass eine komplexe "Strategie" das Fahrverhalten diktiert, die das Gehirn unbewusst erarbeitet hat.

Es liegt an unserer Vertrautheit im Umgang mit dem Fahrzeug und unserem Gefühl, es zu beherrschen, das es wie einen Teil von uns erscheinen lässt. Und zwar derart stark, dass wir eine Frage aus den Augen verlieren, die alles andere als banal ist: Welches physikalische Phänomen ermöglicht es dem Fahrer, das Motorrad senkrecht zu halten oder geradeaus und Kurven zu fahren?

Der erste Teil des Buchs bearbeitet all diese Themen. Er vermeidet in erster Linie komplexe und schwierige Erklärungen, um einen einfachen Zugang zum Kernpunkt zu finden.

Welche geometrischen Parameter wirken sich also am stärksten auf das dynamische Verhalten eines Motorrads aus? Wie beeinflussen grundsätzliche Größen wie Schwerpunktshöhe, Radstand und Nachlauf das Fahrverhalten eines Motorrads?

Das Buch versucht zu erklären, wie man ein Motorrad in unterschiedlichen Situationen unter Kontrolle hält. Ebenso will es das Bewusstsein des Fahrers schärfen, das ihm die Befriedigung und den Spaß vermittelt, ein Motorrad zu beherrschen.

Das Motorrad ist ein funktionelles Transportmittel, gleichzeitig aber auch eine besondere und spannende Quelle des Vergnügens.

Der zweite, eher beschreibende Teil widmet sich der Illustration der grundlegenden Bauteile des Motorrads.

Unsere Absicht ist es nicht, ein weiteres technisches Handbuch anzubieten, sondern viel mehr, die Aufmerksamkeit des Lesers auf die, in den folgenden Kapiteln präsentierten Konstruktionskriterien zu richten.

Kapitel 3

Geradeausfahrt
Warum das Motorrad
das Gleichgewicht hält

Wie der Leser aus eigener Erfahrung weiß, ist der erste Sturz beim Erlernen des Fahrradfahrens das schlimmste Erlebnis. Ebenso sind die zahlreichen Informationen, als auch der Umfang des Einstiegskapitels eine erste große Herausforderung. Doch wenn diese Hürde erst einmal genommen ist, sind die folgenden Kapitel viel leichter zu verstehen.

Der unerfahrene Fahrrad- oder Motorradfahrer muss zu erst das Problem lösen, gleichzeitig das Gleichgewicht zu halten und die Richtung der Vorwärtsbewegung zu kontrollieren.

Wir wollen nun die Faktoren beschreiben und analysieren, die es dem Fahrer ermöglichen, das Zweirad stabil in der Vertikalen zu halten und geradeaus zu fahren.

Diese Faktoren sind im wesentlichen:

- **Massenträgheitskräfte;**
- **Kreiselkräfte;**
- **durch den Nachlauf erzeugtes Rückstellmoment.**

Die stabilisierende Wirkung der Massenträgheitskräfte ist leicht zu erklären und zu verstehen.

Massenträgheitskräfte

Das Produkt der Masse eines Körpers, multipliziert mit seiner Geschwindigkeit, ergibt seine Bewegungsenergie. *Je größer dieser Betrag ist, umso geringeren Einfluss können äußere Kräfte auf dessen Bahn nehmen.*

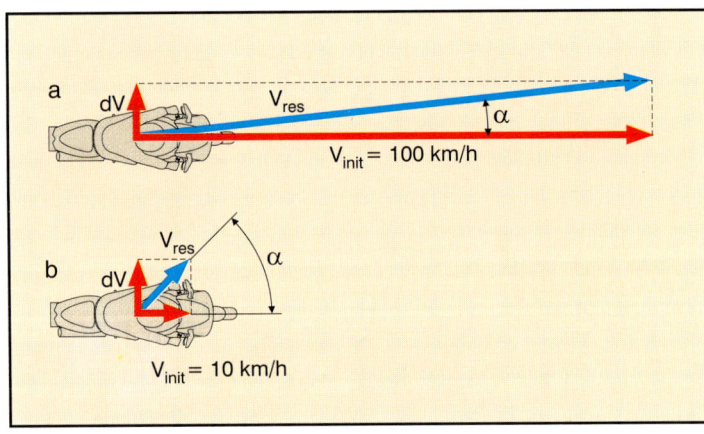

Abbildung 3.1: Mit zunehmender Geschwindigkeit wird der Einfluss von Kräften, die rechtwinklig zur Fahrtrichtung angreifen, immer geringer.
v_{init} = Ausgangsgeschwindigkeit;
v_{res} = resultierende Geschwindigkeit;
dV = seitlich angreifende Geschwindigkeitskomponente;
α = resultierender Winkel.

Ein Motorrad bewegt sich zum Beispiel mit konstanter Geschwindigkeit von 100 km/h. Falls das Fahrzeug, bei Seitenwind, zusätzlich eine Geschwindigkeit von zehn km/h, rechtwinklig zur ursprünglichen Fahrtrichtung aufnimmt, ergibt sich eine Resultierende, die der Vektor in Abbildung 3.1.a zeigt.

Die Richtungsänderung des resultierenden Vektors fällt sehr gering aus.

Falls das Motorrad jedoch mit viel geringerer Geschwindigkeit von etwa zehn km/h unterwegs ist, verursacht die selbe, vom Seitenwind erzeugte Querkomponente eine erheblich größere Richtungsänderung, siehe Abbildung 3.1.b.

Mit steigender Geschwindigkeit bewirken Abweichungen quer zur ursprünglichen Fahrtrichtung geringere Richtungsänderungen.

Daraus ergibt sich: Je größer die Geschwindigkeit ist, umso schwerer lässt sich das Fahrzeug von seiner ursprünglich eingeschlagenen Richtung ablenken.

Das gleiche Prinzip lässt sich auf die Masse übertragen.
Ein Körper widersetzt sich der Änderung seiner Bewegungsbedingungen wie Geschwindigkeit und Richtung umso stärker, je schwerer er ist.

Betrachten wir nun anstatt zwei gleicher Fahrzeuge mit unterschiedlicher Geschwindigkeit zwei Fahrzeuge mit gravierenden Gewichtsunterschieden, zum Beispiel einen Roller und ein großes Tourenmotorrad mit gleicher Geschwindigkeit. Tritt dann eine Störkraft auf, ist die resultierende Änderung der Geschwindigkeit für beide Körper umgekehrt proportional zu ihrer Masse.

Daraus ergibt sich: Es ist umso einfacher, geradeaus zu fahren, je höher *Geschwindigkeit und Masse* eines Motorrads sind.

Kreiselkräfte

Eine tiefgreifende Erklärung der physikalischen Gesetze, welche die Kreiselkräfte erzeugen, wäre zu zeitraubend und komplex. Deshalb vereinfacht man: Immer wenn sich ein Rotationskörper um eine Achse dreht und gleichzeitig um eine zweite Achse geschwenkt wird, entsteht das, was die Literatur als Kreiselkraft bezeichnet, also ein Moment, das in einer dritten Ebene senkrecht zu den beiden anderen wirkt.

Der Alltag liefert viele, durchaus geläufige Beispiele von Kreiselkräften. Um beim Zweiradthema zu bleiben, kann man das Rad eines Fahrrads in Drehung versetzen und wie in Abbildung 3.2 an der Radachse halten. Wenn man das Rad parallel auf- und abwärts bewegt, ist in den Händen keine Reaktionskraft spürbar. Die zum Heben und Senken nötige vertikale Kraft entspricht der Gewichtskraft des Rads.

Nun versucht man, die Radachse schnell in der horizontalen Ebene zu drehen, so als ob der Fahrer den Lenker einschlägt. In diesem Fall wirkt ein Moment auf die Arme, welches das Rad um die Längsachse verdrehen will.

Abbildung 3.3 veranschaulicht den beschriebenen Effekt.

Eine Reihe von Beobachtungen lassen sich nun festhalten:

- je schneller sich das Rad dreht, um so stärker tritt dieser Effekt auf;
- je nach dem, wie schnell man die Achse verdreht, ändert sich die Reaktionskraft ganz erheblich.

Tatsächlich bestimmt der folgende mathematische Zusammenhang das von den Kreiselkräften verursachte Moment:

Gleichung 3.1

$$M_{kreisel} = I_r \cdot \omega_r \cdot \omega_s$$

mit:
- I_r, dem Massenträgheitsmoment des Rads, bezogen auf die Radachse;
- ω_r, der Winkelgeschwindigkeit des Rads in Radiant/Sekunde;
- ω_s, der Winkelgeschwindigkeit in Radiant/Sekunde, mit der die Radachse aus der Drehebene des Rades herausgedreht wird.

Brachte die Demonstration der Kreiselkräfte des rotierenden Rads bereits eine Überraschung, so ist sie bei gegenläufig rotierenden Rädern noch größer. Wenn man zwei Räder eines Fahrrads auf einer gemeinsamen Achse montiert und sie in gegenläufiger Richtung in Rotation versetzt, ist kein Reaktionsmoment zu spüren wenn man die Radachsen aus der Drehebene bewegt.

Die drei wichtigsten Auswirkungen der Kreiselkräfte, die beim Motorrad auftreten:

- Die erste, das sogenannte **Lenkmoment**, betrifft das gelenkte Vorderrad. Es entspricht praktisch der Situation im vorhergehenden Beispiel. Das Rad dreht sich um die eigene Achse, während der Fahrer es beim Richtungswechsel gleichzeitig aus seiner Drehebene auslenkt. Das Moment, das in diesem Fall auftritt, will das Motorrad in die entgegengesetzte Richtung neigen, in die der Fahrer lenkt. Genau das macht das Kurvenfahren so kompliziert, siehe Abbildung 3.4.

- Die zweite, die eine stabilisierende Wirkung, das sogenannte **Rollmoment** erzeugt, berücksichtigt das Motorrad als ganzes und geht von einer fixierten Lenkung aus. Wenn sich das Motorrad in Schräglage befindet, also rollt, und sich die

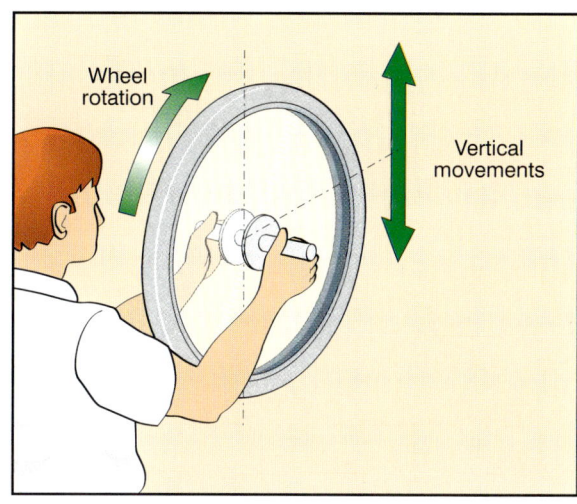

Abbildung 3.2: Beim Heben und Senken der Arme, fühlt man allein die Gewichtskraft des Rads.
Wheel rotation = Drehbewegung des Rads
Vertical movements = senkrechte Bewegung

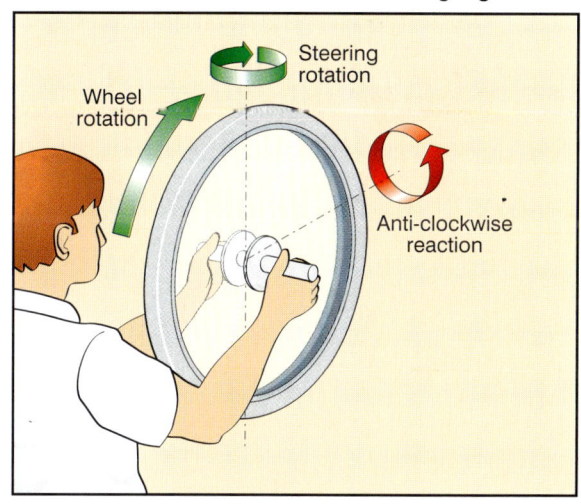

Abbildung 3.3: Plötzlich spürt man in den Armen ein Drehmoment.
Steering rotation = Drehbewegung um die Lenkachse
Anti-clockwise reaction = Reaktionsmoment gegen den Uhrzeigersinn

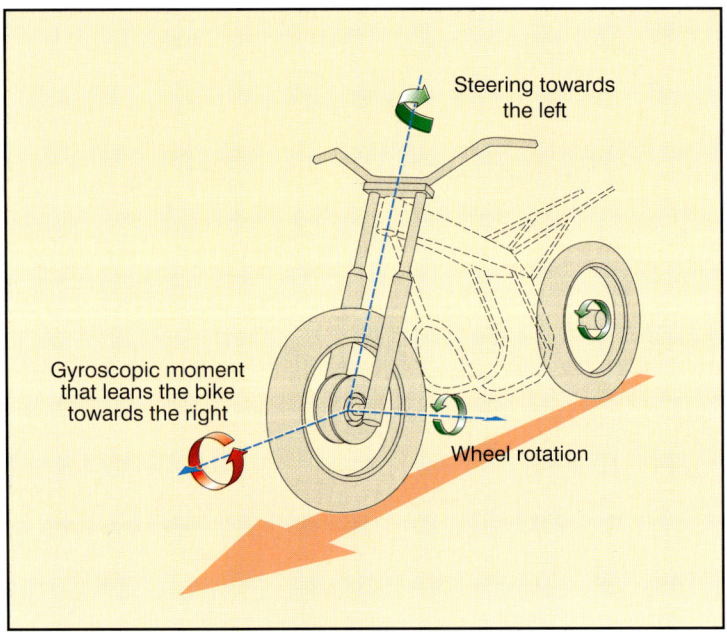

Abbildung 3.4: Lenkmoment.
Steering towards the left = Lenkeinschlag nach links
Gyroscopic moment that leans the bike towards the right =
Die Kreiselkräfte neigen das Motorrad nach rechts
Wheel rotation = Drehbewegung des Rads

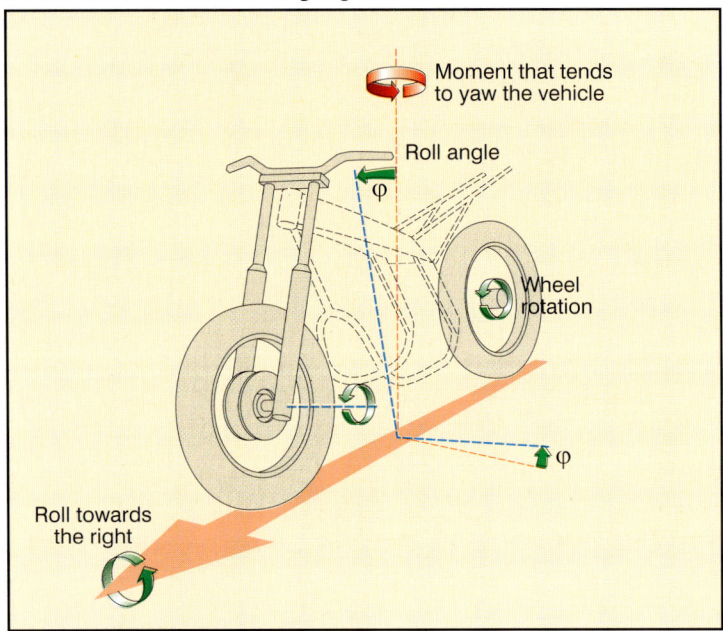

Abbildung 3.5: Rollmoment.
Moment that tends to yaw the vehicle = Giermoment
Roll Angle = Rollwinkel
Roll towards the right = Neigung nach rechts

Räder mit konstanter Drehzahl um ihre Achsen drehen, versucht ein Moment das gesamte Fahrzeug um eine Achse, rechtwinklig zur Fahrbahn zu bewegen. Man spricht dann davon, dass das Fahrzeug giert. Wenn der Fahrer den Lenker geradeaus festhält, erzeugt die Reaktionskraft der Reifen die Geradeausfahrt, siehe Abbildung 3.5.

- Die dritte, das sogenannte **Giermoment**, erzeugt bei Kurvenfahrt ebenfalls eine stabilisierende Wirkung. Die Räder, die sich um ihre Achsen drehen und gleichzeitig auf einer Kreisbahn um den Mittelpunkt der Kurve bewegen verursachen ein Moment, das versucht das Motorrad aufzurichten, siehe Abbildung 3.6.

Es ist eine ziemlich komplexe Aufgabe, jedes dieser Phänomene im einzelnen zu verstehen. *Rotierende Massen erzeugen wiederum weitere Kreiselphänomene.*
Für ein Motorrad in Bewegung sind die unterschiedlichsten Kombinationen von wirksamen Kräften und Momenten deshalb unglaublich schwierig zu beschreiben, größenmäßig zu erfassen und somit zu erklären.

Ohne zu sehr ins Detail zu gehen, schließt die Dynamik des Motorrads vereinfachend ausgedrückt, zahlreiche, durch Drehbewegungen verursachte Phänomene ein. Sie wirken sich entscheidend auf das Fahrverhalten eines Fahrzeugs aus.

Kreiselkräfte tragen in jedem Fall dazu bei, dass anfangs "akrobatische" Zweirad zu dem zu machen, was es im Alltag sein soll: Ein perfekt zu kontrollierendes Transportmittel.

Die Kreiselkräfte tragen also dazu bei, das Motorrad bei Geradeausfahrt in der Senkrechten zu halten, und zwar umso mehr, je schneller das Motorrad fährt.

Zusätzlich zu den Rädern sollte man ein anderes Bauteil nicht übersehen, das weitere erhebliche Kreiselkräfte verursacht: Den Motor mit seinen rotierenden Teilen. Seine Kurbelwelle dreht sich in der Regel parallel zu den Radachsen.

Für die Kurbelwelle und Schwungmasse einer Enduro mit 600 cm³ gilt zum Beispiel:

- Das gesamte Gewicht des Kurbeltriebs lässt sich mit einem Rad, einschließlich Felge und Reifen vergleichen.

- Der Durchmesser, der abhängig von der Massenverteilung das axiale Massenträgheitsmoment bestimmt, ist deutlich geringer.

- Die Drehzahl kann jedoch sehr hoch liegen. Sie variiert zwischen 800/min im Leerlauf bis 7 000/min bei Maximaldrehzahl.

- Deshalb fallen die Kreiselkräfte also sehr unterschiedlich aus, gering im Leerlauf, aber ganz erheblich bei höheren Drehzahlen.

Zudem sind die Kreiselkräfte des Kurbeltriebs unabhängig von der Geschwindigkeit des Fahrzeugs.

Bei den Rädern ist das nicht der Fall. Im ersten Gang bei niedrigen Geschwindigkeiten sind die Kreiselkräfte nur von geringer Bedeutung. Wenn der Motor aber mit maximaler Drehzahl läuft sind die Kreiselkräfte im Verhältnis zu seinen rotierenden Massen enorm.

Nach all den theoretischen Betrachtungen zeigt eine Demonstration bei entsprechend genauer Anwendung, wie die Kreiselkräfte des Motors dazu beitragen, das Motorrad senkrecht zu halten und geradeaus zu bewegen.

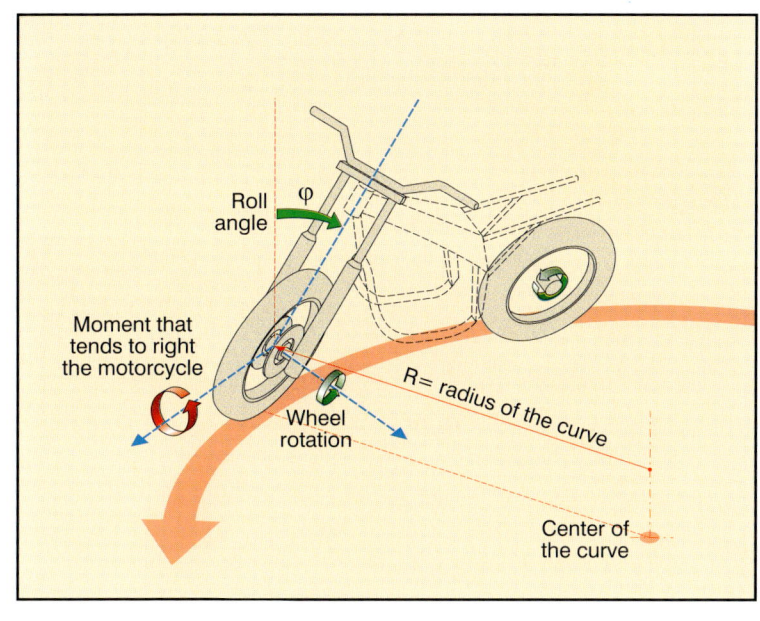

Abbildung 3.6: Giermoment.
Roll Angle = Rollwinkel
Moment that tends to right the motorcycle =
Moment welches das Motorrad aufrichten will
Wheel rotation = Drehung des Rads
R=radius of the curve = r=Kurvenradius

Man fährt mit einer Enduro mit Schrittgeschwindigkeit von vier bis fünf km/h einen Absatz, enge Pfade wie eine Treppenflucht oder einen felsigen, nassen Weg hinunter.
Zuerst mit stehendem Motor, dann noch mal mit erhöhter Leerlaufdrehzahl.
Beim Befahren eines Gefälles stellt man fest, dass sich das Motorrad mit erhöhter Drehzahl stabiler verhält.

Aus dem gleichen Grund lässt sich ein Motorrad mit großen Schwungmassen und erhöhter Drehzahl im Stand, beim sogenannten "Trial-Stopp", besser ausbalancieren.

Ein weiteres Phänomen können Wheelie-Fans leicht nachvollziehen. Wenn das angehobene Vorderrad in der Drehzahl abfällt oder zu drehen aufhört, wird es immer schwieriger, das Motorrad im Gleichgewicht zu halten.

Rückstellmoment

Bis jetzt haben wir zwei stabilisierende Faktoren untersucht, die von der grundlegenden Fahrwerksgeometrie unabhängig sind. Sie hängen von Größen ab, die das grundsätzliche Fahrverhalten eines Motorrads bestimmen: Zum Beispiel dem Lenkkopfwinkel, der Lage des Schwerpunkts, dem Radstand usw..

Das **Rückstellmoment** ist eine Größe, die in erster Linie die geometrische Auslegung der Lenkung eines Motorrads beeinflusst. Sie hängt von einer ganzen Reihe von Parametern ab. Die Kombination dieser Faktoren erzeugt eine mehr oder weniger zufriedenstellende Fahrstabilität.

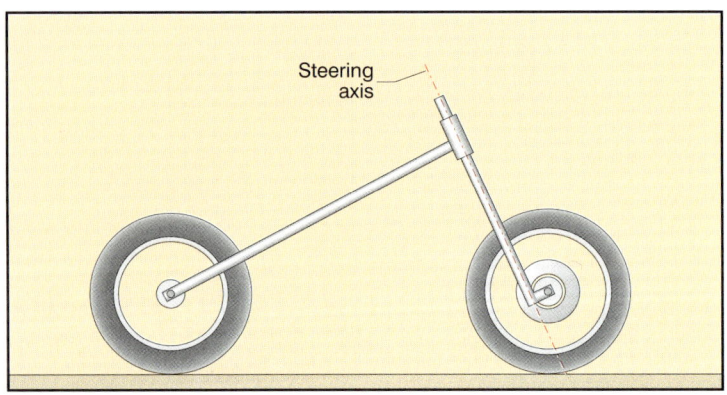

Abbildung 3.7: Lenkachse.
Steering axis = Lenkachse

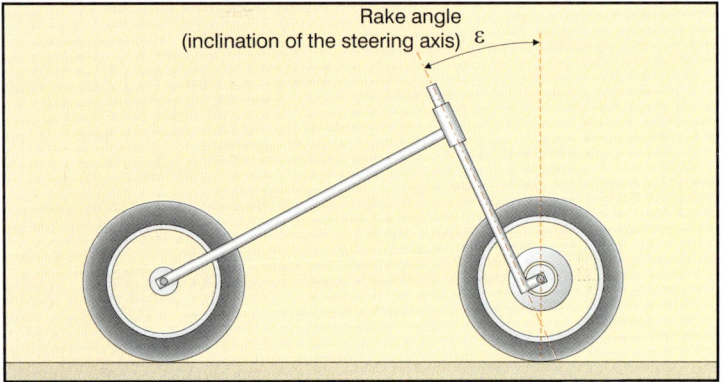

**Abbildung 3.8:
Lenkkopf-
winkel,
Neigung der
Lenkachse.**
Rake Angle
(inclination of the
steering axis) =
Lenkkopfwinkel
(Neigung der
Lenkachse)

Abbildung 3.9: Nachlauf.
Trail = Nachlauf

Voraussetzung: Alle Motorräder lenken, unabhängig von der Struktur ihrer Vorderradaufhängung, mit dem Vorderrad. Es kann sich frei um eine Achse, die sogenannte **Lenkachse**, siehe Abbildung 3.7 drehen.

Falls die Vorderradaufhängung eine Teleskopgabel ist, lässt sich die Lenkachse einfach identifizieren. Sie stimmt mit der Achse der beiden Lenkkopflager, um die sich die Gabel dreht, überein. Diese Lenkachse, die bei allen Pkw-Vorderradaufhängungen vorhanden ist, bildet zur **Vertikalen** einen Winkel, den sogenannten **Lenkkopfwinkel** oder **Steuerkopfwinkel**. Diese Voraussetzung liegt den folgenden Betrachtungen zu Grunde. Ebenso zulässig ist es, den Lenkkopfwinkel auch als Winkel zwischen der **Lenkachse** und der **Horizontalen** anzugeben.

Der Abstand zwischen dem Durchstoßpunkt der Lenkachse durch die Fahrbahn und dem Aufstandspunkt des Vorderrads wird als **Nachlauf** bezeichnet, wie in Abbildung 3.9 als **t** festgelegt.

Im allgemeinen kreuzt die Radachse die Lenkachse nicht. Sie hat meist einen gewissen Abstand, den sogenannten Gabelbrückenversatz **d**, siehe Abbildung 3.10.

Der folgende Abschnitt nimmt vereinfachen an, dass sich die Lenk- und Radachse schneiden, also kein Gabelbrückenversatz vorhanden ist.

Abbildung 3.10: Achsversatz.   Offset = Versatz

Angenommen, der Fahrer bewegt sich auf einem Motorrad mit konstanter Geschwindigkeit geradlinig geradeaus und eine Straßenunebenheit bewirkt einen Lenkeinschlag nach rechts:

Der Radaufstandspunkt verschiebt sich relativ zum Motorrad nach links, siehe Abbildung 3.11. Aus der Physik ist bekannt, dass eine Relativbewegung eine entgegengesetzt wirkende Reaktions-kraft erzeugt.

Diese Kraft wirkt auf den Reifen und wird als Moment auf die Lenkachse übertragen. Dessen Hebelarm, der senkrechte Abstand entlang der Linie, mit der die Kraft eingeleitet wird, ist proportional zum **Nachlauf**.

Das Moment versucht das Rad zu stabilisieren und das Fahrzeug senk-recht und geradeaus zu halten.

Dieser Effekt, in der Literatur als **Rückstellmoment** bezeichnet, ist für die Stabilität eines Motorrads von grundlegender Bedeutung. Der Abschnitt analysiert die wichtigsten Parameter, welche die stabilisierende Wirkung bestimmen.

Abbildung 3.12 stellt diese Situation, abhängig von der Geschwindigkeit dar. Dabei ist v der Vektor der Geschwindigkeit des Vorderrads, der sich in zwei Komponenten zerlegen lässt:

- Die **erste** $\omega_f r_f$, liegt in der Radebene und entspricht dem Produkt aus dem Radius r_f, multipliziert mit der Drehgeschwindigkeit.

- Die **zweite** $v_{Schlupf}$, verläuft senkrecht zur ersten und stimmt mit der Geschwindigkeit der Radverschiebung auf der Fahrbahn überein.

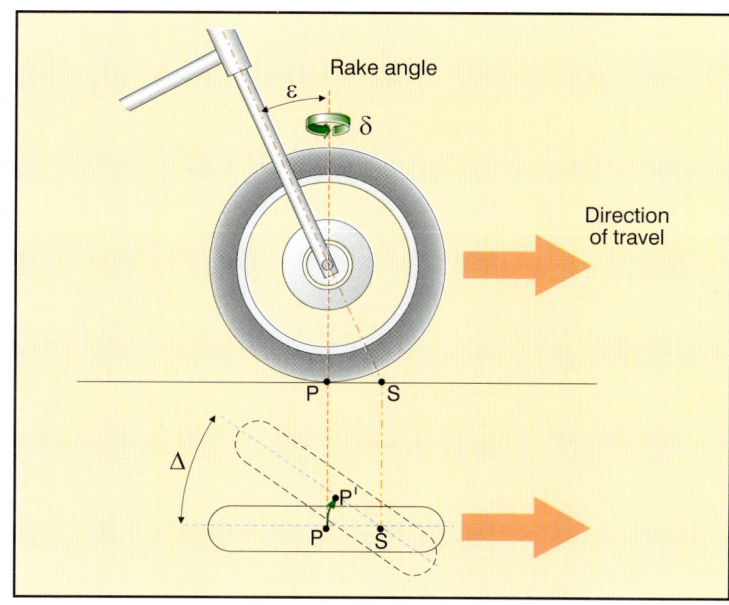

Abbildung 3.11: Wenn man ohne Schräglage das Rad nach rechts einschlägt, verschiebt sich der Reifen-aufstandspunkt gegenüber der Fahrtrichtung nach links.
S = Punkt an dem die Lenkachse die Fahrbahn schneidet;
P = Radaufstandspunkt;
P¹ = Radaufstandspunkt nach Einschlagen der Lenkung;
Rake angle = Lenkkopfwinkel
Direction of travel = Fahrtrichtung

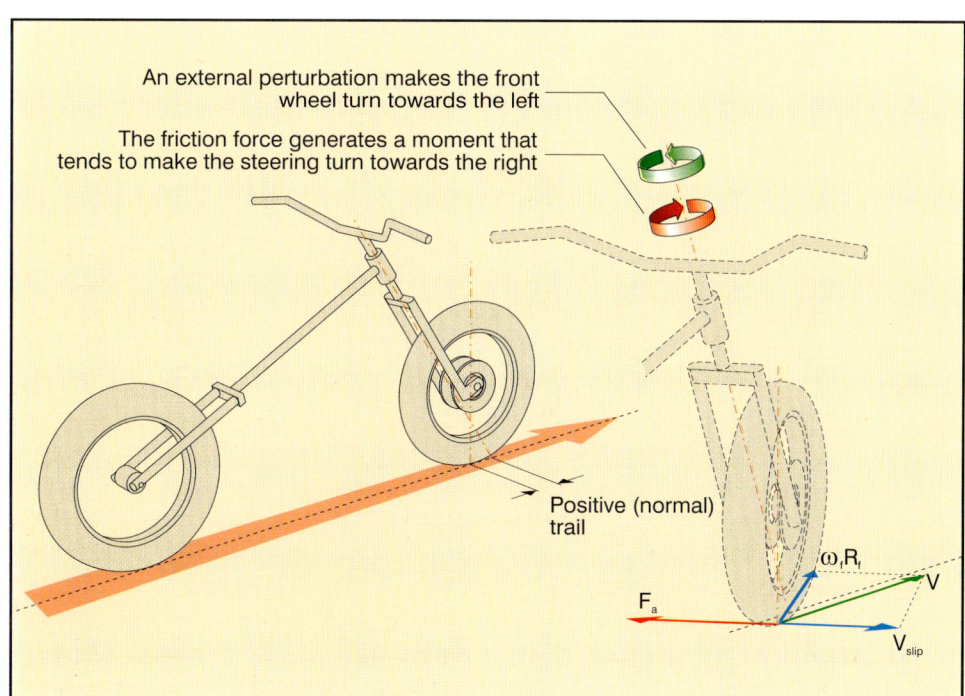

Abbildung 3.12: Rückstellmoment.
An external perturbation makes the front wheel turn towards the left = Eine Anregung von außen schlägt das Vorderrad nach links ein.
The friction force generates a moment that tends to make the steering turn towards the right =
Der Kraftschluss zwischen Reifen und Fahrbahn erzeugt ein Moment, das die Lenkung nach rechts einschlägt.
Positive (normal) trail = positiver (normaler) Nachlauf

Im Falle eines vernachlässigbaren Rollwinkels - das Motorrad befindet sich in der Vertikalen - lautet die letztgenannte Beziehung für das Rückstellmoment folgendermaßen:

Gleichung 3.2

$$M = t_n \cdot (F_f \cdot \cos \beta - N_f \cdot \sin \beta)$$

Dabei sind:
- t_n die geometrische Größe, die proportional zum Nachlauf des Motorrads ist und die rechtwinklige Projektion zur Lenkachse bildet;
- β der Rollwinkel des Vorderrads;
- F_f und N_f zwei Kräfte: F_f ergibt sich aus dem Zusammenhang:

Gleichung 3.3

$$F_f = m \cdot \frac{v^2}{r} \cdot \frac{b}{\sin \Delta} + f \cdot N_f \cdot \tan \Delta$$

Sie ist die Seitenführungskraft, die auf den Reifen wirkt, während N_f die Radlast des Vorderrads angibt und sich aus folgender Beziehung herleitet:

Gleichung 3.4

$$N_f = m \cdot g \cdot \frac{b}{wb} - F \cdot \frac{h}{wb}$$

Wobei:
- Δ den momentanen Lenkeinschlag bezeichnet;
- wb der Radstand des Motorrads, also der Abstand der Radachsen ist;
- $m \cdot g$ das Gewicht und b die Radlastverteilung bezeichnet. Je geringer b im Vergleich zum Radstand ist, umso mehr Last ruht auf dem Vorderrad;
- f der Kraftschlussbeiwert zwischen Reifen und Fahrbahn ist;
- v die Fahrzeuggeschwindigkeit angibt;
- r den Radius der eingeschlagenen Kreisbahn festlegt;
- F die auf die Fahrbahn übertragene Antriebskraft definiert.
- h die Schwerpunkthöhe bezeichnet.

Das Rückstellmoment, siehe Gleichung 2.3 in den Klammern ($F_f \cdot \cos \beta - N_f \cdot \sin \beta$) fällt grundsätzlich positiv aus. Im normalen Betrieb erscheint der Nachlauf als Vergrößerungsfaktor: Er bestimmt, ob das Vorzeichen des Rückstellmoments positiv oder negativ ist. Das im Normalfall positive Rückstellmoment trägt dazu bei, das Motorrad in der Senkrechten und in Geradeausfahrt zu halten.

Wenn das Rückstellmoment einen hohen positiven Wert annimmt, ist das Fahrzeug bei Geradeausfahrt äußerst richtungsstabil. Oder anders ausgedrückt, die Lenkung neigt dazu, sich nach einem Schlagloch oder einer unfreiwilligen Anregung über den Lenker selbst geradeaus zu stellen.

Ein hohes Rückstellmoment kann auf Autobahnen und Schnellstraßen von Vorteil sein, im Stadtverkehr und auf engen, kurvigen Passstraßen die Handlichkeit und Linienwahl aber auch einschränken.

Deshalb ist ein gesunder Kompromiss aus **Stabilität** und guter **Handlichkeit** absolut notwendig.

Falls das Rückstellmoment negativ ausfällt, muss der Fahrer die Lenkung festhalten, oder sein Gewicht nach vorn verlagern um das Motorrad zu beruhigen.

Die Formel für das Rückstellmoment, siehe Gleichung 3.2 ist ziemlich kompliziert. Sie lässt sich in folgender Form vereinfachen:

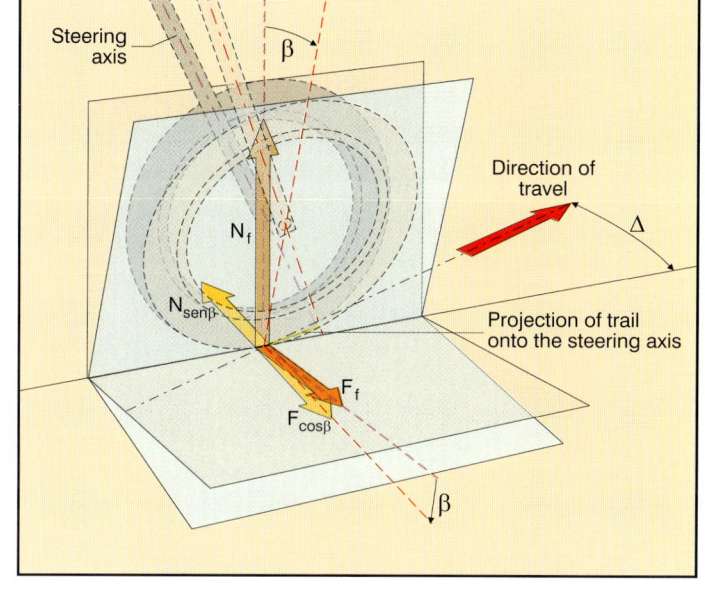

Abbildung 3.13: Beim Einschlagen der Lenkung tritt eine Reaktion zwischen der Fahrbahn und dem Radaufstandspunkt auf.
Steering axis = Lenkachse
Direction of travel = Fahrtrichtung
Projection of trail onto the steering axis = Projektion des Nachlaufs auf die Lenkachse

M = Nachlauf · dynamischer Faktor

Wobei:

- **M** das Rückstellmoment ist;

- Der **Nachlauf** die geometrische Größe ist, die wir am Anfang dieses Abschnitts und in Abbildung 3.9 festgelegt haben;

- Sich der **dynamische Faktor** aus den geometrischen Größen des Fahrzeugs und seinen Bewegungsabläufen ergibt.

Um komplizierte analytische Betrachtungen zu vermeiden, beschreiben drei wichtige Faktoren den Einfluss des Rückstellmoments und den "dynamischen Faktor":

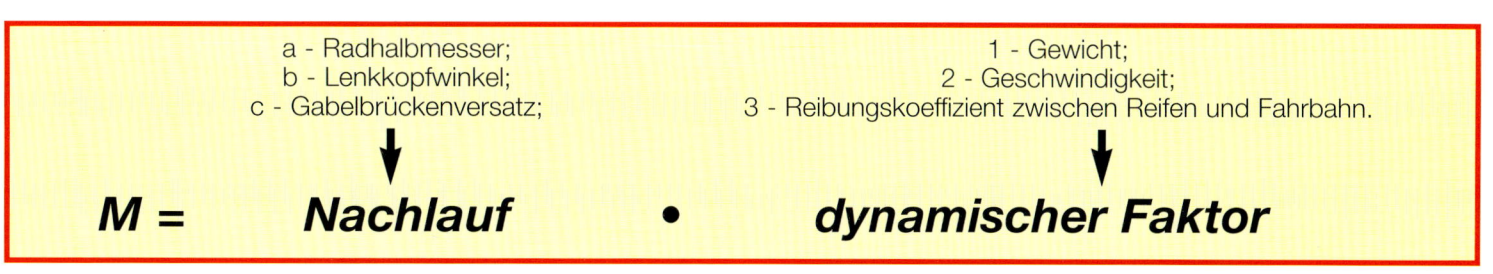

a - Radhalbmesser;   1 - Gewicht;
b - Lenkkopfwinkel;   2 - Geschwindigkeit;
c - Gabelbrückenversatz;   3 - Reibungskoeffizient zwischen Reifen und Fahrbahn.

M =   **Nachlauf**   •   **dynamischer Faktor**

Nachlauf

Wenn der Nachlauf einen negativen Wert annimmt, die Lenkachse die Fahrbahn also hinter dem Radaufstandspunkt schneidet, ändert sich die Richtung der Reaktionskraft nicht. Das Vorzeichen des Moments, das auf die Lenkung wirkt ändert sich jedoch. Es versucht die Lenkung gegen die Fahrtrichtung einzuschlagen. Die Folgen können selbst für einen erfahrenen Motorradfahrer verheerend sein.

Konsequenterweise sind bei der Konstruktion aller Motorräder diese Erkenntnisse berücksichtigt. Daraus ergibt sich ein relativ großer Wert von 40 bis 110 Millimeter Nachlauf mit positivem Vorzeichen. Trotzdem können im alltäglichen Einsatz des Motorrads Situationen auftreten, in denen sich die Größe des Nachlaufs plötzlich drastisch verändert.

Das Fahrzeug fährt zum Beispiel über eine Stufe, siehe Abbildung 3.15:

Unter statischen Bedingungen ist der Nachlauf gleich der Strecke CP. Falls das Rad jedoch auf die Stufe auftrifft, verringert sich der Nachlauf zu C'P'. Wenn die Unebenheit der Fahrbahn groß genug ist, kann der Nachlauf sogar einen negativen Wert, siehe Abbildung 3.16, annehmen.

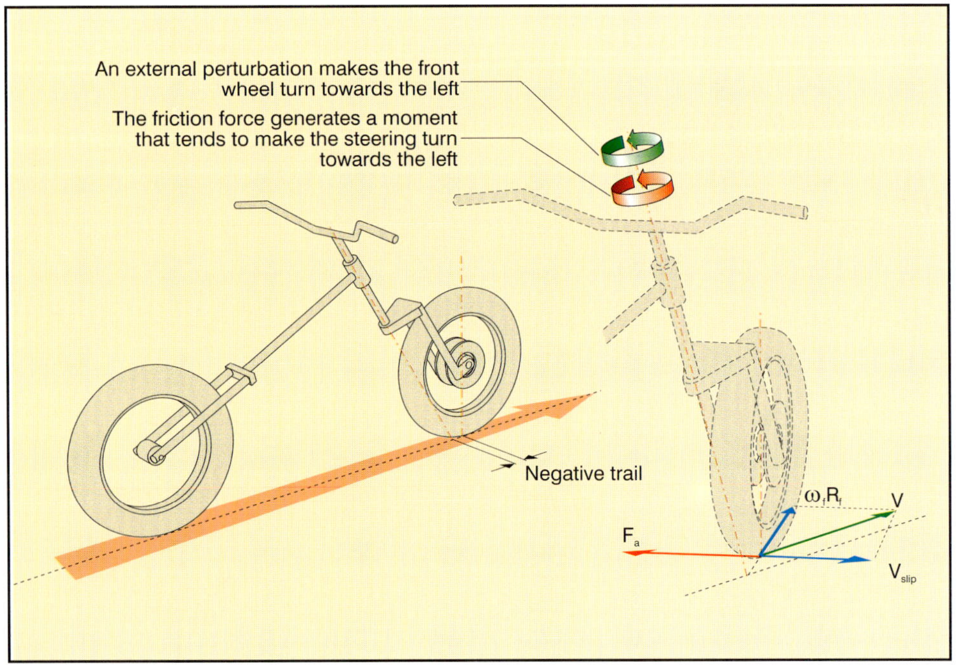

Abbildung 3.14: Rückstellmoment und negativer Nachlauf.
An external perturbation makes the front wheel turn towards the left =
Eine Anregung von außen schlägt das Vorderrad nach links ein.
The friction force generates a moment that tends to make the steering turn towards the left = Der Kraftschluss zwischen Reifen und Fahrbahn erzeugt ein Moment, das die Lenkung nach links einschlägt.
Abbildung 3.15: Plötzliche Nachlaufänderung beim Überfahren eines Hindernisses.

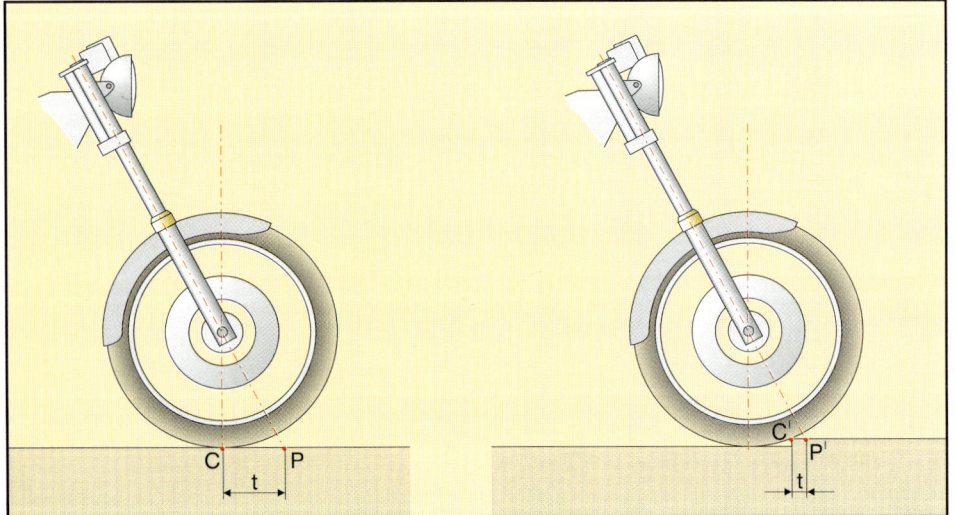

Abbildung 3.16: Vorzeichenänderung des Nachlaufs.
Negative trail = negativer Nachlauf

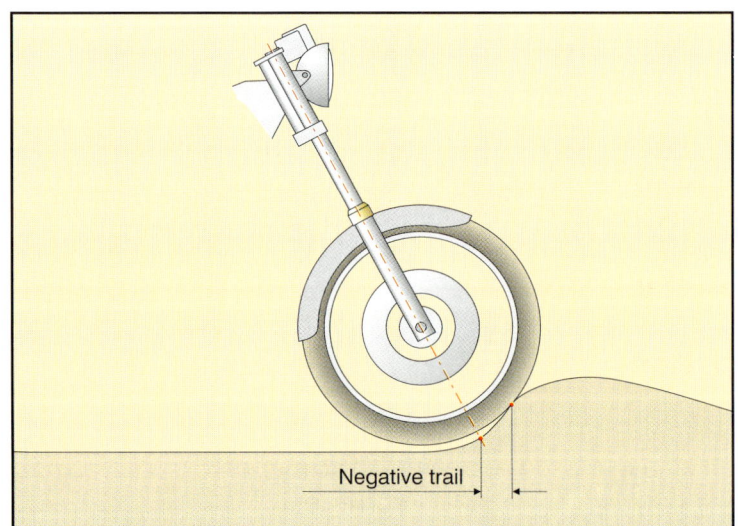

Motorradfahrer sollten darauf vorbereitet sein. Besonders in Kurven auf unebener, welliger Fahrbahn kann das Rückstellmoment gegen null gehen. Rasch aufeinander wechselnde Nachlaufänderungen erzeugen schlagartig sich ändernde Rückstellmomente. Die können zu einem zeitweiligen Kontrollverlust über das Fahrzeug führen: Wenn man einige geometrische Transformationen durchführt, lässt sich der Nachlauf auch folgendermaßen definieren:

Gleichung 3.5

$$t = r_f \cdot \tan \epsilon \cdot \cos \delta - \frac{\sqrt{1 - (\sin \delta \cdot \sin \epsilon)^2}}{\cos \epsilon} \cdot d$$

mit:

- r_f, dem Radius des Vorderrads;
- ϵ, dem Lenkkopfwinkel;
- δ, dem Lenkeinschlag;
- d, dem Gabelbrückenversatz.

Auch in diesem Fall kann sowohl ein positives als auch negatives Vorzeichen auftreten, wenn der letzte Term größer ist.

Nimmt man einen Lenkkopfwinkel von null Grad an, um den Einfluss unterschiedlicher Faktoren zu untersuchen und verändert anschließend jeweils einen Parameter, lässt sich der Einfluss jedes einzelnen besser verstehen.

a) Lenkkopfwinkel ϵ

Wie bei allen anderen Parametern verringert sich mit abnehmendem Lenkkopfwinkel der Nachlauf, siehe Abbildung 3.17.

Grundsätzlich *nimmt mit zunehmendem Lenkkopfwinkel die Geradeauslaufstabilität des Motorrads zu.*

Deshalb haben Motorräder wie Custom Bikes, die hauptsächlich auf Highways in weitläufigen Gegenden unterwegs sind oder einige amerikanische Beach Bikes einen Lenkkopfwinkel von 28 bis 40 Grad. Sportliche oder gar Wettbewerbsmotorräder haben dagegen kleinere Lenkkopfwinkel, einige Grand Prix-Motorräder sogar bis zu 21 Grad.

b) Radhalbmesser r_v

Bleiben alle Parameter konstant, wächst mit zunehmendem Radhalbmesser der Nachlauf. Ersetzt man das Vorderrad durch eines mit einem anderen Durchmesser, können erhebliche Unterschiede im Fahrverhalten auftreten.

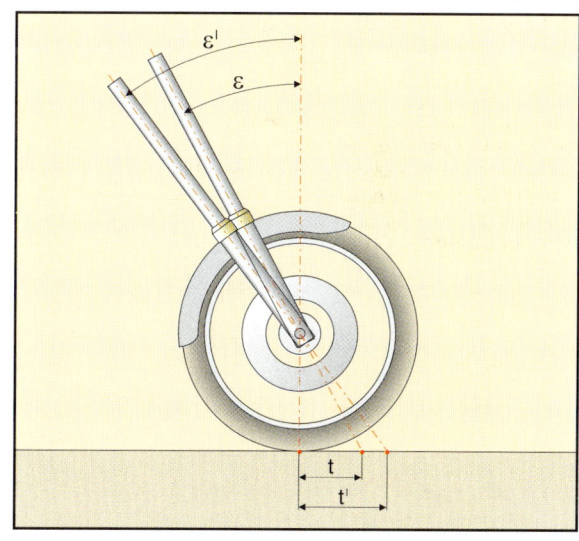

Abbildung 3.17: Unterschiedliche Lenkkopfwinkel (unterschiedliche Neigung der Lenkachse).

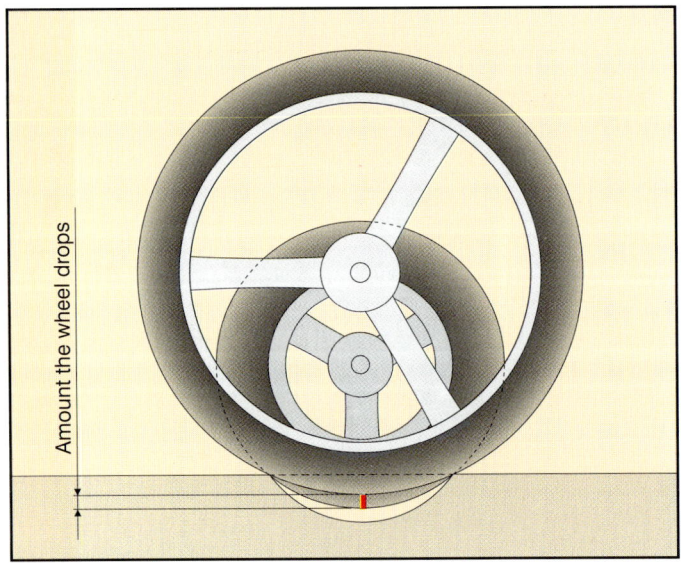

3.18: Einfluss des Radhalbmessers beim Überfahren von Schlaglöchern.
Amount the wheel drops = Betrag um den das Rad sinkt

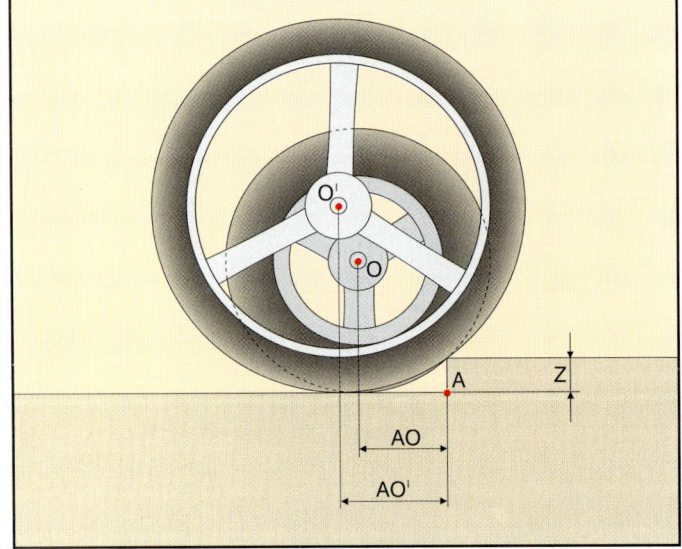

3.19: Einfluss des Radhalbmessers beim Überfahren einer Fahrbahnkante.

Das Motorrad reagiert äußerst empfindlich auf Änderungen des Nachlaufs. Bereits ein Reifen mit anderer Bauhöhe kann das Fahrverhalten beeinflussen. Selbstverständlich wirkt sich der Durchmesser der Räder entscheidend auf den Fahrkomfort eines Motorrads aus:

Bei einem Schlagloch in der Fahrbahnoberfläche, wie in Abbildung 3.18 dargestellt, taucht das Rad mit dem größeren Durchmesser nicht so weit in das Loch ein wie das kleinere Rad. Der Fahrer nimmt eine geringere Störung war. Gleichzeitig werden Geschwindigkeit und Beschleunigung des Rads weniger davon beeinflusst. Die Abstimmung der Radaufhängungen lässt sich leichter erarbeiten.

Wenn man über eine Erhebung fährt, ist die Höhe, um beide Räder anzuheben, selbst bei unterschiedlichen Durchmessern, stets die gleiche. Es ändern sich die vertikalen Geschwindigkeiten und Beschleunigungen, die das Rad ausführt.

Abbildung 3.19 zeigt, dass der Abstand AO' zwischen der Projektion des Radmittelpunkts auf die Fahrbahn und dem Aufstandspunkt des Rades umso größer ist, je größer der Raddurchmesser ausfällt. Daraus ergibt sich, dass bei gleicher Hubgeschwindigkeit das Rad mehr Zeit benötigt, um sich über den Absatz zu bewegen. Wenn sich der Radmittelpunkt direkt senkrecht über dem Hindernis befindet, muss das Rad um den Betrag Z angehoben werden. Bei Rädern mit großem Durchmesser verringern sich also Geschwindigkeit und Beschleunigung der ungefederten Massen. Das trägt zum Fahrkomfort bei, wie das nächste Kapitel über Radaufhängungen zeigt.

Motorroller sind ein klassisches Beispiel für dieses Prinzip. Ihre 10-Zoll-Räder funktionieren perfekt auf ebenen Fahrbahnen. Auf schlecht gepflasterten Straßen und unebener Fahrbahnoberfläche sorgen sie aber für weniger Fahrkomfort als ein Motorrad mit großen Rädern. Deshalb kommen immer mehr Roller mit großen Rädern in Mode, die auf welligen und gepflasterten Straßen einen besseren Fahrkomfort bieten.

Andererseits bringen große Räder gewisse Nachteile mit sich: Einen geringeren Stauraum unter dem Sitz und ein Design, das von der Größe der Räder diktiert wird.

Konstruktiv betrachtet ist der optimale Raddurchmesser der unterschiedlichen Modelle eine Frage verschiedener Kriterien. Die endgültige Entscheidung richtet sich in erster Linie nach der Art des Motorrads und dem gewünschten Komfort.

c) Gabelbrückenversatz

Bei allen aktuellen Motorrädern befindet sich die Radachse vor der Lenkachse. Daraus geht der Gabelbrückenversatz d in die Gleichung 3.5 ein wie folgt:

$$t = r_f \cdot tan\ \epsilon \cdot cos\ \delta - \frac{\sqrt{1 - (sin\ \delta \cdot sin\ \epsilon)^2}}{cos\ \epsilon} \cdot d$$

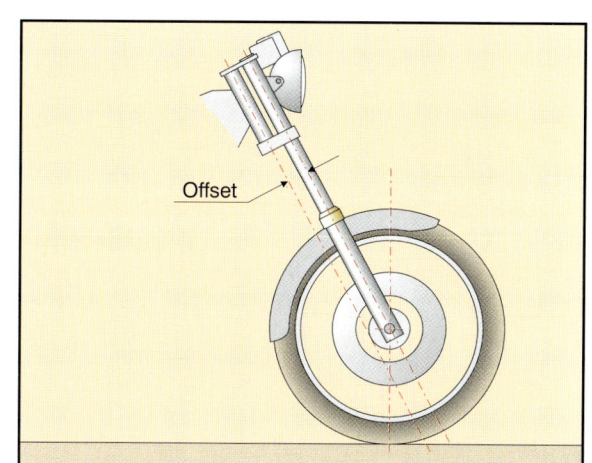

Wenn der Multiplikationsfaktor des negativen Terms größer wird, nimmt der Nachlauf ab. In der Regel legen die Gabelbrücken den Versatz (siehe Abbildung 3.20) fest.

In einigen Fällen, zum Beispiel bei Motocrossern bestimmt die Gestaltung der Gabel durch spezielle Anordnung der Gabelfäuste den Versatz (siehe Abbildung 3.21). Durch längere Gleitrohre lässt sich mehr Federung realisieren.

Die unterschiedlichen Kombinationen von Gabelbrückenversatz und Lenkkopfwinkel legen den Nachlauf fest.

Selbstverständlich lässt sich durch verschiedene Variationen von Lenkkopfwinkel und Gabelbrückenversatz ein identischer Nachlauf erzielen. Es ließen sich sogar Lösungen ohne Gabelbrückenversatz mit null Grad Lenkkopfwinkel darstellen.

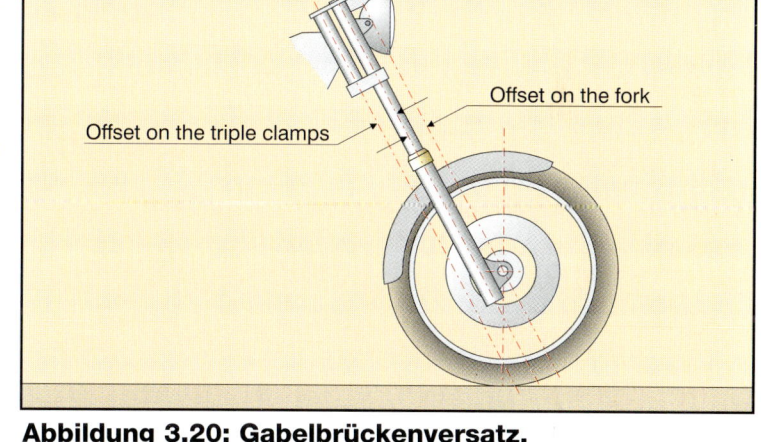

In den meisten Fällen liegt der Gabelbrückenversatz heutzutage bei 25 bis 40 Millimeter. In Verbindung mit dem entsprechenden Lenkkopfwinkel lässt sich damit jeder gewünschte Nachlauf realisieren.

Fahrräder haben ebenfalls einen Versatz: In ihrem Fall bestimmt ihn die Krümmung der Gabel.

Abbildung 3.20: Gabelbrückenversatz.
Offset = Gabelbrückenversatz

Abbildung 3.21: Kombination von Gabelbrücken- und Achsversatz.
Offset on the triple clamps = Gabelbrückenversatz
Offset on the fork = Achsversatz

Neben der Geometrie des Steuerkopfs ist eine bestimmte Flexibilität der Gabel entscheidend. Wenn das Rad Fahrbahnunebenheiten überfährt werden dann geringere Kräfte in den Rahmen eingeleitet und somit der Fahrkomfort erhöht. Man bedenke, dass die meisten Fahrräder keine Federung haben.

Versuchen wir nun anhand des Diagramms auf Seite 21 die drei wichtigsten Faktoren zu analysieren, die den dynamischen Faktor bestimmen.

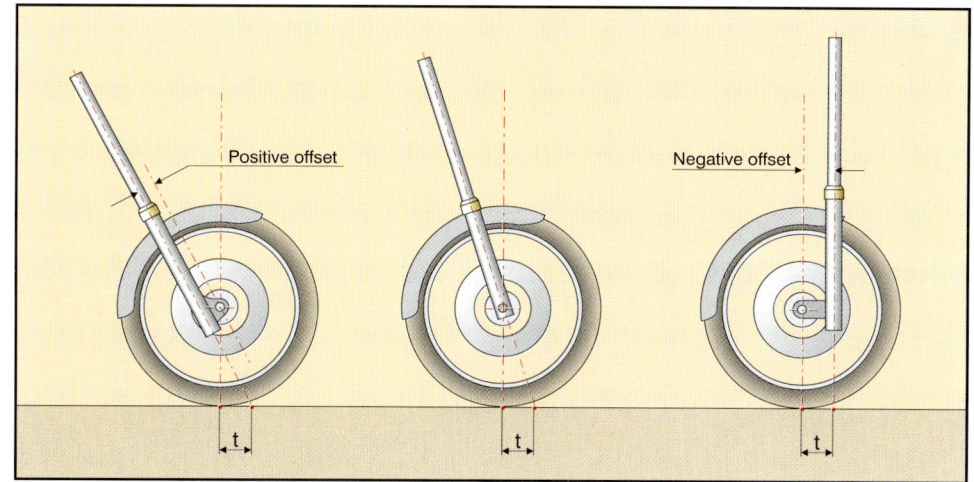

Abbildung 3.22: Der gleiche Nachlauf lässt sich durch unterschiedliche Werte von Lenkkopfwinkel und Gabelbrücken- beziehungsweise Achsversatz erreichen.
Positive offset = positiver Versatz
Negative offset = negativer Versatz

Dynamischer Faktor

Der Ausdruck "dynamischer Faktor" bezeichnet einen ziemlich komplexen analytischen Wert, der einerseits von den geometrischen Parametern des Fahrzeugs, andererseits aber von den Kräften abhängt, die auf die Gabel wirken, deshalb das Adjektiv "dynamisch". Diese Kräfte, siehe Gleichung 3.2, 3.3 und 3.4 werden stark beeinflusst durch:

a) Das Gewicht des Fahrzeugs, einschließlich des Fahrers und seiner Verteilung;
b) Der Einfedergeschwindigkeit;
c) Dem Kraftschlussbeiwert zwischen Reifen und Fahrbahn;

Man analysiert nun jeden dieser Faktoren im einzelnen:

a) das Gewicht und seine Verteilung

Wenn das Gewicht zunimmt, vergrößert sich auch der dynamische Faktor und mit ihm der absolute Betrag des Rückstellmoments, ohne Berücksichtigung des Vorzeichens.
Wenn die Kräfte also negativ sind, fällt ein Motorrad leichter in Schräglage. Umgekehrt ist es zum Beispiel bei hohen Geschwindigkeiten einfacher, ein Zweirad in der Senkrechten zu halten und geradeaus zu fahren, wenn die Kräfte positiv sind.

Der Einfluss der Radlastverteilung eines Motorrads ist in diesem Zusammenhang entscheidend. Sein durch b gekennzeichneter Betrag gibt den auf die Fahrbahn projizierten Abstand zwischen der Hinterachse und dem Schwerpunkt an.

Ein geringer Wert für b zeigt, dass der Schwerpunkt in Richtung Hinterachse verschoben ist. Ein großer dagegen, dass der Schwerpunkt mehr nach vorn verlagert ist.

Die Gewichtsverteilung eines Motorrads ist einer der wichtigsten Parameter bezüglich der Handlichkeit. Die Radlasten werden während der Konstruktions- und Testphase eines neuen Modells sorgfältig erarbeitet. Deshalb ist die Festlegung der Gewichtsverteilung auch Quelle endloser Diskussionen.

Bei hoher Vorderradlast lässt sich das Vorderrad vor allem bei niedrigen Geschwindigkeiten schwerer einlenken. Das Motorrad verhält sich unter diesen Bedingungen unhandlich. Andererseits garantiert die hohe Vorderradlast bei hohen Geschwindigkeiten und der Entlastung der Front durch Auftrieb einen guten Fahrbahnkontakt und somit hohe Fahrstabilität.

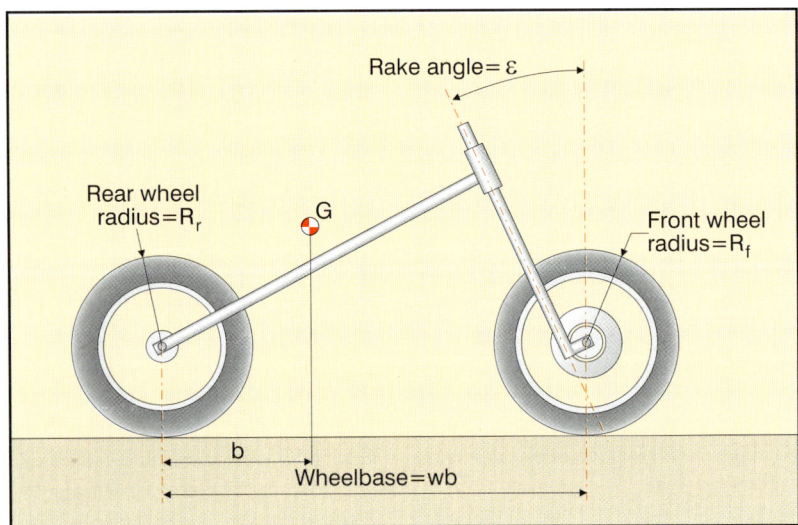

Abbildung 3.23: Schwerpunktshöhe und Gewichtsverteilung.

Rake angle = Lenkkopfwinkel

Rear wheel radius=R$_r$ = Radhalbmesser hinten r$_r$

Front wheel radius=R$_f$ = Radhalbmesser vorn r$_f$

Wheelbase=wb = Radstand wb

Im Gegensatz dazu führt eine völlige Entlastung des Vorderrads zum Verlust des Rückstellmoments und damit zum Kontrollverlust über das Fahrzeug.

Die optimale Gewichtsverteilung hängt von der Art des Motorrads, seinem Einsatzzweck und dem Geschwindigkeitsbereich ab, in dem es bewegt wird.

Ein Rennmotorrad, das Kurven in der Regel mit hoher Geschwindigkeit, meist schneller als 60 km/h, nimmt sollte ausreichend Gewicht auf dem Vorderrad haben, da Probleme mit der Handlichkeit bei niedrigen Geschwindigkeiten von 20 bis 30 km/h keine große Rolle spielen.

Selbstverständlich darf man das Gewicht des Fahrers nicht vernachlässigen. Ein schwach motorisiertes Motorrad kann nur 130 Kilogramm wiegen, ein stark motorisierter Supersportler weit über 200. Die Gewichtsverteilung liegt meist in der Größenordnung von 50 : 50 Prozent für Vorder- und Hinterrad.

Das Durchschnittsgewicht eines Fahrers einschließlich Kleidung beträgt rund 80 Kilogramm. Das Verhältnis zwischen dem Fahrergewicht und dem Gewicht des Motorrads variiert also zwischen 1 : 1,6 bis über 1 : 3.

Daher nimmt die Position des Fahrers großen Einfluss auf die Gewichtsverteilung der Einheit von Fahrer und Maschine. Tatsächlich kann der Fahrer durch Veränderung seiner Position die Vorderradlast um fünf bis sieben Kilogramm erhöhen oder verringern. Dadurch verändert sich die Gewichtsverteilung und das Fahrverhalten des gesamten Motorrads erheblich.

Ein Motocrossmotorrad ist zum Beispiel so konstruiert, dass der Fahrer sein Gewicht über einen großen Bereich verlagern kann.

Der Motorradfahrer ist also nicht als eine, fest in die Maschine integrierte Masse zu betrachten. Da er durch Verlagerung des Gewichts entsprechend der Situation und Charakteristik des Fahrzeugs großen Einfluss auf die Gewichtsverteilung des Motorrads ausüben kann, ist er als Körper mit entsprechenden Freiheitsgraden zu betrachten.

Das erschwert es ganz erheblich, mathematische Modelle zu erstellen, welche die Motorradhersteller entwickelten, um das Fahrverhalten und die Handlichkeit zu beschreiben. In der Praxis ist das Verhalten des Fahrers, zum Beispiel während der unterschiedlichen Phasen der Kurvenfahrt, nur schwer zu simulieren.

Deshalb ist das "maßgeschneiderte" Motorrad für einen bestimmten Rennfahrer die einzige Möglichkeit, das Optimum zu erzielen. Ein anderer Rennfahrer könnte sich auf dem selben Motorrad unwohl fühlen und eine andere Position vorziehen, um für sich die besten Resultate zu erzielen.

Wenn der Fahrer auf das Motorrad steigt, *lastet sein Gewicht hauptsächlich auf dem Hinterrad.* Es ruhen mehr als 60 Prozent auf dem Heck. Dieser Prozentsatz erhöht sich, wenn ein Sozius aufsteigt oder *zusätzlich Gepäck* hinten zugeladen wird.
Wie bereits erwähnt, verringert sich das Rückstellmoment mit *abnehmender Vorderradlast.* Zudem wirkt sich ein deutlich höheres Gewicht negativ auf die Handlichkeit des Fahrzeugs aus. Deshalb muss sich der Fahrer auf den Beifahrer einstellen. Das Fahrverhalten des Motorrads kann sich mit Sozius ganz erheblich ändern.

Gepäck auf dem Tank nimmt weniger Einfluss auf die Änderung der Radlastverteilung, da es in der Regel näher am Schwerpunkt sitzt oder die Radlast des Vorderrads sogar leicht erhöht.

b) Geschwindigkeit

Sie wirkt sich günstig auf die Stabilität des Motorrads aus, wie aus Gleichung 3.3 hervorgeht. Darin erscheint die Geschwindigkeit des Fahrzeugs als Funktion der Seitenkräfte.

Diese Betrachtung hilft zu verstehen, warum der Fahrer selbst bei der Höchstgeschwindigkeit von über 280 km/h bei Hochleistungs-Motorrädern ein Gefühl sicherer Beherrschung hat.

Die Formel für das Rückstellmoment zeigt, dass es für jedes Motorrad abhängig von seiner Fahrwerksgeometrie eine Mindestgeschwindigkeit gibt, bei der das Rückstellmoment, positiver Nachlauf vorausgesetzt, ebenfalls positiv ist.

Vereinfachend sind die *stabilisierenden Kräfte* bei geringen Geschwindigkeiten wie Schrittgeschwindigkeit *unwirksam.* Sie halten das Fahrzeug nicht in der Senkrechten. Der Fahrer muss seine eigenen Fähigkeiten nutzen, um das Motorrad zu balancieren, indem er die Lenkung einschlägt und das Körpergewicht verlagert. Wenn die Geschwindigkeit steigt, hilft das Rückstellmoment, das Fahrzeug senkrecht zu halten, der Fahrer muss weniger agieren.

Alle aktuellen Motorräder, die für die Straße konstruiert sind, stabilisieren sich bereits bei moderaten Geschwindigkeiten. Beim Testen unterschiedlicher Motorräder kann der Fahrer schnell feststellen, dass sie sich bei Schrittgeschwindigkeit unterschiedlich verhalten.

c) Kraftschlussbeiwert

Der Einfluss des Kraftschlussbeiwerts auf den "dynamischen Faktor" und somit auf das Rückstellmoment lässt sich einfach beschreiben.
Bei einem großen Haftreibungsbeiwert lässt sich das Motorrad gut beherrschen. Wenn der Kraftschlussbeiwert gegen null geht, ist es nicht möglich, das Motorrad zu kontrollieren. Das tritt dann ein, wenn man eine Eisplatte oder einen Ölfleck auf der Fahrbahn überquert.

Zusammenfassung

Das Kapitel über Reifen geht näher auf die Funktion des Kraftschlussbeiwerts ein. In diesem Kapitel geht es um die Faktoren, die es dem Fahrer ermöglichen, bei Geradeausfahrt das Gleichgewicht zu halten.

Selbstverständlich gibt es noch weitere Aspekte, mit weiteren komplizierten Effekten.

Mit zunehmender Geschwindigkeit steigen in gleichem Maße die stabilisierenden Kräfte. Deshalb können selbst Motorradanfänger wahrnehmen, dass sie sich bei höheren Geschwindigkeiten sicherer fühlen als bei Schrittgeschwindigkeit.
Das bedeutet aber nicht, dass man auf öffentlichen Straßen Lichtgeschwindigkeit anstreben sollte!
Obwohl mit steigender Geschwindigkeit die Stabilität bei Geradeausfahrt zunimmt, birgt das Fahrverhalten bei hohen Geschwindigkeiten seine eigenen Gefahren: Die Zeit, in der man auf unerwartete, plötzlich auftauchende Hindernisse reagieren muss, wächst mit der Geschwindigkeit des Fahrzeugs, während die Reaktionszeit gleich bleibt.

Kapitel 4

Kontrolle
über das Motorrad
bei Kurvenfahrt

Kapitel 3 hat die Aspekte, die das Motorrad bei Geradeausfahrt in der Senkrechten halten und die wichtigsten Faktoren analysiert, die dem Fahrzeug die Richtungsstabilität verleihen.

Nun gilt es zu klären, wie der Fahrer Kurven in der gewünschten Richtung fährt und gleichzeitig die Kontrolle über das Fahrzeug behält.

Es ist ziemlich schwierig zu verstehen, warum ein Fahrrad oder Motorrad auf den Fahrerbefehl hin eine Kurve nimmt. Wie leitet der Fahrer unterschiedliche Seitenkräfte ein, die nötig sind um die Richtung zu ändern? Wie kann ein Einspurfahrzeug wie das Motorrad ohne seitliche Abstützung eine Kurve fahren, ohne umzufallen?

Flugzeuge haben Flügelprofile, die sich entsprechend neigen lassen, um Druck auf die Luft ausüben zu können. Sie sind eine wichtige Komponente zur Richtungsänderung. Raumschiffe benutzen zu diesem Zweck Raketentriebwerke.

Betrachten wir nun zwei physikalische Effekte, die eine äußerst wichtige Rolle bei der Kurvenfahrt von Motorrädern spielen. Es sind:

- **Zentrifugalkräfte;**
- **Kreiselkräfte.**

Zentrifugalkräfte

Was ist eine Zentrifugalkraft? Es ist eine Kraft, die einer Drehbewegung entgegenwirkt. Sie greift im Schwerpunkt des betrachteten Körpers an.

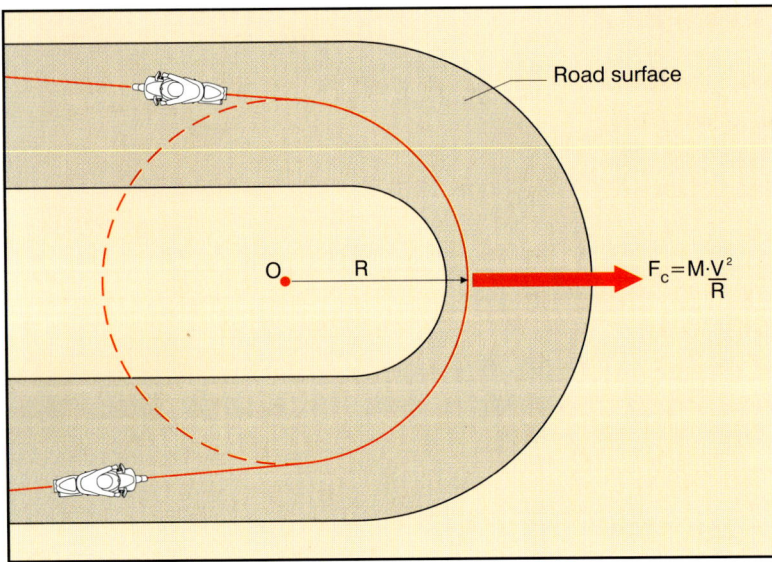

Ihre Richtung ergibt sich aus dem Zusammenhang von Schwer- und Mittelpunkt der Bahnkurve, auf der sich die Masse bewegt. Sie ist radial zur Kurvenaußenseite gerichtet.

Der Betrag dieser Kraft errechnet sich aus:

Gleichung 4.1

$$F_z = \frac{m \cdot v^2}{r}$$

dabei ist:
- **m** die Masse des Motorrads;
- **v** die Geschwindigkeit des Motorrads;
- **r** der Kurvenradius.

Abbildung 4.1: Kurvenfahren.
R = Kurvenradius r;
0 = Kurvenmittelpunkt;
F$_C$ = Zentrifugalkraft F$_Z$;
Road Surface = Fahrbahn

Kreiselkräfte

Zum vorhergehenden Kapitel über Kreiselkräfte kommen nun einige neue Betrachtungen hinzu.

Man hält mit ausgestreckten Armen das Rad eines Fahrrads an seiner Achse, siehe Abbildung 4.2, fest. Wie beim Fahrradfahren versetzt man nun das Rad in Drehung und stellt sich vor, dass die Achse der Lenker wäre.

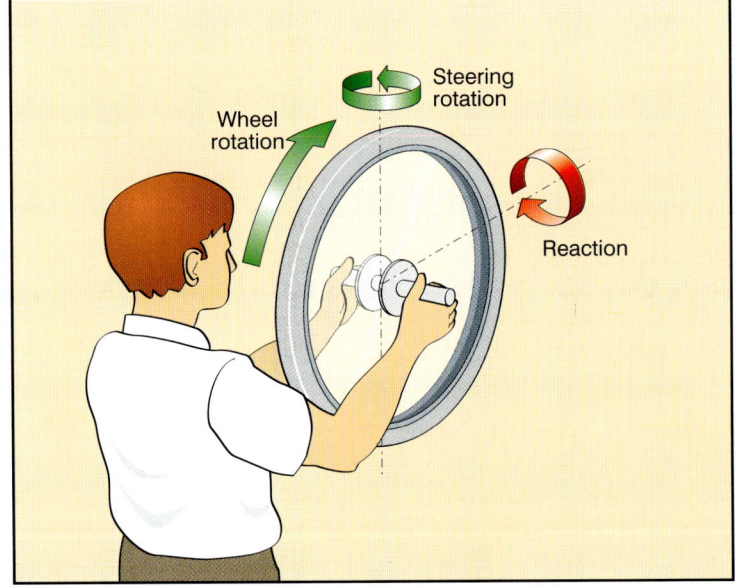

Abbildung 4.2: Kreiselkräfte beim Lenken.
Wheel rotation = Drehbewegung des Rads
Steering rotation = Lenkeinschlag
Reaction = Reaktionsmoment

Wenn man die Achse parallel hebt und senkt, sind keine weiteren Kräfte in den Armen spürbar, da die einzige wirksame Kraft die Gewichtskraft des Rades ist.
Nun versucht man stark nach **links** einzuschlagen, als ob man in diese Richtung fahren will.
Die Auswirkung ist überraschend: In den Armen ist ein Moment spürbar, das versucht, das Rad bezogen auf die gewünschte Fahrtrichtung im Uhrzeigersinn zu kippen.

An diesem Punkt erinnert man sich an die beschriebenen Auswirkungen der Zentrifugal- und Kreiselkräfte, **da der Fahrer jetzt die erste Kurve, zum Beispiel nach rechts fahren will.**

Man baut das Rad wieder ins Fahrrad ein und tritt, bis eine ordentliche Geschwindigkeit erreicht ist und führt das im Abschnitt Kreiselkräfte beschriebene Manöver, **eine schnelle aber kurze Drehung des Lenkers nach links**, aus.

Ursprünglich wollte der Fahrer nach rechts abbiegen.
Da das Fahrrad die Richtung ändert, treten sowohl Zentrifugal-, als auch Kreiselkräfte mit folgenden Konsequenzen auf:

- *Die Zentrifugalkraft*, die im Schwerpunkt angreift und zur Kurvenaußenseite gerichtet ist, versucht das Motorrad nach rechts zu neigen.

- *Die Kreiselkräfte* haben eine ähnliche Auswirkung. Als Folge des Zugs am Lenker nach links entsteht ein Moment, welches das Motorrad, auf die Fahrtrichtung bezogen, im Uhrzeigersinn noch stärker nach rechts neigen will.

Ohne weitere physikalische Effekte würde sich die Situation zuspitzen und das Fahrrad genau in dem Moment kippen, in dem der Fahrer Gefahr läuft, die Kontrolle über das Fahrzeug verlieren, **Exakt dann leitet er die Kurve ein!**

Das Fahrrad mit dem Fahrer neigt sich also nach rechts. Er schlägt nun die Lenkung durch eine langsame Drehung nach rechts ein: Dadurch bewegt sich das Fahrrad auf einer Kreisbahn in einer Rechtskurve. Dadurch entsteht eine Zentrifugalkraft, die ein Gleichgewicht, wie in Abbildung 4.3 gezeigt, herstellt.

Die Gewichtskraft, die das Motorrad nach innen kippen will, erzeugt zusammen mit der Zentrifugalkraft eine resultierende Kraft die entlang der Verbindungslinie von Schwer- und Reifenaufstandspunkt wirkt.

Der Gleichgewichtszustand.

Der Fahrer hat gerade eine Rechtskurve absolviert, obwohl das Manöver mit einer Lenkerdrehung nach links begann.

Das erklärt auch, warum sogar Erwachsene, die zum ersten mal Fahrrad fahren, Probleme haben eine saubere Kurve zu beschreiben, ohne sich mit den Füßen am Boden abzustützen.

Kurvenfahren

Abbildung 4.3: Das Gleichgewicht des Motorrads in Schräglage.
Roll angle = Rollwinkel
Centrifugal force = Zentrifugalkraft

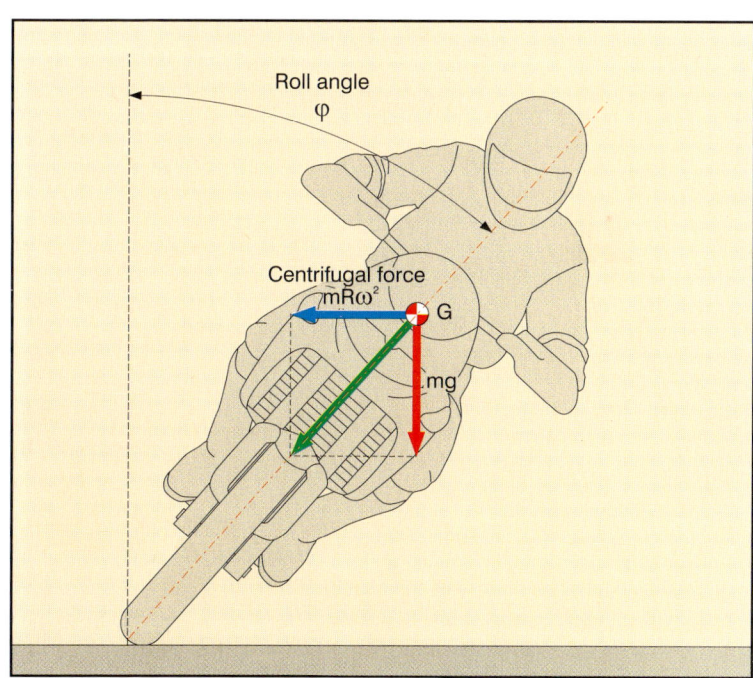

Schräglagen- oder Rollwinkel: Der Winkel zwischen der Vertikalen und der Motorradebene.

Der einleitende Impuls, bei dem der Fahrer den Lenker gegensinnig zur gewünschten Fahrtrichtung einschlägt, scheint ein unbewusster Mechanismus zu sein, den das Gehirn trainiert, indem es sich weitgehend im Unterbewusstsein ein hochentwickeltes Regelsystem erarbeitet hat. Niemand hat wahrscheinlich jemals das Fahrradfahren erlernt, indem er diesen Prozess rational analysiert hat.
Dieser Impuls wird allmählich zu einem festen Reflex. Der Fahrrad- oder Motorradfahrer führt diesen Mechanismus automatisch aus.

Abbildung 4.3 zeigt, dass in Kurven ein Gleichgewicht eintritt, welches das vertraute Gefühl der Motorradbeherrschung erzeugt.

Richtet der Fahrer beim Motorradfahren das Augenmerk nun auf die bisher analysierten Aspekte, nimmt er Kurven im Bewusstsein der Mechanismen, die beim Kurvenfahren auftreten.

Daraus lässt sich ableiten, dass selbst ein relativ einfaches mechanisches Objekt wie das Fahrrad eine Fahrdynamik offen legt, die intuitiv gehandhabt wird, aber alles andere als einfach ist. Zwei verschieden Phänomene - die Zentrifugalkraft und die Kreiselkraft - ermöglichen es dem Fahrzeug, einer Kreisbahn zu folgen.
Bei geringen Geschwindigkeiten gehen die Kreiselkräfte offensichtlich gegen Null. Das Fahrverhalten wird in erster Linie von der Zentrifugalkraft beeinflusst.
Je höher die Geschwindigkeit, umso größer ist der Einfluss der Kreiselkräfte. Da jedoch beide Phänomene in der gleichen Richtung wirken, sollte das Verhalten bei geringen und hohen Geschwindigkeiten gleich bleiben.

Selbstverständlich lässt sich entgegnen, dass die oben beschriebenen Theorien widersprüchlich oder unvollständig sind. Tatsächlich kann man *mit dem Motorrad ebenso eine perfekte Kurve fahren ohne die Hände überhaupt am Lenker zu haben.*

Tatsache ist jedoch, dass die Technik dabei die gleiche bleibt, aber in verschiedener Weise angewendet wird, da wir in diesem Fall die Schräglage des Motorrads beeinflussen.

Angenommen, der Fahrer fährt geradeaus und nimmt die Hände vom Lenker: Um das Motorrad nach **rechts** zu lenken legt er das Motorrad leicht nach links. Der Steuerkopf folgt der Bewegung des Rahmens und neigt sich in die selbe Richtung. Er schafft dadurch den kleinen entgegengesetzten Winkel, der notwendig ist, um auf herkömmliche Art Kurven zu fahren.

In diesem Fall verlagert er sein Gewicht nach rechts und stellt dabei fest, dass er die Kurve in exakt der gleichen Position wie in obiger Illustration fährt.

Deshalb gibt es zwei Techniken um die Linienwahl zu bestimmen:

Man kann Kurven fahren, indem man ein Moment in den Lenker einleitet. Das Fahrzeug lässt sich aber auch vollständig dadurch steuern, dass man den Körper von Seite zu Seite neigt ohne die Hände zu benutzen.

Offensichtlich werden Motorräder in der Realität auf ganz unterschiedliche Art bewegt. Dabei kommt fast immer eine "Kombination" beider Techniken zur Anwendung. Der Fahrer wendet abhängig von seinem Fahrstil, dem Motorradtyp und der jeweiligen Fahrsituation die eine oder andere Technik an.

Fahrstile

Deshalb ist es leicht zu verstehen, warum sich Motorräder, wie bei Straßenrennen oder Motocross-Wettbewerben auf so vollkommen unterschiedliche, individuelle Arten bewegen lassen.

- Einige Rennfahrer verlagern in Kurven ihr Gewicht ganz extrem und setzten weniger den Lenker ein.

- Andere Rennfahrer wenden eine kompakteren Fahrstil an. Sie bilden eher eine Einheit mit dem Motorrad und dirigieren mehr mit dem Lenker.

Beide Fahrstile sind nahezu gleichwertig. Die Sieger von Rennen kommen aus beiden Lagern. Die unterschiedlichen Fahrstile fasst Abbildung 4.4 zusammen.

Abbildung 4.4: Verschiedene Fahrstile bewirken bei gleicher Geschwindigkeit den gleichen resultierenden Schräglagenwinkel von Fahrer und Fahrzeug.
Roll angle = Schräglagenwinkel
Centrifugal force = Zentrifugalkraft
overall centre of gravity = Gesamtschwerpunkt
Body force = Normalkraft

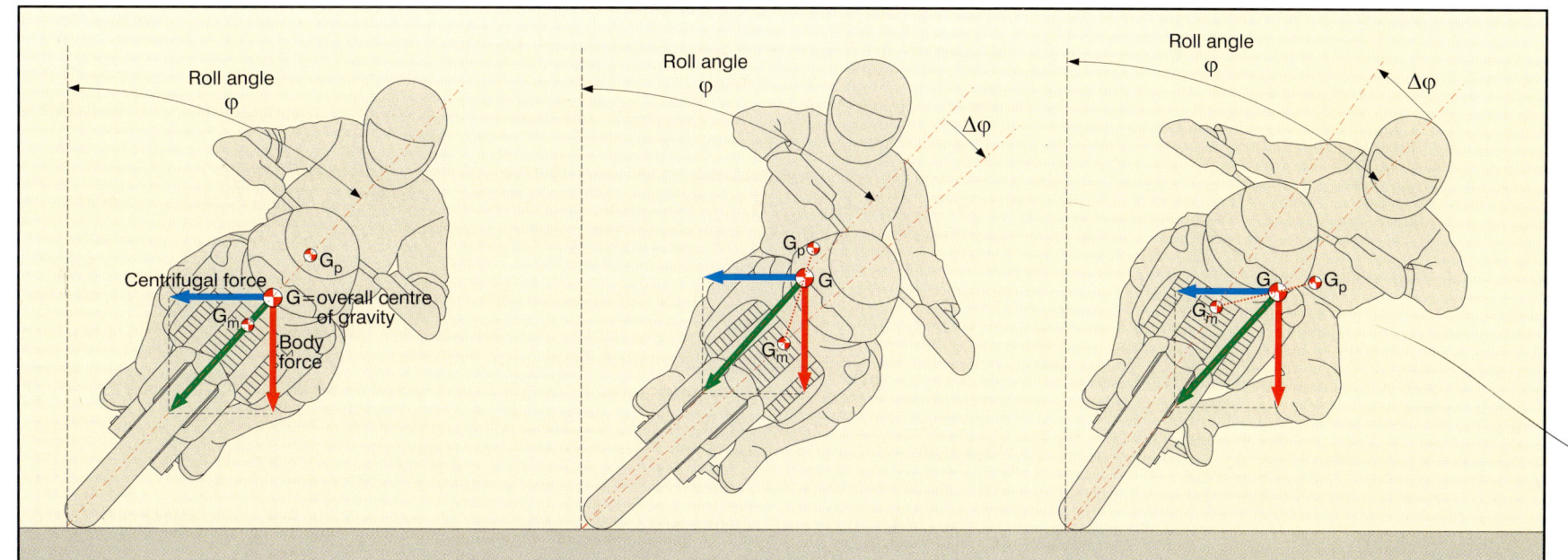

Stets bildet die Einheit von Fahrer und Maschine den gleichen Schräglagenwinkel zur Fahrbahn, so dass die Kurvengeschwindigkeiten identisch sind.

Der linke Fahrer behält seine Position relativ zum Fahrzeug bei: Der Schwerpunkt der Einheit von Fahrer und Maschine bleibt in der Mittelebene des Motorrads. Der mittlere Fahrer zieht eine senkrechtere Position vor. Die Schräglage des Motorrads vergrößert sich um den Winkel $\Delta\varphi$. Der rechte Fahrer neigt sich zur Innenseite der Kurve. Das Motorrad hat dadurch am wenigsten Schräglage.

Mehrere Parameter beeinflussen den Fahrstil der einzelnen Fahrer:

- Der **Motorradtyp:**
• Motorräder, die über starke Rückstellmomente und ein hohes Massenträgheitsmoment um die Lenkachse, also eine "steife Lenkung" verfügen, sind vorzugsweise durch Neigen des Motorrads in Schräglage zu zwingen.
• Motorräder, die schwer in Schräglage zu bringen sind werden am besten mit der Lenkung dirigiert.

- Einfluss der **Fahrsituation:**
• Beim Bremsen mit hoher Radlastverlagerung auf das Vorderrad und starken Rückstellmomenten ist es von Vorteil, das Motorrad in Schräglage zu drücken oder den Körper zu verlagern.
• Im umgekehrten Fall, beim Beschleunigen in Kurven mit geringer Vorderradlast und geringen Rückstellmomenten ist es effektiver die Lenkung zu favorisieren.

Kein mathematisches Modell kann das Optimum für alle möglichen Fahrzustände oder Motorradkategorien definieren. Tatsächlich wechseln Fahrer im Verlauf einer langen Kurve von einer Technik zur anderen.

Wie kann der Fahrer nun den Kurvenradius ändern oder eine **engere** oder **weitere** Linie wählen?
Er kann auf die **Lenkung** oder die **Schräglage** des Motorrads ebenso Einfluss nehmen wie in der Anfangsphase, um den Verlauf der eingeschlagenen Kurve zu ändern. Zudem lässt sich auch die **Geschwindigkeit** variieren.

Wenn man eine Kurve mit einem bestimmten Lenkeinschlag und einer definierten Schräglage durchfährt und die Geschwindigkeit verringert, nimmt auch die Zentrifugalkraft ab. Das Motorrad tendiert dazu, nach innen zu kippen.

Um das Gleichgewicht aufrecht zu erhalten muss der Lenkeinschlag zunehmen. Deshalb stellt man bei Kurvenfahrt das Gleichgewicht durch einen kleineren Kurvenradius wieder her. Die steigende Zentrifugalkraft, siehe Abbildung 4.1, bringt das Motorrad wieder ins Gleichgewicht. Gleichzeitig hat der Fahrer eine **engere Linie** eingeschlagen.

Ebenso will sich das Motorrad mit zunehmender Geschwindigkeit aufgrund größerer Zentrifugalkräfte aufrichten. Um das Gleichgewicht aufrecht zu erhalten, muss der Lenkeinschlag abnehmen, was zu einem größeren Kurvenradius führt. Somit stellt sich eine **weitere Linie** ein.

Genau dieser Vorgang beendet die Kurvenfahrt. In beiden Fällen verhält sich das Motorrad außerordentlich direkt und erfüllt die Anforderungen des Fahrers:

- Wenn der Fahrer in einer, sich plötzlich zuziehenden Kurve das Gas wegnimmt, sinkt die Geschwindigkeit, das Motorrad fährt eine engere Linie und bleibt so auf Kurs.

- Im umgekehrten Fall, bei einer sich öffnenden Kurve fährt das Motorrad beim Beschleunigen mit steigender Geschwindigkeit automatisch eine weitere Linie.

Den natürlichen Instinkt des Fahrers belohnt das Motorrad mit einer sicheren Reaktion.

Die ideale Kombination von Lenkeinschlag, Schräglage und Geschwindigkeit und die ständige Anpassung dieser Parameter versetzt den Fahrer in die Lage, in Kurven eine kontrollierte und saubere Linie zu realisieren.

Abbildung 4.3 zeigt das Gleichgewicht der Kräfte bei Kurvenfahrt. Mit steigender Geschwindigkeit nimmt in Kurven die Zentrifugalkraft und dementsprechend auch die Schräglage zu.

Es ist möglich, die Schräglage und somit die Geschwindigkeit bis zu dem Punkt zu steigern, in dem die Seitenführungskraft die Zentrifugalkraft ausgleichen kann. Sie verhält sich proportional zum Kraftschlussbeiwert zwischen Reifen und Fahrbahn.

Deshalb ist es wichtig, Reifen mit guter Haftung zu verwenden, um scharfe Kurven selbst bei rutschiger oder nasser Fahrbahn problemlos meistern zu können.

Wenn der Haftreibungsbeiwert zwischen Reifen und Fahrbahn 1 beträgt kann die Seitenführungskraft den gleichen Betrag annehmen wie die Gewichtskraft. In diesem Fall sind Schräglagenwinkel bis **45 Grad** möglich.

Die Geschwindigkeit auf einer Kreisbahn mit dem Radius r und der Schräglage eines Motorrads stehen in direktem, eindeutigen Zusammenhang.

Schräglage und maximale Kurvengeschwindigkeit

Abbildung 4.5: Motorrad in Schräglage.

Es gibt zu jeder Kurvengeschwindigkeit nur einen einzigen korrespondierenden Roll-winkel um das Gleichgewicht aufrecht zu erhalten.

Für Abbildung 4.3 gilt:

Gleichung 4.2

$$tan \; \varphi = \frac{v^2}{r \cdot g}$$

oder:

Gleichung 4.3

$$\varphi = arctan \; \frac{v^2}{r \cdot g}$$

Wobei:
- **v** die Fahrzeuggeschwingigkeit,
- **r** der Kurvenradius und
- **g** die Erdbeschleunigung ist.

Die **Kurvengrenzgeschwindigkeit** ist erreicht, wenn die Zentrifugalkraft der Seitenführungskraft entspricht.

Gleichung 4.4

$$\frac{m \cdot v^2}{r} = f \cdot m \cdot g$$

mit:
- **f** = Kraftschlussbeiwert
- **m** = Fahrzeugmasse.

daraus ergibt sich:

Gleichung 4.5

$$v_{max} = \sqrt{f \cdot g \cdot r}$$

Überraschenderweise hängen also der Schräglagenwinkel und die maximale Kurvengeschwindigkeit **nicht vom Gewicht des Motorrads ab. Deshalb können unterschiedlich schwere Motorräder die gleiche Kurve mit gleicher Geschwindigkeit nehmen.**

Warum sollen dann Rennmotorräder so leicht wie möglich sein?

Die Antwort ist einfach: Der Zusammenhang von Gleichung 4.4 gilt nur für stationäre Zustände. Das bedeutet, wenn das Motorrad sich in der Kurve befindet und weder beschleunigt noch verzögert, tritt zumindest theoretisch ein statischer Zustand ein. Erfahrene Motorradfahrer sind sich ständig bewusst, dass sie bei hoher Geschwindigkeit in Kurven permanent Lenkwinkel und Schräglage an die Gegebenheiten anpassen: Sie halten das Motorrad auf Kurs, reagieren auf Änderungen des Kurvenradius, kompensieren Unregelmäßigkeiten der Fahrbahn und gleichen Windböen oder andere äußere Einflüsse aus. Jeder statische Zustand dauert also nur einen kurzen Augenblick.

Hochentwickelte Datenaufzeichnungssysteme halten die Federwege, Schräglagenwinkel und die Geschwindigkeit des Motorrads Sekunde für Sekunde fest. Sie bestätigen, dass statische Zustände während der Kurvenfahrt tatsächlich nur von extrem kurzer Dauer sind. Tatsächlich passt sich der Fahrer unbewusst ständig der jeweiligen Situation an.

Zustandsänderungen, also Änderungen des Kurvenverlaufs oder der Lage des Motorrads erfolgen **bei leichten Motorrädern in kürzeren Zeitintervallen**. Daraus ergibt sich effektiveres Kurvenfahren, da der Fahrer leichter und schneller auf äußere Bedingungen reagieren kann.

Zudem beschleunigt ein Fahrzeug bei gleicher Leistung mit weniger Gewicht selbstverständlich besser.

Kurven im Wheelie

Wie können nun Wheelie-Spezialisten sowohl mit Mopeds, als auch Hochleistungs-Motorrädern derart auffällige und riskante Tricks auf unseren Straßen ausführen?

Wenn das Vorderrad vom Boden abhebt, entfällt auch das durch den Nachlauf erzeugte Rückstellmoment. In dieser Situation kann der Fahrer einzig und allein die Kreiselkräfte des Vorderrads und die Zentrifugalkräfte nutzen und zwar so lange wie sich das Rad dreht.

Dieses Manöver ist ziemlich schwer mit physikalischen Zusammenhängen zu erklären. Da der Fahrer aber offensichtlich nicht auf die üblichen Lenkbewegungen zurückgreifen kann, sind nur äußerst geschickte Piloten in der Lage, die Fahrtrichtung mit einem, mehrere hundert Pfund schweren Motorrad bei hoher Geschwindigkeit zu beeinflussen.

Abbildung 4.6:
Wheelie.

Es gibt eine ganze Reihe Kurventechniken, doch alle sind in eine Reihe unterschiedlicher kurzer Ereignisse unterteilt. Deshalb spielen die Ausgangsbedingungen eine wichtige Rolle. Konkret: das Ergebnis der Kurvenfahrt im Wheelie hängt von der Ausgangslage des Motorrads auf dem Hinterrad ab. Die Möglichkeiten des Motorradfahrers, das Fahrzeug in dieser Lage zu dirigieren, sind nämlich stark eingeschränkt.

Die begrenzten Chancen, den Kurvenverlauf zu ändern machen jeden Wheelie bei unberechenbaren Hindernissen zu einem gefährlichen Unterfangen.

Wenn sich das Motorrad bei mittleren oder hohen Geschwindigkeiten im Wheelie befindet, dreht sich das Vorderrad weiter. Deshalb ist es dank der Kreiselkräfte leichter, durch Einschlagen der Lenkung die Fahrtrichtung zu ändern.

Wheelie-Experten kann man daran erkennen, dass sie ständig den Lenker bewegen, um die gewünschte Richtung einzuhalten.

Ausweichmanöver

Angenommen ein Motorrad bewegt sich geradlinig fort. Plötzlich muss der Fahrer eine schnelle, harte Ausweichbewegung ausführen, um einen Zusammenstoß mit einem plötzlich aus einer Seitenstraße auftauchenden Fahrzeug zu vermeiden. Dieses Manöver ähnelt dem am Anfang des Kapitels.

Wenn sich der Fahrer wie in Abbildung 4.7 entschließt, das behindernde Fahrzeug rechts zu umfahren verlaufen die Spuren auf der Fahrbahn zuerst nach links (Abschnitt AB der Illustration, der wichtig ist, um die Kurvenfahrt einzuleiten) und schwenken dann nach rechts.

Mit einem Pkw, der dem selben Hindernis ausweichen will kann der Autofahrer dagegen nach rechts abbiegen sobald er das Hindernis entdeckt hat.

Für den Motorradfahrer tritt bei dem gleichen Manöver eine Verzögerung ein, um die Strecke AB zurückzulegen.

Je handlicher das Motorrad ist, umso geringer fällt die Verzögerung aus und umso enger ist die Kurve zum Ausweichen.

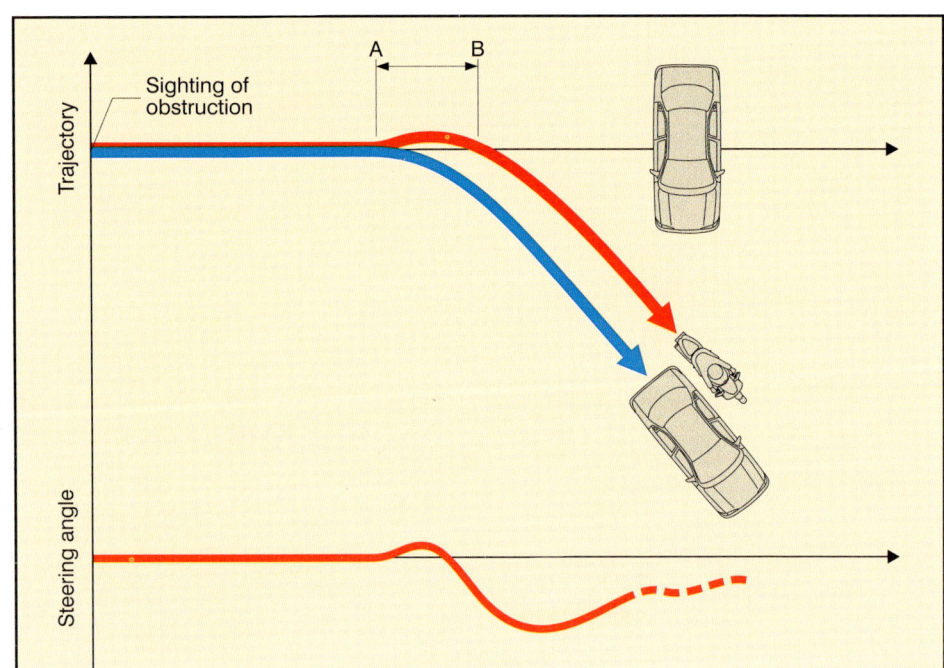

Abbildung 4.7: Fahrspuren beim Ausweichmanöver:
Vergleich zwischen Auto und Motorrad.
Sighting of obstruction = Erkennen des Hindernisses
Trajectory = Bahnkurve
Steering angle = Lenkwinkel des Motorrads

Deshalb konzentrieren sich die Hersteller auf die Entwicklung schnellerer und leichterer Motorräder.

Das Konzept einer einfachen Handhabung hat nicht nur bessere Rundenzeiten auf der Rennstrecke, oder eine sichere Überquerung eines Passes zur Folge, es dient auch der Alltagstauglichkeit eines Fahrzeugs. Handlichkeit ist ein aktives Instrument, um die Sicherheit zu verbessern.
Je leichter sich ein Motorrad bedienen lässt, umso sicherer ist auch seine Nutzung. Die Gefahren auf der Straße nehmen ab.

Um Motorradfahrer über die Sicherheit ihrer Maschine aufzuklären, sollten wir hinzufügen, dass der Ausweichweg eines Autos aufgrund seiner diagonalen Abmessungen breiter ist als der eines Zweirads. Zudem ist es für Motorradfahrer einfacher, engere Kurven zu fahren.

Zudem lehnt sich der Motorradfahrer sobald er nach rechts eingelenkt hat zur Innenseite der Kurve. Der Reifen bildet am Aufstandspunkt die äußere Begrenzungslinie, das Hindernis lässt sich leichter passieren.

Die Kreiselkräfte wirken sich auf die Leichtgängigkeit der Lenkung um die Lenkachse aus.
Welche rotierenden Teile tragen überhaupt zum Massenträgheitsmoment eines sich drehenden Vorderrads bei?

- Der Reifen hat gravierenden Einfluss, da seine beträchtliche Masse sich im wesentlichen auf den äußeren Durchmesser konzentriert.

- Die Felge, die in der Regel aus einer Aluminiumlegierung besteht.

- Die Bremsscheiben, die in der Regel aus Edelstahl hergestellt sind. Dieser Werkstoff hat gute mechanische Eigenschaften und ist gleichzeitig rostfrei.

Die folgende Tabelle zeigt einige Werte für Gewicht und Massenträgheitsmoment des Rads eines Mittelklasse-Straßenmotorrads:

Bauteile	Gewicht (kg)	Anteil in Prozent (%)	Massenträgheitsmoment (kg m²)	Anteil in Prozent (%)
Felge 17" · 3.50	4,3	37	0,11	27
Reifen 120/60	4,1	35	0,27	66
Zwei Bremsscheiben, Ø 300 mm	3,2	28	0,03	7
Gesamt	11,6	100	0,41	100

Bei Rennmotorrädern liegen die Geschwindigkeiten relativ hoch. Um das Massenträgheitsmoment und damit die Kreiselkräfte zu reduzieren und das Motorrad handlicher zu machen kommen hochentwickelte, teure Werkstoffe zum Einsatz:

- Felgen werden aus Magnesiumlegierungen, zum Teil sogar aus Verbundwerkstoffen hergestellt.

- extrem leichte Bremsscheiben aus Kohlefaser sitzen auf aufwendigen Adaptern aus Aluminium.

- die Reifen sind mit Technologien hergestellt, die Gewicht sparen und dabei außergewöhnliche Leistungsfähigkeit und Standfestigkeit aufweisen.

Folgende Tabelle zeigt die Werte der Bauteile einer Aprilia 250 GP Replika:

Bauteile	Gewicht (kg)	Anteil in Prozent (%)	Massenträgheitsmoment (kg m²)	Anteil in Prozent (%)
Felge 17" · 3.75	2,68	30	0,067	18,3
Reifen 120/60	4,36	49	0,28	76,3
Zwei Bremsscheiben, Ø 300 mm	1,836	21	0,02	5,4
Gesamt	8,876	100	0,367	100

Fahrer von Sportmotorrädern mit einer sensiblen Wahrnehmung wissen, dass ein geringeres Massenträgheitsmoment der rotierenden Massen das Fahrverhalten spürbar ändert.
Deswegen ist es wichtig, die Masse und das Massenträgheitsmoment der Felgen und aller rotierenden Teile zu verringern, um den Fahrkomfort und die Leistungsfähigkeit sowohl beim Beschleunigen, als auch beim Bremsen zu verbessern.

Einige wichtige Beobachtungen

Die Auswirkung eines tieferen Schwerpunkts auf die Leichtgängigkeit der Lenkung: Kurvenfahren leicht gemacht

Folgende Abbildung stellt eine Scheibe dar, die sich um eine Achse drehen lässt, die nicht senkrecht auf dem Boden steht. Wenn der Mittelpunkt der Scheibe in seiner ursprünglichen Höhe verharren soll, muss der Kontaktpunkt P angehoben werden.

Diese Betrachtung lässt sich direkt auf das Vorderrad eines Motorrads übertragen, das um die Lenkachse schwenkt. In diesem Fall wird es jedoch nicht wie in Abbildung 4.8 gegenüber der Fahrbahn angehoben, da es die Schwerkraft auf der Fahrbahn hält. *Eine Drehung um die Lenkachse senkt die gesamte Front und sogar das Motorrad geringfügig ab.*
Dieser Effekt wirkt sich am Vorderrad am stärksten aus und nimmt zum Hinterrad hin ab. An der Radaufstandsfläche des Hinterrads ist er vollkommen unwirksam.

Dieses Verhalten leuchtet vielleicht nicht auf Anhieb ein, lässt sich aber leicht demonstrieren: Wenn man das Motorrad so platziert, dass man direkt von oben auf die Lenkachse sieht und den Lenker nach links einschlägt, neigt sich das ganze Motorrad leicht nach vorn.

Die Absenkung des Vorderrad-Mittelpunkts ergibt sich aus folgender Beziehung:

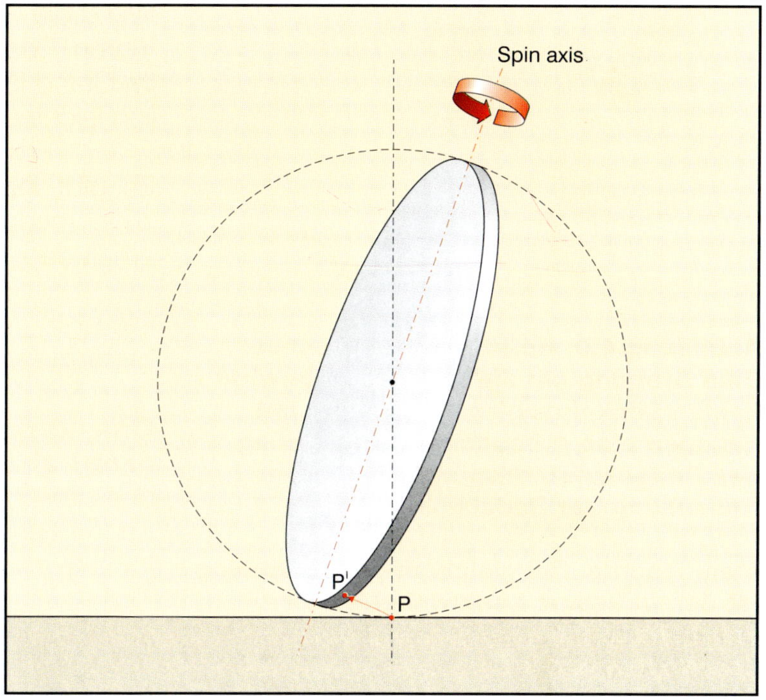

Gleichung 4.6

$$\Delta h = \left[1 - \sqrt{1 - \left(sin\,(\delta)^2 \cdot sin\,(\epsilon)^2 \right)} \right] \cdot r_v - d \cdot sin\,\epsilon - (1 - cos\,\delta)$$

Abbildung 4.8: Eine Scheibe, die sich um eine Achse dreht, die nicht senkrecht steht, hebt ihren Aufstandspunkt an.
Spin axis = Drehachse

Beim Fahrrad, das eine ähnliche Lenkgeometrie wie ein Motorrad hat kann man zum Beispiel feststellen, dass im Stand der Lenker nach rechts oder links einschlagen will, da die Schwerkraft auf den Schwerpunkt der Vorderradaufhängung wirkt.

Dieser Effekt ist besonders offensichtlich, wenn die Fahrbahn zum Beispiel bei Glatteis einen geringen Reibwert aufweist und die Reifen einen hohen Luftdruck haben, so dass sie sich leichter zur Seite drehen können.

Wenn der Fahrer beim Fahrrad oder Motorrad **das Rad einschlägt, muss es seitlich über die Fahrbahn gleiten.** Je nachdem, ob ein hoher oder niedriger Reibungskoeffizient zwischen Reifen und Fahrbahn besteht, ist diese Bewegung leichter oder schwerer auszuführen.

Bei rollenden Reifen ist diese Relativbewegung mit zunehmender Geschwindigkeit immer leichter auszuführen.

Eine seitliche Relativbewegung während dem Einschlagen der Lenkung tritt auch bei Autos auf. Sie ist umso größer je höher die Radlasten und je breiter die Reifen sind. Gerade bei parkenden Autos lässt sich das Lenkrad oft nur schwer drehen. Deshalb ist eine Servolenkung notwendig.

Wenn die Geschwindigkeit zunimmt lassen sich seitliche Bewegungen leichter ausführen. Das kann der Autofahrer an Pkws ohne Servolenkung leicht nachvollziehen. Im Stand lässt sich das Lenkrad schwer drehen, während der Fahrt dann wesentlich leichter.

Es gibt inzwischen bei einigen Pkws hochentwickelte Servolenkungen, die mit zunehmender Geschwindigkeit das Lenkmoment progressiv verringern. Der Fahrer erhält dadurch eine besser Rückmeldung.

Die Kraft die nötig ist, um die Lenkung eines Pkws im Stand einzuschlagen tritt bei Motorrädern ebenfalls in Erscheinung. Sie steigt mit der Radlast des Vorderrads.

Das Verhalten des Motorrads, beim Einschlagen der Lenkung die Front abzusenken erklärt auch warum in engen Kurven bei niedrigen Geschwindigkeiten, zum Beispiel auf Passstraßen, einige Motorräder in die Kurve hinein kippen wollen. Die geschwindigkeitsabhängigen Rückstellmomente (siehe die Auswirkungen der Massenträgheitsmomente und Kreiselkräfte) sind nicht in der Lage die Schwerkraft auszugleichen. In langsamen Kurven reicht ein kurzer Zug am Lenker, weil das Massenträgheitsmoment das Motorrad noch weiter absenken will.

Die Radlastverteilung spielt erneut eine entscheidende Rolle. Ein weit vorn liegender Schwerpunkt verstärkt diesen Effekt noch, sowohl im positiven als auch negativen Sinn.

Abbildung 4.9: Horizontale Lenkachse: Eine Drehung um die Lenkachse bewirkt keinen Lenkeinschlag. Sie verursacht dagegen eine erhebliche Verschiebung des Reifenaufstandspunkts und eine Absenkung der Radachse.

Man beachte: Bei gleichem Lenkeinschlag ist der wirksame Lenkwinkel auf der Fahrbahn umso geringer, je größer der Lenkkopfwinkel ist.

Front view = Frontansicht
Side view = Seitenansicht
Steering rotation = Lenkbewegung
Steering axis = Lenkachse
Seen from above = Draufsicht

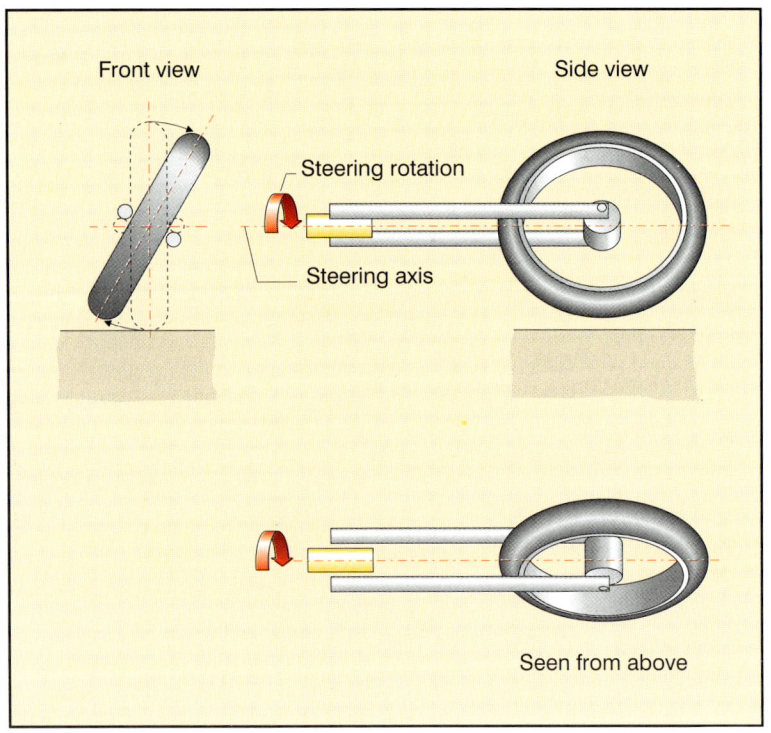

Der effektive Lenkwinkel

Es ist erkennbar, dass **der vom Motorradfahrer gewählte Lenkeinschlag nicht mit dem Lenkwinkel auf der Fahrbahn übereinstimmt.** Diese Tatsache hängt von der Neigung der Lenkachse, also dem Lenkkopfwinkel ab.

Abbildung 4.9 zeigt eine extreme Situation. Sie liefert einen Eindruck, welchen Einfluss dieses Phänomen, zum Beispiel bei einer Anordnung ohne Gabelbrückenversatz und ohne Schräglage hat .

Bei senkrechter Lenkachse und der Schräglage null stimmt die Lenkbewegung des Fahrers mit der des Motorrads überein, während bei horizontaler Achse die Lenkbewegung des Motorrads gleich null ist.

Je größer der Lenkkopfwinkel ist, umso größer fällt in der Praxis der Kurvenradius aus, den das Motorrad mit demselben Lenkeinschlag ausführt. Umso größer sind aber auch die aufzubringenden Lenkkräfte.

Die Beziehung zwischen dem effektiven Lenkwinkel und dem Lenkeinschlag des Fahrers lautet:

Gleichung 4.7

$$\Delta = arctan \left[\frac{sin\ \delta \cdot cos\ (\epsilon + \mu)}{cos\ \varphi \cdot cos\ \delta - sin\ \varphi\ sin\ \ \delta\ sin\ (\epsilon + \mu)} \right]$$

Der vom Fahrer durch den Lenkeinschlag erzeugte Winkel δ hängt vom Lenkkopfwinkel ϵ, dem Schräglagenwinkel des Motorrads φ und dessen Neigung μ ab. Abbildung 4.10 zeigt den effektiven Lenkwinkel in Abhängigkeit vom Lenkeinschlag mit unterschiedlichen Schräglagenwinkeln.

Die vereinfachte Formel lautet:

Gleichung 4.8

$$\Delta = \frac{cos\ \epsilon}{cos\ \varphi}\ tan\ \delta$$

Mit folgenden Werten:

Der effektive Lenkwinkel Δ und der Lenkeinschlag δ stimmen nur dann überein, wenn der Schräglagenwinkel und die Neigung der Lenkachse identisch sind. Ist der Schräglagenwinkel geringer als der Lenkkopfwinkel, fällt der Lenkwinkel kleiner aus als der Lenkeinschlag des Fahrers und umgedreht.

Die vorangegangenen Beobachtungen ergeben folgendes:

Je kleiner der Lenkkopfwinkel und je größer cos ϵ ist, umso stärker ist die Rückmeldung im Lenker, sowohl als Auswirkung auf den Fahrer, als auch auf äußere Störungen.

Einfluss des Radstands auf den Kurvenradius

Die Länge des Motorrads ist wie aus der Formel der Rückstellmomente ersichtlich, ein äußerst wichtiger Parameter, dessen Einfluss sich durch einfache Beobachtungen beschreiben lässt.

Abbildung 4.10: Effektiver Lenkwinkel als Funktion des Lenkkopfwinkels bei verschiedenen Schräglagenwinkeln.

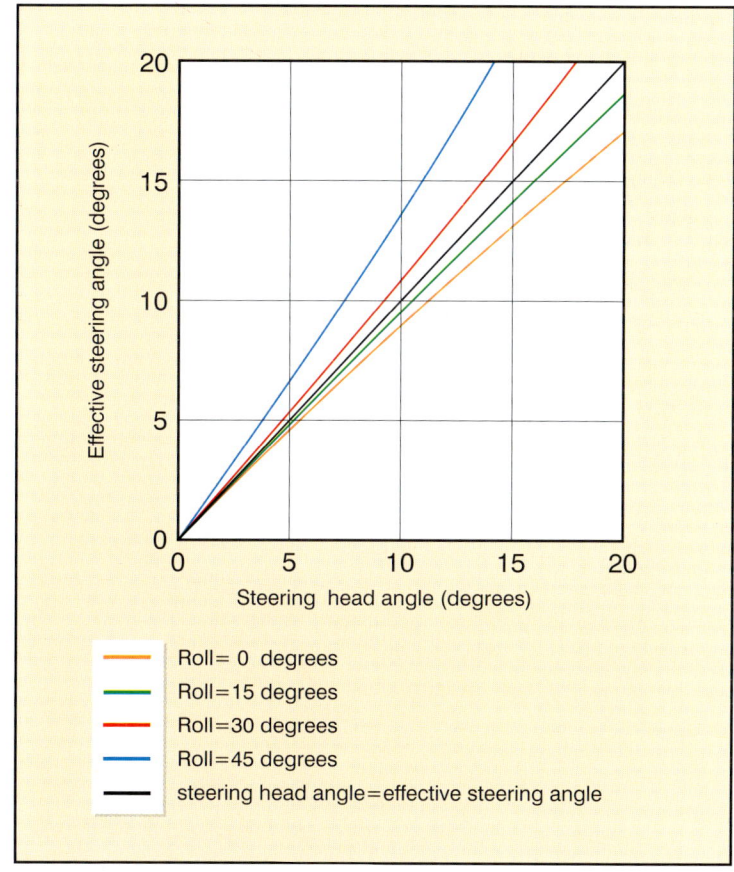

Effective steering angle (degrees) = Effektiver Lenkwinkel (Grad)
Roll=x degrees = Schräglage=x Grad
Lenkkopfwinkel = effektiver Lenkwinkel

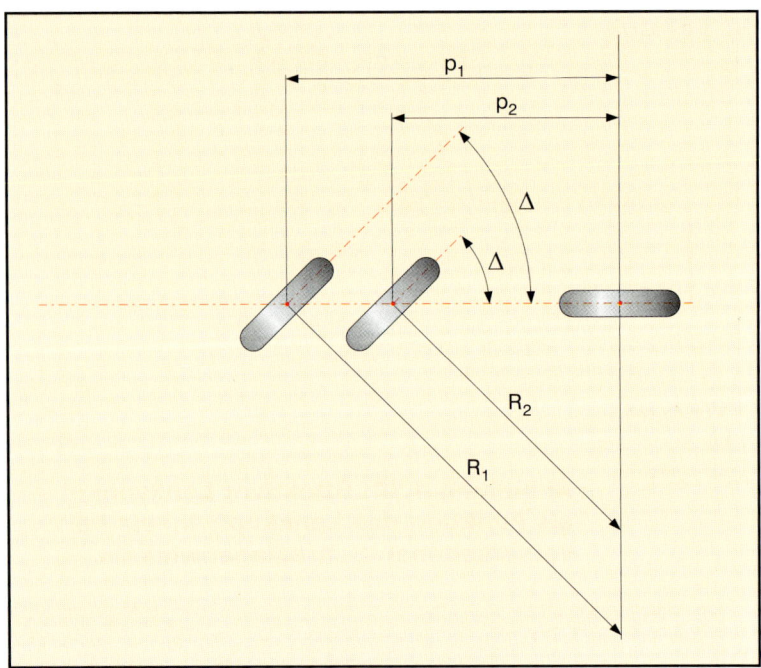

Abbildung 4.11: Bei gleichem effektiven Lenkwinkel haben Motorräder mit längerem Radstand einen größeren Kurvenradius, sie nehmen Kurven nicht so eng. Die Schräglage wurde dabei nicht berücksichtigt.

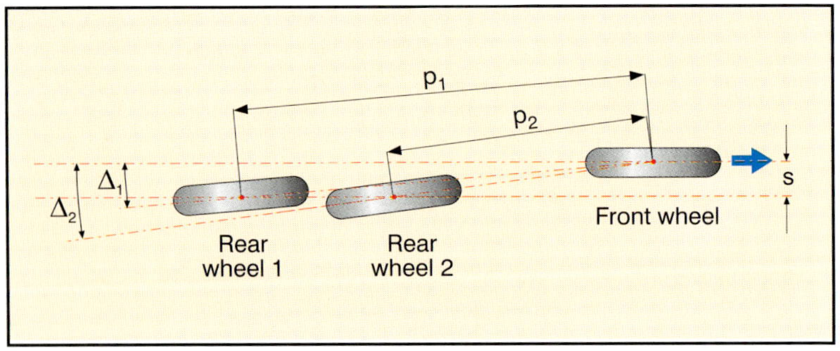

Abbildung 4.12: Ein größerer Radstand bewirkt bei äußeren Störeinflüssen eine größere Stabilität.
Rear wheel = Hinterrad
Front wheel = Vorderrad

Abbildung 4.11, legt den vereinfachten Fall von null Nachlauf und Schräglage zugrunde. Sie verdeutlicht, dass ein Motorrad mit langem Radstand bei gleichem Lenkeinschlag einen größeren Radius ausführt als ein Motorrad mit geringerem Radstand.

Das wird in engen Kurven mit einem langen Motorrad schnell offensichtlich. Dann sind ein starker Lenkeinschlag und ein kräftiger Zug am Lenker gefordert.

Diese einfachen Betrachtungen veranschaulichen, warum ein Rennmotorrad, das auf engstem Raum enge Biegungen schnell bewältigen muss einen moderaten Radstand hat, während große Tourenmotorräder für weitere Radien viel längere Radstände aufweisen.

Angenommen, eine Windböe, ein Schlagloch, Längsrillen im Asphalt oder andere Störeinflüsse erzeugen die Situation in Abbildung 4.12, bei der das Hinterrad seitlich um den Betrag s versetzt:

Der zugehörige Lenkwinkel nimmt ab, je länger der Radstand ist.

Dadurch fühlt der Fahrer bei der gleichen Störgröße bei längerem Radstand eine geringere Bewegung im Lenker, wodurch sich das Gefühl größerer Stabilität einstellt.

Deshalb reagieren Motorräder mit einem langen Radstand weniger nervös.

Einfluss der Schräglage auf den effektiven Kurvenradius

Je länger der Radstand eines Motorrads ausfällt, umso mehr Lenkeinschlag ist in Kurven nötig.

Was passiert, wenn ein Motorrad eine Kurve absolviert?

Das Motorrad neigt sich zur Kurveninnenseite: Es rollt oder hat Schräglage, siehe Abbildung 4.13.

Das Zentrum der augenblicklichen Drehbewegung des Fahrzeugs liegt unter der Fahrbahn. In der senkrechten Projektion erhält man durch die Verbindung des Schnittpunktes mit der Fahrbahn und der Projektion des Motorrad-Schwerpunkts auf die Fahrbahn den Kurvenradius. Er ist kleiner als der theoretische Wert.

Grand Prix-Motorräder erreichen und übertreffen sogar 45 Grad Schräglage. Dadurch reduziert sich der effektive Radius um das 0,7-fache gegenüber dem theoretischen Radius.

Diese Tatsache erklärt eine seltsame Erscheinung, die auf dem Motorrad zu spüren ist: Man muss gegenüber dem Pkw nur geringe Lenkkräfte im Verhältnis zum eingeschlagenen Kurvenradius aufbringen. Dieses Gefühl verstärkt sich mit zunehmender Kurvengeschwindigkeit.

Alle Motorradfahrer stellen sich auf dieses Verhalten unbewusst ein. Sie registrieren dabei nicht, dass sie das Motorrad oder Fahrrad beim Wenden auf engem Raum um einen beträchtlichen Betrag nach innen neigen.

Bei der Handhabung ergibt sich folgende praktische Auswirkung:

Beim Einlenken in eine Kurve mit konstantem Radius ist umso weniger Lenkbewegung notwendig, je stärker der Fahrer das Motorrad in die Kurve neigt.

Das trifft besonders für Rennmotorräder zu. Durch Reifen mit besonders hohem Reibwert können sie in Kurven extreme Schräglagen erreichen.

Kleinere Kurvenradien durch Änderung der Schräglage helfen dem Fahrer, ein Hindernis zu umfahren. Wenn sich das Motorrad zur Innenseite der Kurve neigt, ragt allenfalls ein geringer Teil seiner Silhouette in die äußere Fläche der Kreisbahn.
Das erinnert an den Platzbedarf eines Motorrads beim Ausweichmanöver. Es bestätigt auch, wie leicht ein Motorradfahrer ein Hindernis durch einen engen Bogen umfahren kann und dabei eine begrenzte diagonale Breite beibehält.

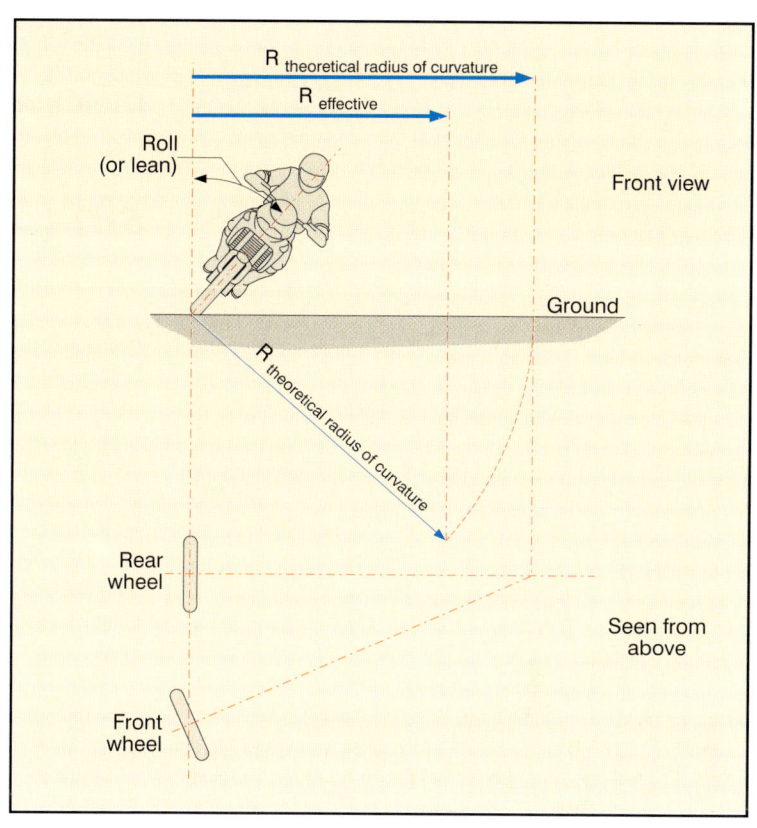

Abbildung 4.13: Wirksamer Kurvenradius.
theoretical radius of curvature = theoretischer Kurvenradius
effective = effektiver
Roll (or lean) = Rollwinkel=Schräglage
Front view = Vorderansicht
Ground = Fahrbahn
Rear wheel = Hinterrad
Front wheel = Vorderrad
Seen from above = Draufsicht

Einfluss der Reifenbreite auf die Schräglage

Die Reifenbreite übt einen weiteren Einfluss auf das Fahrverhalten aus: Bisher wurden die Gleichgewichtsbedingungen für das Motorrad bei Kurvenfahrt unter der Voraussetzung analysiert, dass die Reifen eine Scheibe bilden und damit einen einzigen Kontaktpunkt mit der Fahrbahn haben.
Für jeden Kurvenradius und für jede Geschwindigkeit gibt es einen resultierenden Schräglagenwinkel wie Gleichung 4.3 und Abbildung 4.3 demonstrieren.

Wenn man nun von einer realistischen Reifenbreite und einem runden Querschnitt des Reifens ausgeht, *verschiebt sich der Aufstandspunkt auf der Fahrbahn zur Innenseite der Kurve*. Die Verbindungslinie von Schwerpunkt und Reifenaufstandspunkt stimmt nicht länger mit der Motorradebene überein, sie bildet den Winkel $\Delta\varphi$.

Dieser Winkel lässt sich aus folgender Beziehung ableiten:

Gleichung 4.9

$$sin\,(\Delta\varphi) = \frac{(t \cdot sin\varphi_i)}{(h - t)}$$

dabei ist:
- **t** der Radius des Reifenquerschnitts;
- **φ$_i$** der Schräglagenwinkel mit idealen, punktförmigen Reifen;
- **h** die Schwerpunktshöhe.

Um das Gleichgewicht des Motorrads aufrecht zu erhalten, muss es zusätzlich zum Winkel φ_i, der für die Annahme der vernachlässigbaren Reifenbreite gilt, um den Winkel $\varphi_i + \Delta\varphi$ geneigt werden, bis die Resultierende durch den Reifenaufstandspunkt und den Schwerpunkt führt.

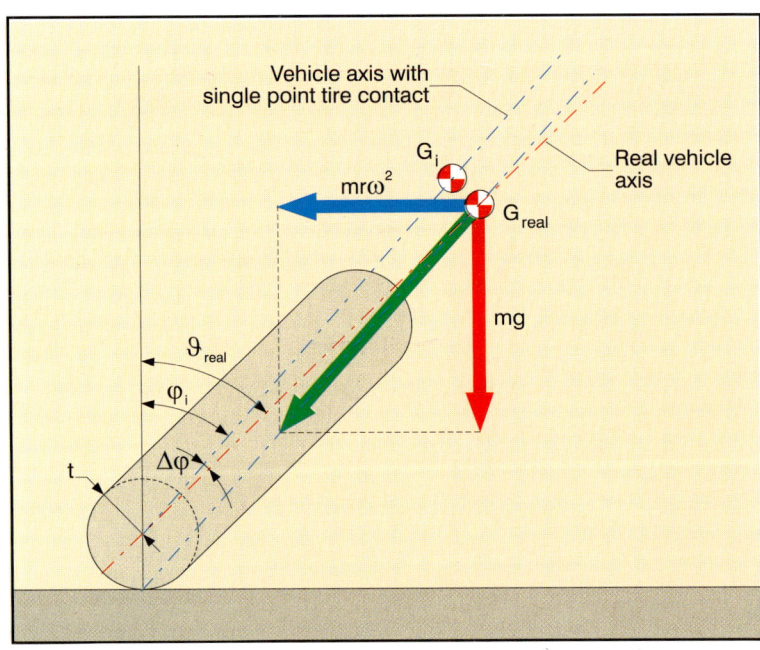

Abbildung 4.14: Schräglage bei Berücksichtigung der Reifenbreite.
Vehicle axis with single point tire contact = Fahrzeugmittelebene bei außermittigem Radaufstandspunkt
Real vehicle axis = reale Fahrzeugebene

Daraus ergibt sich: **Je größer die Breite eines Reifens** und die Kurvengeschwindigkeit sind, **umso stärker muss der Fahrer das Motorrad in die Kurve neigen.**

Bei 190 Millimetern, der Reifenbreite aktueller Supersportler, also der Breite von Mittelklasse Pkws, spielt dieser Effekt eine große Bedeutung.

Durch die Verformung des Hinterreifens im Betrieb verschiebt sich der Reifenaufstandspunkt noch weiter zur Kurveninnenseite. Das Motorrad lässt sich noch schwerer manövrieren.

Der Motorradfahrer sollte also beim Ersatz der Originalbereifung durch breitere Felgen und Reifen sorgfältig abwägen. Ein breiterer Reifen kann zwar mehr Haftung in Schräglage bieten, aber ebenso Änderungen an einer Reihe von fahrzeugspezifischen, geometrischen Konstruktionsgrößen wie dem *Nachlauf* erfordern.

Das beste Fahrverhalten erreichen Motorräder immer unter den Bedingungen für die sie konstruiert sind. Außerhalb dieser Einsatzzwecke nimmt ihre Leistungsfähigkeit ab.

Reifen, die in der Mitte abgefahren sind, müssen ersetzt werden. Bei zunehmendem Verschleiß wird nämlich das obengenannte Problem größer.

Einfluss der Schwerpunktshöhe auf die Schräglage.

Auch die Schwerpunktshöhe nimmt Einfluss auf die Schräglage des Motorrads.

Gleichung 4.9 zeigt, dass die Zunahme des Schräglagenwinkels $\Delta\varphi$ im Fall einer vernachlässigbaren Reifenbreite sowohl von der Schwerpunktshöhe, als auch vom Radhalbmesser abhängt.

Mit höherem Schwerpunkt erfordert das Motorrad bei gleichem Kurvenradius und gleicher Geschwindigkeit weniger Schräglage.

Abbildung 4.15 zeigt, dass der zusätzliche Winkel $\Delta\varphi$ zum theoretischen Winkel bei höherem Schwerpunkt geringer ausfällt.

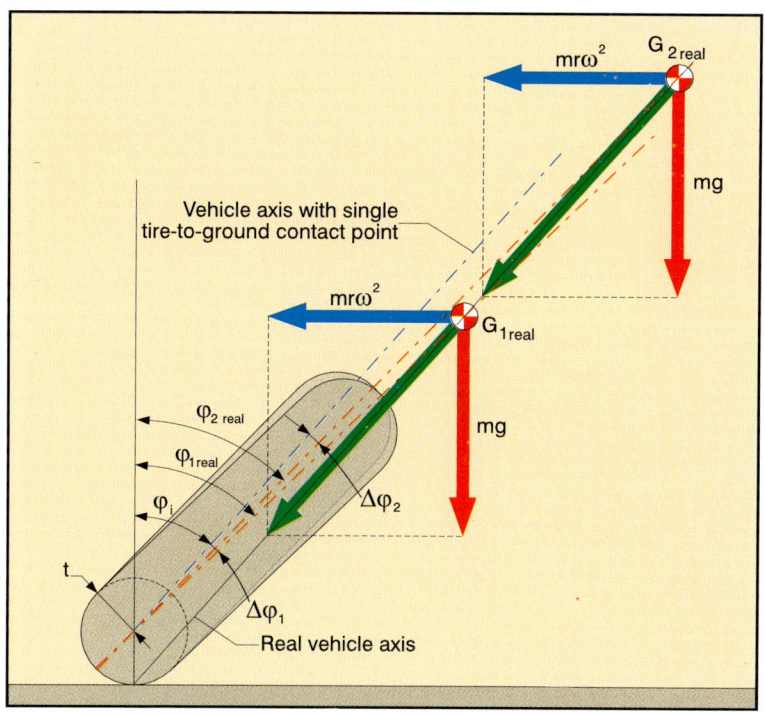

Abbildung 4.15: $\Delta\varphi_i$ ist kleiner als $\Delta\varphi$.
Es gelten die gleichen Werte für
- **den Kurvenradius r,**
- **die Kurvengeschwindigkeit v und**
- **die Fahrzeugmasse m.**
Wenn der Schwerpunkt angehoben wird, benötigt das Motorrad weniger Schräglage.

Vehicle axis with single tire-to-ground contact point = Fahrzeugmittelebene bei außermittigem Radaufstandspunkt
Real vehicle axis = reale Fahrzeugebene

Kapitel 5

Gleichgewicht der Kräfte
die Auswirkungen auf ein Motorrad
bei Geradeausfahrt

Ziel des ersten von drei zusammenhängenden Kapiteln ist es, zu verstehen, wie sich die Lage des Motorrads abhängig von Fahrzuständen wie Beschleunigen oder Bremsen ändert.

Die Lage des Motorrads

Aufgrund verschiedener geometrischer, als auch physikalischer Größen ist es schwierig, die Position des Fahrzeugs und damit sein Verhalten in den unterschiedlichen Fahrzuständen zu beschreiben.

Vorhergehende Kapitel haben bereits den Einfluss einiger wichtiger Parameter, wie Lenkkopfwinkel, Nachlauf, Radstand, die Lage der Radaufhängung und die Radlastverteilung bei einem Motorrad behandelt, das mit konstanter Geschwindigkeit geradeaus fährt. Verschiedene Größen ändern sich jedoch. So bleibt die Geschwindigkeit selten gleich. Sie ändern sich abhängig von den Fahrbedingungen sogar in beträchtlichem Ausmaß, da die Radaufhängungen und die Kraftübertragung empfindlich auf vertikale als auch horizontale Kräfte wie Beschleunigen und Bremsen reagieren.

So taucht zum Beispiel die Front beim Bremsen ein. Dieser Effekt beeinflusst den Nachlauf, den Lenkkopfwinkel und die Radlasten im Vergleich zu den Ausgangsbedingungen. *Die Lage und damit das Verhalten des Motorrads ändern sich.*

Um vorherzusagen, welche Lage das Motorrad unter besonderen Umständen einnimmt sind folgende Schritte wichtig:

- Dieses Kapitel behandelt das Motorrad als starren Körper ohne bewegliche Radaufhängungen. So lassen sich die Kräfte bestimmen, die von außen auf das System einwirken, wenn horizontale Kräfte wie Zug- oder Bremskräfte auftreten.

- Kapitel 6 untersucht, wie Kräfte innerhalb des Motorradsystems übertragen werden. Es analysiert die Kräfte, welche die Bewegung der Radaufhängungen hervorrufen.

- Das darauf folgende Kapitel 7 stellt die Erfahrungen zusammen, um die spezielle Position des Chassis, also die Lage des Fahrzeugs unter verschiedenen Bedingungen zu bestimmen.

Leistungsbedarf zur Überwindung der Fahrwiderstände

Die Leistung die notwendig ist, um ein Fahrzeug auf ebener Fahrbahn mit konstanter Geschwindigkeit vorwärts zu bewegen, ergibt sich aus der Summe der Leistungen, die zur Überwindung des Rollwiderstands der Reifen und dem Luftwiderstand nötig sind.

Gleichung 5.1

$$P = v \cdot (F_R + F_A)$$

dabei ist:
- v die Geschwindigkeit;
- F_R der Rollwiderstand der Reifen;
- F_A der Luftwiderstand.

- *Der Rollwiderstand der Reifen* geht in erster Linie zu Lasten der Reifenverformung und der Kräfte, die zwischen Reifen und Fahrbahn wirken. Grob geschätzt beträgt der Rollwiderstand der Reifen insgesamt weniger als zwei Prozent der Gewichtskraft des Fahrzeugs.
Um ein 200 Kilogramm (2000 N) schweres Fahrzeug von Hand zu schieben ist eine Kraft von weniger als 40 Newton (4 kg) aufzubringen.

Jeder Fahrer, der sein Motorrad schon einmal ohne Benzin einige Kilometer geschoben hat, weiß jedoch, dass die Kraft deutlich größer ist, da weitere Widerstände wie Lagerreibung, der Widerstand zwischen Kette und Ritzel beziehungsweise Kettenrad und vielleicht sogar das Bremsmoment schleifender Bremsbeläge dazukommt.

Der Rollwiderstand der Reifen ist *im Verhältnis zu den gesamten Fahrwiderständen nur bei niedrigen Geschwindigkeit von Bedeutung.* Bei höherer Geschwindigkeit ist er dagegen verhältnismäßig gering.

- Luftwiderstand:

Vereinfacht ausgedrückt ist, abgesehen von einigen Faktoren, die Luftwiderstandskraft dem Quadrat der Geschwindigkeit proportional. Deshalb wächst deren Anteil mit steigender Geschwindigkeit überproportional an.

Weitere Informationen über den Einfluss der Aerodynamik folgen in Kapitel 10.

An Steigungen addiert sich zum Rollwiderstand der Reifen und dem Luftwiderstand eine weitere Komponente. Beim Steigungswiderstand muss zusätzlich zur Geschwindigkeit die Gewichtskraft überwunden werden: $F_p = m \cdot g \cdot sin\,\alpha$

Die Leistung die notwendig ist um eine Steigung zu überwinden ergibt sich aus:

Gleichung 5.2

$$P_p = v \cdot m \cdot g \cdot sin\alpha$$

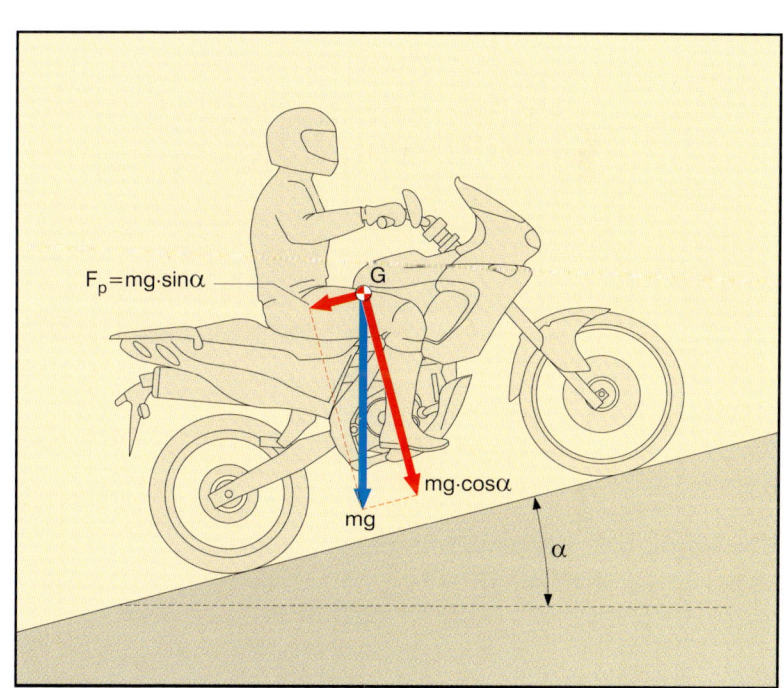

Vorausgesetzt, die Leistung eines Motorrads reicht grundsätzlich aus, lässt sich theoretisch jede Steigung überwinden.

In der Realität ist das aber nicht der Fall. Es gibt einen spektakulären Wettbewerb, der zuerst in den USA stattfand und später auch nach Europa kam. Gewinner ist dabei derjenige, der auf einer unbefestigten oder sandigen Steilpiste den höchsten Punkt erreicht. Die Motorräder kommen einerseits zum Stehen weil das Hinterrad anfängt durchzudrehen und damit die Leistung nicht mehr auf den Boden übertragen kann, andererseits weil das Vorderrad unkontrolliert in die Luft steigt und sich das Motorrad nach hinten, siehe Abbildung 5.2, überschlägt.

Dieses Verhalten zeigt anschaulich, dass **sich die zur Verfügung stehende Leistung nicht immer auf die Fahrbahn übertragen lässt.**

Abbildung 5.1: Befahren einer Steigung.

Folgende Bedingungen setzten dem Befahren einer Steigung Grenzen:

- Grenzen der Haftreibung:

Teilweise ist es aufgrund eines zu geringen Kraftschlussbeiwerts nicht möglich, die verfügbaren Kräfte auf die Fahrbahn zu übertragen.

Die maximal übertragbare Kraft entspricht der Radlast des Antriebs-rads, multipliziert mit dem Kraftschlussbeiwert. Über diesem Limit beginnt das Rad unkontrolliert duchzudrehen.

Gleichung 5.3

$$P_{max} = v \cdot N_r \cdot f$$

f = Kraftschlussbeiwert.
N_r = Radlast des Antriebsrads.

Bei geringen Reibwerten, zum Beispiel bei nasser, vereister oder san-diger Fahrbahn hat das Motorrad an Steigungen Probleme, die Antriebskraft auf die Fahrbahn zu übertragen.

Gleichung 5.3 erklärt die instinktive Reaktion des Motorradfahrers, wenn das Hinterrad beginnt durchzudrehen. Er verlagert dann sein Gewicht nach hinten, um das Antriebsrad stärker zu belasten.

- Grenzwert für den Überschlag:

Wenn die Projektion der Gewichtskraft, die im Schwerpunkt des Maschine-Fahrer-Systems angreift hinter dem Radaufstandspunkt des Hinterrads die Fahrbahn schneidet, ist es nicht länger möglich, das Motorrad im Gleichgewicht zu halten.

Abbildung 5.2 Bei solchen spektakulären Wettbewerben gewinnt der Fahrer, der an einem steilen, steinigen oder sandigen Abhang den höchsten Punkt erreicht.

Abbildung 5.3: Grenzbedingung für den Überschlag des Fahrzeugs.
Wheel-to-ground contact = Radaufstandsfläche

Das Motorrad über-schlägt sich nach hin-ten. Das bezeugen die unglaublichen Steigun-gen, welche die Teil-nehmer an Hill-Clim-bing-Wettbewerben erklimmen.

Die instinktive Reak-tion des Fahrers sich nach vorne zu neigen, erklärt die Tatsache, dass sich der Gesamt-schwerpunkt von Fah-rer und Maschine durch diese Bewe-gung ebenfalls nach vorn verschiebt.

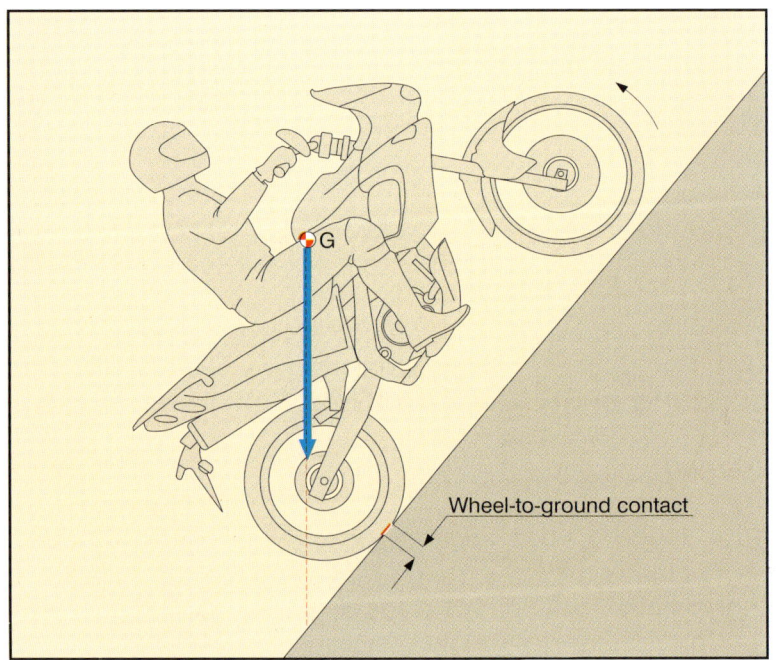

Wheel-to-ground contact

Man betrachtet nun das Fahrzeug als **starren Körper**, so als ob die Federelemente blockiert wären.
Zudem vernachlässigt man den Luftwiderstand, so als ob sich das Motorrad mit geringer Geschwindigkeit bewegt.

Bei konstanter Geschwindigkeit lässt sich die senkrechte Resultierende auf die Reifen errechnen:

Gleichförmige Bewegung

Gleichung 5.4

$$N_f = m \cdot g \cdot \frac{b}{wb}$$

$$N_r = m \cdot g \cdot \frac{wb - b}{wb}$$

mit:

- N_f, der Vorderradlast,
- N_r, der Hinterradlast,
- b, dem Abstand zwischen dem Reifenaufstandspunkt des Hinterrads und der senkrechten Projektion des Schwerpunkts auf die Fahrbahn,
- wb, dem Radstand des Motorrads.

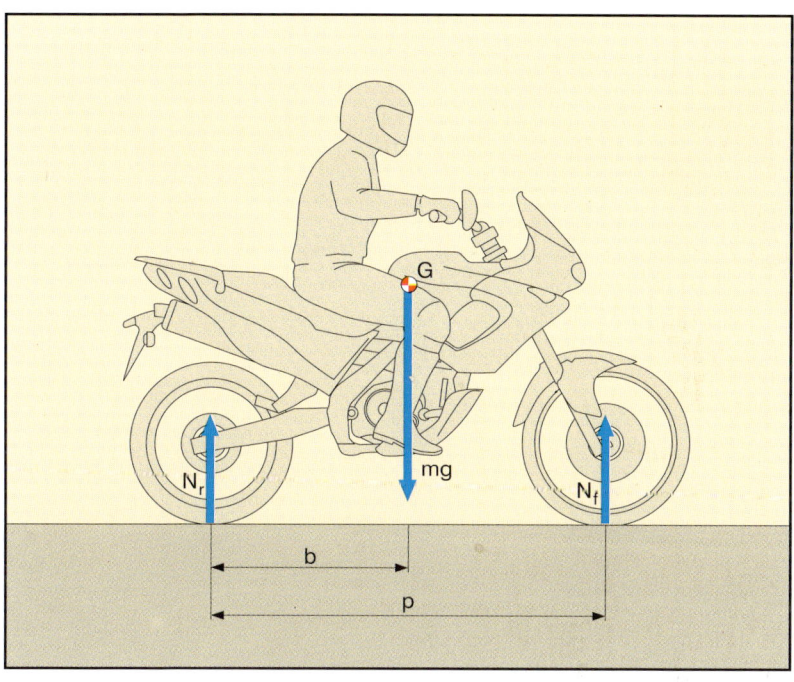

Abbildung 5.4: Reaktionskräfte, die bei konstanter Geschwindigkeit auf die Reifen eines Fahrzeugs wirken.

Die Resultierende hängt im wesentlichen von der Lage des Schwerpunkts ab.

Die Radlast ist am Vorderrad umso höher, je weiter vorn sich der Schwerpunkt befindet und umgekehrt. Wenn der Schwerpunkt exakt in der Mitte zwischen den Radachsen liegt, verteilt sich die Radlast zu jeweils 50 Prozent auf das Vorder- und Hinterrad.

Im Fall gleichförmiger Bewegung überträgt der Motor gerade soviel Leistung, um den Rollwiderstand der Reifen zu überwinden. Wenn der Motor mehr Leistung abgibt, beschleunigt das Motorrad.

Beim Beschleunigen tritt zwischen Reifen und Fahrbahn eine Zugkraft **T** auf. Unter Vernachlässigung des Rollwiderstands der Reifen greift im Schwerpunkt eine Widerstandskraft **R**, die Massenträgheitskraft an.

Das Motorrad beim Beschleunigen

Um dieses System unter den genannten Bedingungen im Gleichgewicht zu halten, lässt sich die sogenannte **dynamische Radlastverlagerung** ermitteln. Sie errechnet sich wie folgt:

Gleichung 5.5

$$N_{trans} = T \cdot \frac{h}{wb}$$

Die Radlasten ergeben sich aus folgendem Zusammenhang:

Gleichung 5.6

$$N_f = m \cdot g \cdot \frac{b}{wb} - T \cdot \frac{h}{wb}$$

$$N_r = m \cdot g \cdot \frac{wb - b}{wb} + T \cdot \frac{h}{wb}$$

oder: **Gleichung 5.7**

$$N_f = N_{sf} - N_{trans}$$

$$N_r = N_{sr} + N_{trans}$$

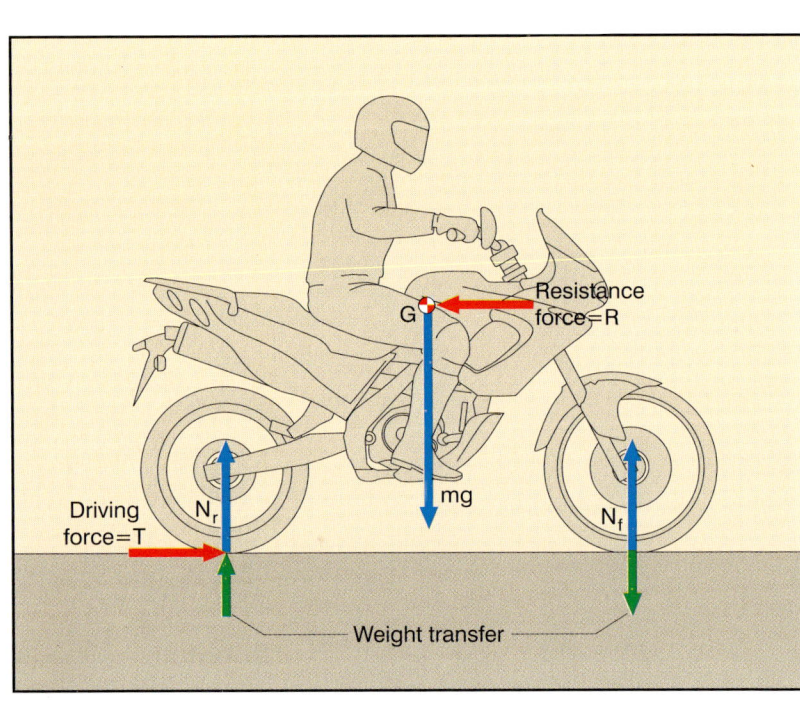

Abbildung 5.5: Motorrad beim Beschleunigen.
Resistance force = Widerstandskraft
Driving force = Zugkraft
Weight transfer = Radlastverlagerung

wobei N_{sf} und N_{sr} die senkrechten Resultierenden sind, die unter statischen Bedingungen auf das Vorder- und Hinterrad wirken.
Aufgrund der Gewichtsverlagerung nimmt beim Beschleunigen die Radlast des Vorderrads ab, die des Hinterrads dagegen zu. Die Summe der senkrechten Resultierenden bleibt definitiv gleich.

Durch die Gewichtsverlagerung lassen sich größere Kräfte auf die Fahrbahn übertragen.

Aus Gleichung 5.5 lassen sich noch weitere Überlegungen ableiten:
Die dynamische Radlastverlagerung ist der Antriebskraft und der Schwerpunktshöhe direkt proportional.

Es ist wichtig, diesen Effekt zu berücksichtigen. Motorräder mit hohem Schwerpunkt und kurzem Radstand haben beim Beschleunigen eine ausgeprägte Neigung, am Vorderrad die Haftung zu verlieren und es anzuheben.

Die Erkenntnisse lassen sich nun in einer Zeichnung zusammenfassen, die in den folgenden Abschnitten noch nützlich sein wird.

Die Summe aus den Antriebskräften und der zusätzlichen Hinterradlast gleicht die Summe der Widerstandskräfte und die Gewichtsverlagerung aus, die an der Front auftritt, siehe Abbildung 5.6. Die Wirkungslinie, dieser beiden resultierenden Kräfte bildet zur Horizontalen **einen Winkel, dessen Bogenmaß h/wb entspricht.**

$$\tau = arctan\left(\frac{h}{wb}\right)$$

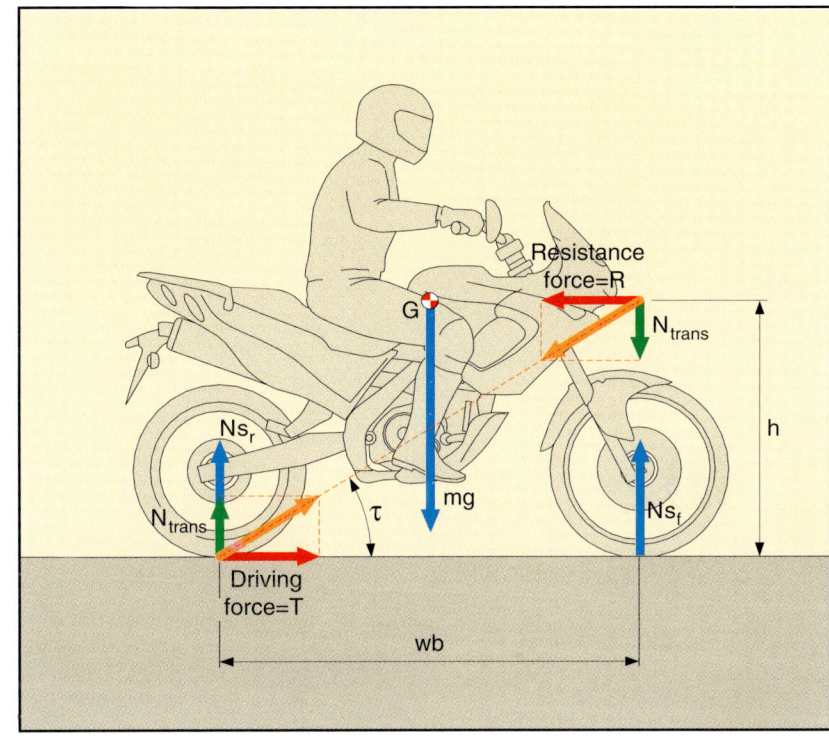

Das Verhältnis **h/wb** legt den Winkel τ fest, der als "Winkel der Gewichtsverlagerung" gilt. Er ist ein wichtiges Indiz für das Fahrverhalten eines Motorrads.

Ein Motorrad mit großem Winkel τ hat eine hohe Gewichtsverlagerung. **Ein Motorrad mit hohem Schwerpunkt und kurzem Radstand führt demnach stärkere Nickbewegungen aus.**

Abbildung 5.6: Winkel der Resultierenden der dynamischen Radlastverlagerung. Die Gewichtskraft befindet sich mit den statischen Radlasten im Gleichgewicht.
Resistance force = Widerstandskraft
Driving force = Zugkraft

Ein solches Fahrzeug reagiert bereits auf geringe Beschleunigungen oder Verzögerungen mit starken Bewegungen um die Fahrzeugquerachse. Das kann zum Beispiel bei Tourenmotorrädern, die ein entspanntes Fahrgefühl bieten sollten, extrem lästig sein.

Für die Beschleunigung eines Motorrad ist sein Leistungsgewicht entscheidend. Je günstiger es ist, umso besser ist bei gleicher Motorleistung die Beschleunigung.

An dieser Stelle ist der Vergleich zwischen **Motorrädern und Pkws von Interesse.**

Wenn beim Ampelstopp die Ampel auf grün springt sind selbst Motorräder mit kleinen Hubräumen in der Lage, den "Asphalt aufzurollen" und Autos mit dem zehnfachen Hubraum hinter sich zu lassen.

Die Analyse des Verhältnisses von Gewicht zu Leistung in den verschiedenen Motorrad- und Pkw-Klassen offenbart schnell, dass sowohl kleine, als auch leistungsstarke Motorräder im Vergleich zu Pkws ein Leistungsgewicht haben, das sie beim Beschleunigen klar favorisiert.

Die Antwort auf die bemerkenswerten Unterschiede liefert die unterschiedliche Konstruktionsphilosophie der beiden Fahrzeugkategorien.

Fahrzeugart	Hubraum (cm³)	Gewicht mit Fahrer (kg)	Leistung (kW/PS)	Leistungsgewicht (kg/PS)
PKW				
Kompaktklasse	1200	980	53,7 (73)	18,25
Mittelklasse	2000	1415	97 (132)	14,6
Oberklasse	2800	1570	142 (193)	11,13
Sportwagen	3200	1515	236 (321)	6,41
Hochleistungssportwagen	3500	1500	280 (380)	5,35
Motorräder				
Leichtkrafträder	125	215	24 (33)	9
Mittelklasse	600	272	70 (95)	3,88
Oberklasse	1100	300	100 (138)	3
Superbikes	900	265	98 (133)	2,755

Motorräder sind in der Regel für den sportlichen Einsatz konstruiert. Deren Entwicklungsziele gipfeln in immer höherer Leistungsfähigkeit. Die Konzeption von Autos unterliegt dagegen völlig anderen Anforderungen, wie zum Beispiel gutem Fahrkomfort, geringem Kraftstoffverbrauch, hoher Zuladung und einer langen Lebensdauer des Motors.

Zudem sind Pkw-Getriebe eher auf geringen Kraftstoffverbrauch als auf optimale Beschleunigung ausgelegt.

Pkws haben oft Fünfganggetriebe, bei denen der letzte als Schongang fungiert. Bei den meisten Sechsganggetrieben von Motorrädern liegen die Gänge sehr nahe beisammen, um eine möglichst gute Beschleunigung zu erzielen.

Neben dieser ziemlich verallgemeinernden und deshalb stark vereinfachenden Betrachtungsweise scheint es interessanter zu sein, sich einige Gedanken über **Umweltthemen** zu machen.

Das Motorrad kann maximal zwei Personen mit begrenztem Gepäck transportieren. Es hat eine äußerst einfache, relativ leichte Struktur.

Der Pkw ist andererseits in der Regel für den Transport von fünf Passagieren konzipiert, die gegen äußere Einflüsse komplett geschützt sind. Seine Herstellung erfordert eine riesige Rohstoffmenge und in der Regel auch erheblich mehr Energieeinsatz.

Beim Energieverbrauch treten die Unterschiede zwischen den beiden Transportmitteln noch offensichtlicher zu Tage. Wenn eine Person auf dem täglichen Weg zur

Arbeit einen Pkw nutzt, muss sie ein Fahrzeug beschleunigen, abbremsen und auf Geschwindigkeit halten, das mehr als eine Tonne wiegt. Die Masse eines Mittelklassemotorrads ist dagegen sechs bis achtmal geringer.

Wheelies

Wenn der Fahrer beim Beschleunigen den Grenzwert erreicht, bei dem die Vorderradlast N_f gegen null geht, entstehen Bedingungen bei denen das Vorderrad vom Boden abhebt, allgemein als **Wheelie** bekannt.

Gleichung 5.8

$$N_f = m \cdot g \cdot \frac{b}{wb} - T \cdot \frac{h}{wb} = 0$$

Daraus ergibt sich der Wert für die maximale Zugkraft oder anders ausgedrückt, der Wert, bei dem sich das Motorrad bei konstanter Geschwindigkeit auf das Hinterrad stellt.

Gleichung 5.9

$$T_{max} = m \cdot g \cdot \frac{b}{h}$$

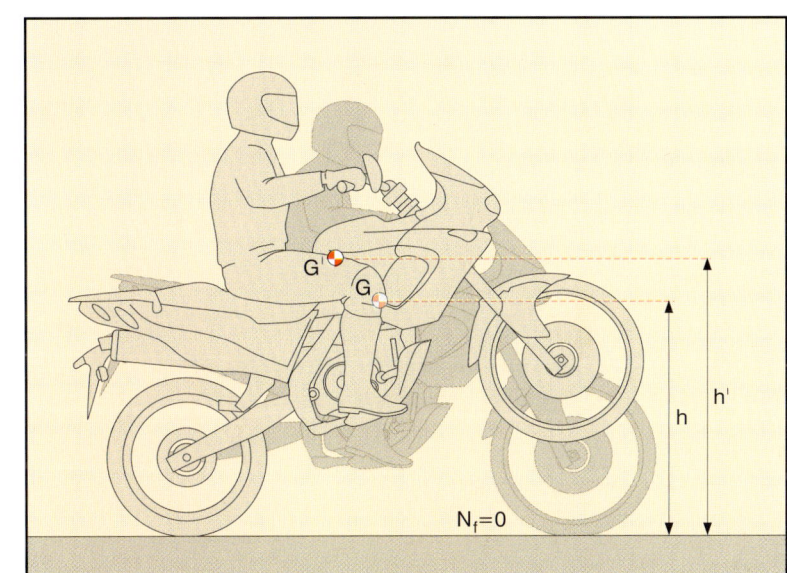

Abbildung 5.7: Wheelie.

Wenn das Vorderrad in die Höhe steigt, hebt sich auch der Schwerpunkt an. Bleibt die ursprüngliche Zugkraft bestehen, *beginnt das Motorrad hochzuziehen, um einen Ausdruck aus der Luftfahrt zu gebrauchen und überschlägt sich dann nach hinten.*

Die Zugkraft, die nötig ist um das Motorrad im Wheelie zu halten ist also geringer als die Zugkraft zum "Aufstellen" Der Fahrer muss in diesem Fall also besonders gefühlvoll mit dem Gasgriff umgehen.

Klassische Motorräder haben ein begrenztes Beschleunigungsvermögen. Dagegen sind Motorräder mit extrem hohen Leistungen für Beschleunigungsrennen, sogenannte Dragster, mit langem Radstand und geringer Höhe speziell konstruiert, um die Wheelie-Tendenz zu reduzieren.

Neben, bei starker Beschleunigung auftretenden **Power-Wheelies** gibt es noch eine weitere Art, das Vorderrad in die Luft steigen zu lassen und das Motorrad in einem sensiblen Gleichgewicht zu halten.

Wenn das Vorderrad beim Beschleunigen steigt und der Fahrer durch gezielte Gewichtsverlagerung den Körper nach hinten verschiebt ist er in der Lage, dieses empfindliche Gleichgewicht aufrecht zu erhalten. Dazu muss die Resultierende der gesamten Gewichtskraft von Motorrad und Fahrer durch die bekanntermaßen kleine Aufstandsfläche des Hinterreifens gehen.

Deshalb können nur erfahrene Piloten mit ausgeprägtem Gleichgewichtssinn dieses Manöver ausführen.

Durch geschickte Kombination von Leistungs- und Gleichgewichts-Wheelies ist es möglich, das Motorrad lange Zeit auf dem Hinterrad zu balancieren.

Bei Weltrekorden konnten Spezialisten das Vorderrad über Dutzende von Kilometern in der Luft halten.

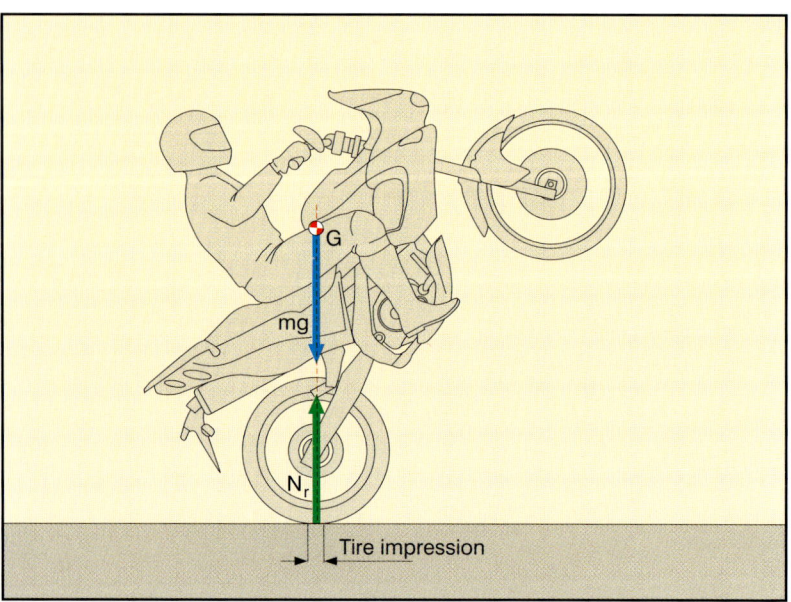

Abbildung 5.8: Ausbalancieren eines Wheelies.
Tire impression = Reifenaufstandsfläche

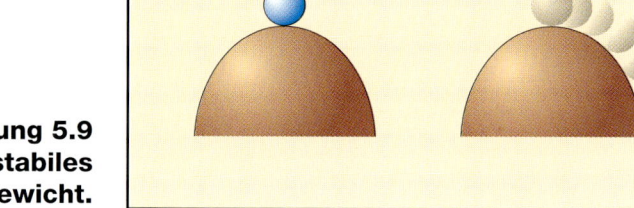

Abbildung 5.9
Instabiles
Gleichgewicht.

Obwohl es gelang diese Rekorde aufzustellen, aus Sicherheitsgründen allerdings außerhalb des öffentlichen Straßenverkehrs, ist trotzdem folgendes zu beachten:

Das Motorrad bei Wheelies unter Kontrolle zu halten ist nicht nur wegen der äußerst sensiblen Gleichgewichtsbedingungen extrem riskant. Bei einem unerwartet auftauchenden Hindernis, siehe Abschnitt über Kurvenfahren auf dem Hinterrad, kann der Fahrer nicht immer schnell genug mit einer abrupten, gezielten Ausweichbewegung reagieren. Zudem kann die Sicht nach vorn begrenzt sein, weil das Sichtfeld des Fahrers eingeschränkt ist.

Bremsen Um das Fahrverhalten beim Bremsen zu studieren, nähert man sich dem Thema genauso wie in den vorhergehenden Kapiteln. Verzögerung bedeutet negative Beschleunigung.

Logischerweise erfolgt dann die Gewichtsverlagerung vom Hinterrad auf das Vorderrad.

Die dynamische Radlastverlagerung, die beim Bremsen und Beschleunigen entsteht, ist im Vergleich zu Pkws größer, da der Schwerpunkt höher liegt und der Radstand geringer ist.

Die hohe dynamische Radlastverlagerung von Motorrädern erfordert **leistungsfähige** Bremsanlagen im Vorderrad.

Wenn der Motorradfahrer bremst, verlagert sich ein Teil der Last aufs Vorderrad. Die Hinterradlast nimmt ab und damit die Möglichkeit, hinten Bremskräfte zu übertragen. Großdimensionierte, leistungsfähige Bremsen würden nur nutzloses Blockieren der Hinterräder und eine unkontrollierbare Verteilung des Gesamtgewichts bewirken.

Deshalb sind alle leistungsstarken Sportmotorräder im Vorderrad mit üppig dimensionierten Bremsanlagen ausgerüstet. Die beiden Bremsscheiben sind so groß wie möglich, und erlauben gerade noch die Montage der Bremssättel zwischen Scheiben und Felge. Im Hinterrad arbeitet dagegen eine Scheibe mit erheblich kleineren Abmessungen.

Deswegen ist die Hinterradbremse aber nicht überflüssig.

Der Fahrer bremst nun allein mit der vorderen Bremse: Geringe Unebenheiten der Fahrbahn oder ein Lenkimpuls verursachen einen Versatz der Räder. Die Bremskräfte erzeugen ein Moment, welches das Fahrzeug ausrichten und die geradlinige Bewegung aufrecht erhalten will.

Die Betätigung nur einer Bremse kann dabei einen wichtigen Stabilisierungseffekt leisten.

Der alleinige Einsatz der vorderen Bremse kann aber auch eine kritische Situation herbeiführen: Das von den Bremskräften erzeugte Moment versucht das Fahrzeug zu drehen und damit zu destabilisieren.

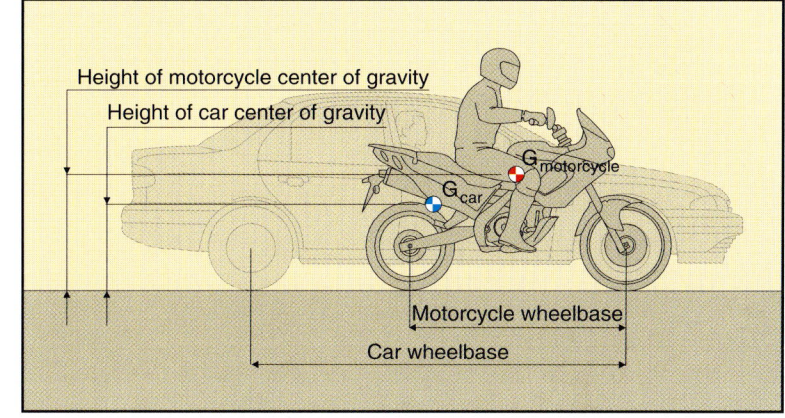

Abbildung 5.10: Ein Motorrad hat eine größere dynamische Radlastverlagerung als ein Pkw.
Height of motorcycle center of gravity = Höhe des Motorradschwerpunkts
Height of car center of gravity = Höhe des Autoschwerpunkts
Motorcycle wheelbase = Radstand des Motorrads
Car wheelbase = Radstand des Autos

Abbildung 5.11:
Stabilisierender Effekt der Bremskraft am Hinterrad.
F=rear breaking force = Bremskraft hinten
Direction of travel = Fahrtrichtung
Righting moment = Rückstellmoment

Abbildung 5.12: Destabilisierender Effekt der Bremskraft am Vorderrad.

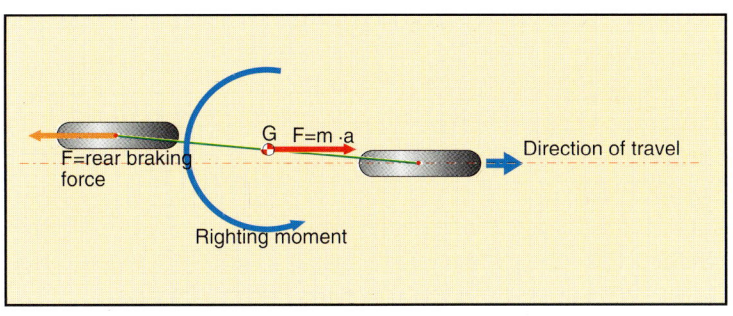

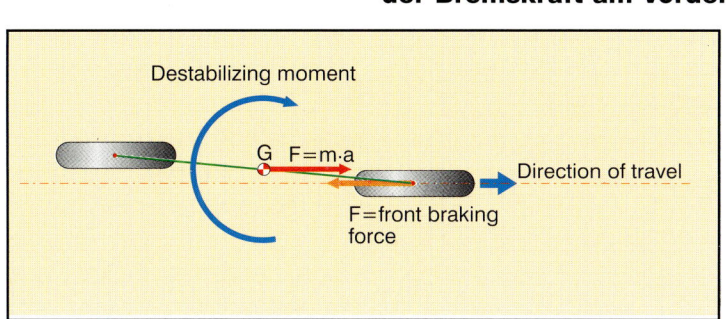

Destabilizing moment = Destabilisierendes Moment
Direction of travel = Fahrtrichtung
F=front braking force = Bremskraft vorn

Grenzen der Verzögerung

Die Berechnung der maximal möglichen Verzögerung eines Motorrads stellt sich als ziemlich komplex heraus. Wie bei der Beschleunigung bestimmen entweder **die Haftreibung oder die dynamische Radlastverlagerung das Limit.** Im zweiten Fall hebt das Hinterrad vom Boden ab.

Stellen wir uns eine "Panikbremsung", also eine Bremsung in einer Notsituation vor, bei welcher der Fahrer nur die vordere Bremse benutzt.

Zu Beginn der Bremsung beträgt die Vorderradlast zum Beispiel 40 Prozent des gesamten Fahrzeuggewichts. Ein harter Einsatz der Bremsen könnte das Vorderrad zum Blockieren bringen.

Abbildung 5.13: Überschlag beim Bremsen.

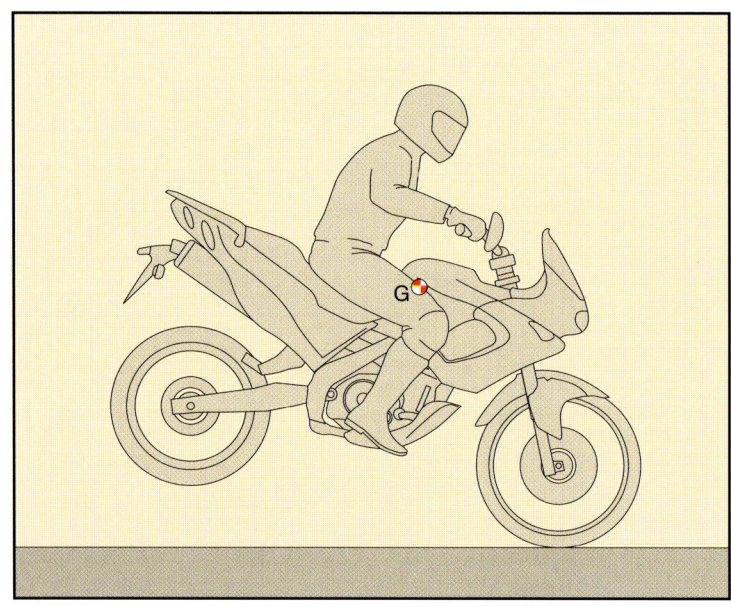

In diesem Fall begrenzt der Kraftschlussbeiwert zwischen Reifen und Fahrbahn die maximale Verzögerung.

Dabei reicht eine leistungsfähige Bremsanlage im Vorderrad locker aus.

Nach dem ersten Bremsimpuls steigt die Radlast am Vorderrad. Die Radlastverlagerung verringert die Wahrscheinlichkeit eines blockierenden Rads ganz entscheidend und ermöglicht dadurch eine höhere Verzögerung.

Wenn der Fahrer die Bremskraft weiter steigert und somit noch stärker verzögert, erreicht er F_{max}, bei der die Radlast am Hinterrad gegen null geht. Es beginnt von der Fahrbahn abzuheben und erzeugt damit eine gefährliche Situation.

In diesem Fall muss der Fahrer beim Erreichen von F_{max} die Bremsen öffnen, um sich nicht zu überschlagen.

Zusammenfassung

Das Verhältnis von Schwerpunktshöhe zu Radstand eines Fahrzeugs h/wb und der Winkel der Resultierenden der Radlastverlagerung sind wesentliche Parameter bei der Konstruktion und dem Fahrverhalten des Fahrzeugs.

Ein Motorrad, das in der Lage ist stark zu beschleunigen und zu verzögern kennzeichnet ein kleiner Winkel für die Resultierende der Gewichtsverlagerung, wodurch es nicht so schnell zum Überschlag neigt.

Das bedeutet in der Praxis einen langen Radstand und einen tiefen Schwerpunkt, und damit nicht gerade die besten Voraussetzungen für gute Handlichkeit.

Deshalb macht ein Motorrad, das mit einem langen Radstand von 1800 Millimetern für hohe Beschleunigung ausgelegt ist in einem Slalomparcours keine überragende Figur.

Motorräder mit kurzem Radstand und hohem Schwerpunkt stellen sich andererseits als wendig und handlich heraus. Ihr maximales Beschleunigungspotenzial erreicht aber schnell seine Grenzen.

In der Praxis treten daher deutliche Unterschiede bei Motorrädern mit unterschiedlichen Winkeln für die Gewichtsverlagerung auf.

Motorräder mit großen Winkeln für die Gewichtsverlagerung:

Auf solchen Motorrädern kann der Fahrer die Radlastverteilung je nach Bedarf extrem schnell ändern. *Sie reagieren augenblicklich auf die Befehle des Fahrers.*

- Im Offroad-Einsatz kann der Fahrer bei Bodenwellen die Front allein mit einem leichten Dreh am Gasgriff anheben.

- Bei Straßenrennen erleichtert diese Charakteristik Kurvenfahren im Grenzbereich durch spontane Reaktionen auf geringe Bewegungen an Gasgriff oder Bremshebel. Durch Gewichtsverlagerung kann das Rad stärker belastet werden, das in diesem Augenblick den höheren Kraftschluss hat.

Motorräder mit kleinen Winkeln für die Gewichtsverlagerung:

- Sie eignen sich außerordentlich gut für atemberaubende Starts und zum Ausbremsen konkurrierender Rennfahrer am Ende langer Geraden.

- Sie eignen sich zudem für große Tourer, da sie auf starke Beschleunigungen oder Verzögerungen sehr verhalten reagieren und damit eine entspannte Fahrweise erlauben.

Bei der Konstruktion eines Sportmotorrads genießt eine schnelle Reaktion auf die Befehle des Fahrers stärkere Priorität, als das höchste Beschleunigungs- und Bremsvermögen. Eine spontane Rückmeldung ermöglicht:

- optimale Rundenzeiten für Rennmotorräder;

- ein gutes Fahrverhalten und damit einen hohen Grad an Sicherheit und Fahrspaß bei sportlichen Straßenmotorrädern;

Deshalb hebt bei Gewaltbremsungen von Grand Prix-Motorrädern auch das Hinterrad vom Boden ab und selbst bei hohen Geschwindigkeiten schwebt beim Beschleunigen das Vorderrad über der Fahrbahn.

Nicht vergessen sollte man den "beweglichen Ballast" auf dem Motorrad in Form des Fahrers, der die Gewichtsverteilung entscheidend verändern kann. Motorradfahrer verlagern ständig ihr Gewicht. Die verhältnismäßig kleinen Bewegungen lassen sich deutlich bei Motocrossläufen beobachten, wenn die Rennfahrer ihr Gewicht beim Bremsen nach hinten und beim Beschleunigen nach vorn verschieben. Durch Zunahme der Last auf dem entsprechenden Rad erreicht das Motorrad hohe positive oder negative Beschleunigungen.

Der Motorradfahrer wird durch seinen Körpereinsatz eine Einheit mit dem Motorrad:

- **Mental:** Des Fahrers Aufmerksamkeit richtet sich durch Gasgeben, Bremsen und Lenken vollständig auf die Kontrolle des Motorrads.

- **Körperlich:** Wenn der Fahrer jede Reaktion des Motorrads mit entsprechendem Körpereinsatz kontrolliert, ist sein Energieverbrauch beträchtlich.

Je sportlicher Motorradfahren ist, um so höher fällt der mentale und körperliche Einsatz des Fahrers, speziell in Cross- und Endurowettbewerben aus, die eine enorme Fitness voraussetzen.
Grundsätzlich gilt: **Effektives und sicheres Fahren verlangt Gesundheit und Fitness.**

Bei Berücksichtigung dieser Grundsätze leistet der Fahrer einen aktiven Beitrag zum sicheren Fahren.

Übertragung der
Antriebs- und Bremskräfte
innerhalb
des Motorradsystems

Das vorhergehende Kapitel behandelte das Gleichgewicht des Motorrads unter dem Einfluss von Brems- und Antriebskräften.

Das Motorrad besteht aber nicht aus einem homogenen, starren Körper. Die einfachste Art ein Motorrad unter aerodynamischen Gesichtspunkten darzustellen besteht darin, es als System von gefederter Masse - grob festgelegt durch den Rahmen, den Fahrer, den Beifahrer und den Motor- verbunden durch ein System von elastischen Elementen, den Radaufhängungen mit den ungefederten Massen, den Rädern zu betrachten.

Die Kräfte, die auf dieses System wirken, werden von den Rädern über die Radaufhängungen auf das Chassis übertragen. Die Radaufhängungen verändern abhängig von den anteiligen Radlasten ihre Konfiguration und bestimmen dadurch die Lage des Fahrzeugs.
Das Kapitel versucht nun zu analysieren, wie sich die Radaufhängungen im Verhältnis zur geometrischen Konfiguration abhängig von ihren Radlasten verhalten.

Übertragung der Antriebsmomente vom Motor auf das Hinterrad.

In den meisten Fällen ist der Motor starr im Rahmen gelagert. Das in der Schwinge geführte Hinterrad kann sich auf- und ab bewegen, um Fahrbahnunebenheiten zu absorbieren. Das Rad verändert seine Lage relativ zum Rahmen. Aus diesem Grund ist für die Übertragung des Motordrehmoments ein System nötig, das Bewegungen zwischen den Rädern und dem Rahmen zulässt und Bodenunebenheiten absorbiert. In der Regel kommen zwei Antriebsarten zum Einsatz:
- *Ketten- oder Zahnriemenantrieb;*
- *Kardanantrieb.*

Roller sind ein ganz spezieller Fall und werden separat behandelt. Erstaunlich ist auf den ersten Blick, dass es keine Motorräder mit Vorder- oder Allradantrieb gibt, der das Antriebsmoment auf beide Räder verteilt. Das scheitert an mehreren Gründen.

1. **Vorderradantrieb**:

- Es ist vergleichsweise schwierig, die Leistung eines starr im Rahmen gelagerten Motors auf ein Vorderrad zu übertragen, das neben Ein- und Ausfederbewegungen auch Lenkbewegungen ausführt.
Lösungen aus dem Pkw-Bereich lassen sich sicher auch beim Motorrad anwenden, allerdings nur mit beträchtlichem Aufwand, zusätzlichem Gewicht, komplizierter Konstruktion und hohen Kosten.

- Zusätzlich neigt das Motorrad beim Beschleunigen dazu, die Front bis zum Wheelie zu entlasten. Selbst wenn diese Extremsituation nicht eintritt, nimmt durch die Entlastung beim Beschleunigen die übertragbare Zugkraft ab.
Der Verlust der Haftung am Vorderrad ist äußerst kritisch, weil er die Wirkung des Rückstellmoments aufhebt. Beim Beschleunigen am Kurvenausgang könnte hoher Schlupf eines Vorderradantriebs leicht den Kontrollverlust des Fahrzeugs verursachen.

- Zusätzlich könnte das Motorrad durch Drifts am Vorderrad noch schwerer zu kontrollieren sein. Dazu addieren sich weitere Auswirkungen, die das Reifenkapitel behandelt.

2. **Allradantrieb**:

- Selbstverständlich könnte der Allradantrieb ein zusätzliches Antriebsmoment auf die Fahrbahn übertragen und somit Motorrädern nützen, die so viel Traktion wie möglich gebrauchen können.
Zum Beispiel Trial Bikes, die schwierige Manöver bei teilweise äußerst geringen Reibwerten ausführen, könnten von solchen Lösungen profitieren.
Das selbe ließe sich auf 500er-Grand Prix-Motorräder übertragen, bei denen in der Beschleunigungsphase hoher Schlupf am Hinterrad auftritt.
Trotzdem überwiegen beim Vorderradantrieb die Nachteile.

Zudem führt das Vorderrad einen anderen Kurvenradius aus als das Hinterrad. Das kann Probleme bereiten. Die Drehzahlunterschiede ließen sich durch den Reifenschlupf kompensieren, allerdings kaum in engen Kurven mit hohen Reibwerten.

Es wäre wahrscheinlich ein Differenzial notwendig, um die unterschiedlichen Raddrehzahlen auszugleichen und unter allen Bedingungen das Antriebsmoment gleichmäßig auf Vorder- und Hinterrad zu verteilen.

Zum jetzigen Zeitpunkt machen sich nur ganz wenige Hersteller Gedanken über solche Konstruktionen. Das Motorrad muss einerseits benutzerfreundlich und funktionell sein und andererseits leicht und mechanisch einfach bleiben.

Kettenantrieb

Der Sekundärantrieb per Kette ist das im Motorradbau mit Abstand am häufigsten verwendete System.
Er hat sich stetig weiterentwickelt und durch Innovationen ständig verbessert:

Dauergeschmierte O-Ring Ketten, siehe Abbildung 6.1, reduzieren die Antriebsverluste heutzutage auf drei bis fünf Prozent. Systeme mit garantierter Fettfüllung bieten dank spezieller Gummi-Dichtringe selbst bei starken Motorrädern hohe Laufleistungen.

Das System der Drehmomentübertragung ist äußerst einfach, siehe Abbildung 6.2.:

- Das Ritzel auf der Getriebeausgangswelle treibt über die Kette das Kettenrad an, das in der Regel einen deutlich größeren Durchmesser als das Ritzel hat. Es sitzt auf der Radachse des Hinterrads und ist mit ihm gekoppelt.

Da das Ritzel nicht konzentrisch zur Schwingenachse angeordnet ist, ändert sich die Kettenspannung während der Ein- und Ausfederbewegung.

Die Kettenspannung ist am größten, wenn sich Ritzel-, Schwingen- und Radachse ungefähr bei halbem Federweg in einer Flucht befinden.

Die Kette muss für die Längenänderung also passend eingestellt werden. Sie sollte in obengenannter Position die optimale Spannung haben. In allen anderen Positionen ist der Kettendurchhang größer.

Bei gleichen Federelementen verringert sich bei längeren Schwingen der Durchhang bei Federbewegungen, siehe Abbildung 6.2.

Da die Kette nicht immer die gleiche Spannung hat *entsteht bei gleichförmiger Geschwindigkeit ein Problem.*

Abbildung 6.1: Sekundärantrieb per Kette.
Sleeve = Hülse
External sideplate = Außenlasche
Rivet = Bolzen
Internal sideplate = Innenlasche
O-ring = O-Ring
Roller = Rolle
Pitch = Teilung

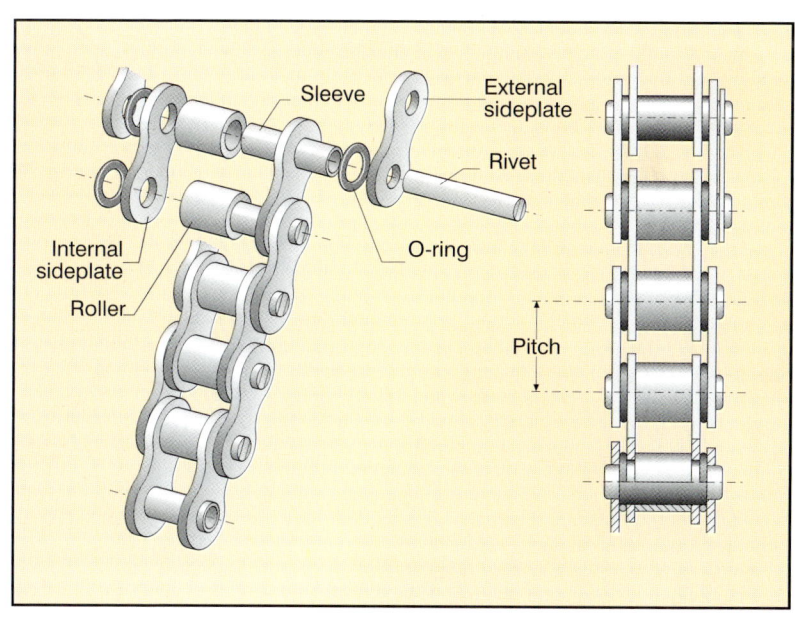

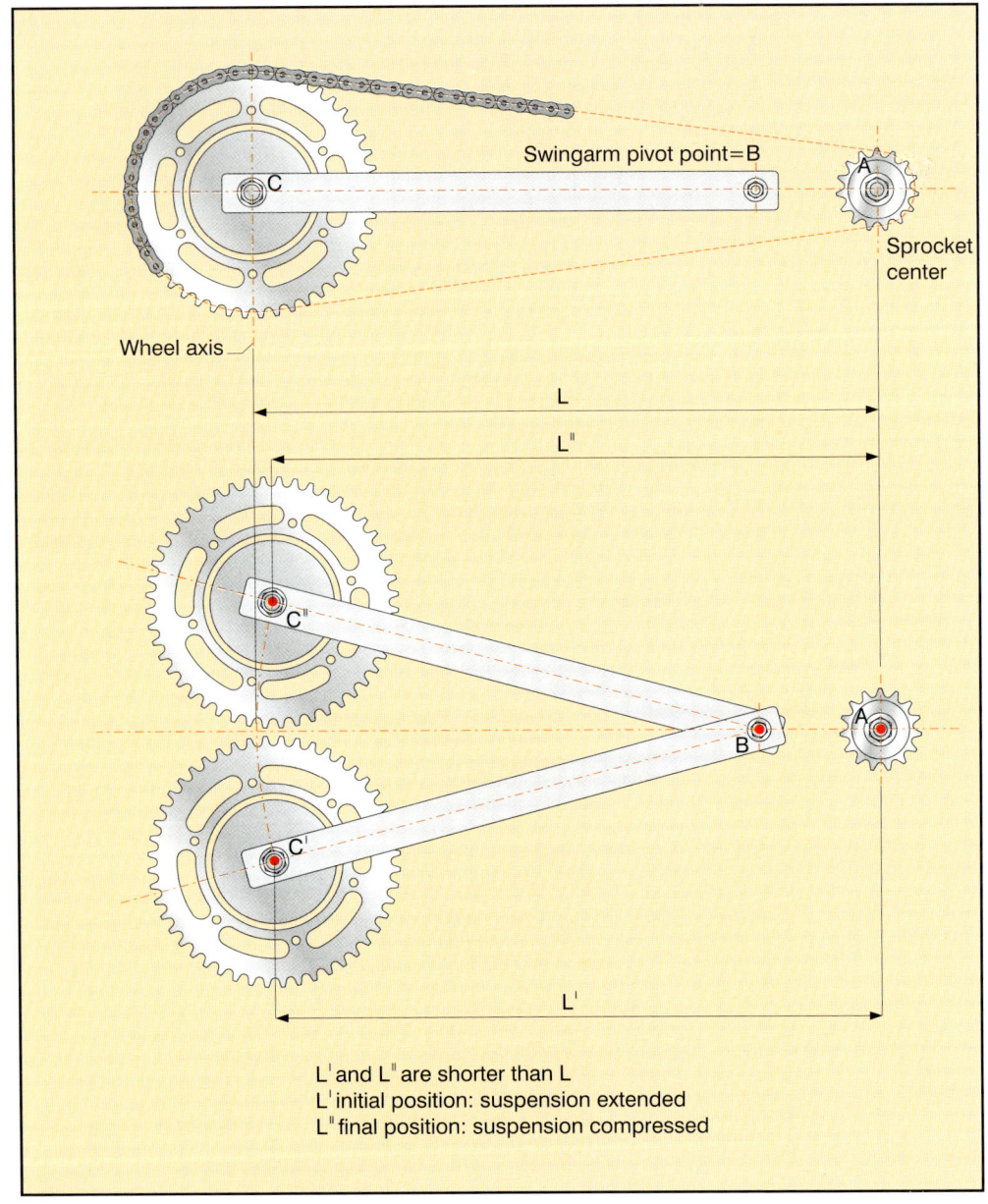

Swingarm pivot point=B

Sprocket center

Wheel axis

L

L"

C"

B

A

C'

L'

L' and L" are shorter than L
L' initial position: suspension extended
L" final position: suspension compressed

Abbildung 6.2: Änderung des Ketten-durchhangs über dem Einfederweg.
Swingarm pivot point=B = Schwingenachse
Wheel axis = Radachse
Sprocket center = Ritzelachse
L' and L" are shorter than L = L' und L" sind kürzer als L.
L' initial position: suspension extended = Ausgangsposition L': Radaufhängung ausgefedert.
L" final position: suspension compressed = Endposition L": Radaufhängung eingefedert.

Bei Geradeausfahrt und Spiel der Kette steigt beim Beschleunigen die Motordrehzahl, die Energie der rotierenden Massen nimmt zu. Daraus ergeben sich folgende Auswirkungen:

- Zuerst wird der Kettendurchhang des gezogenen Trumms aufgehoben. Die Drehzahl des Hinterrads bleibt solange gleich.
- Erst wenn das obere Trumm der Kette straff gespannt ist, wird das Antriebsmoment auf das Hinterrad übertragen. Es erfährt dann eine plötzliche Winkelbeschleunigung.
- Der schlagartige Einsatz des Antriebsmoments am Hinterrad führt zur abrupten Beschleunigung des Motorrads.

Daraus resultiert ein ruckartiges Fahrverhalten, das vor allem beim entspannten Dahingleiten oder im Stadtverkehr äußerst lästig ist.
Zuviel Spiel in der Antriebskette erzeugt also starkes Ruckeln.

Durch regelmäßige Kontrolle der Kettenspannung lässt sich das Problem lösen. In der Regel erlaubt eine ordentliche Lagerung des Hinterrads in der Schwinge eine einfache Einstellung der Kettenspannung. Dadurch ergibt sich das richtige Spiel.

Dabei sind folgende Schritte einzuhalten: Nach dem Entfernen der Verschraubung von Federelementen und Schwinge lässt sich das Rad soweit anheben, bis Ritzel-, Schwingen-, und Radachse in einer Ebene liegen. Wie bereits erörtert ergibt sich dann der größte Abstand zwischen Ritzel und Kettenrad. In dieser Stellung spannt man dann die Kette so, dass nur noch geringes Spiel auftritt.

Die Reihe der Montageschritte kann auch nach den meist auf der Schwinge abgebildeten Herstellerangaben erfolgen und liefert in jedem Fall die gewünschten Ergebnisse.

Dabei ist große Sorgfalt angebracht. Eine zu starke Spannung der Kette kann fatale Auswirkungen haben:

- Längung und Beschädigung der Kette innerhalb kürzester Zeit;
- Beschädigung des Getriebeausgangslagers;
- negative Auswirkungen auf die Funktion der Radaufhängungen.

Aus der Sicht des Konstrukteurs sollten Ritzel- und Schwingenlagerung so nah wie möglich beieinander liegen, um den Kettendurchhang bei Federbewegungen so gering wie möglich zu halten. Eine möglichst lange Schwinge hat die selben Auswirkungen.

Der Konstrukteur von Touren- oder Straßenmotorrädern ordnet die drei Achsen so weit als möglich in einer Ebene an, um auf ebener Fahrbahn ein gutes Fahrverhalten zu erzielen. Wenn der Fahrer den Gasgriff öffnet oder schließt entsteht wenig Spiel und damit geringes Ruckeln.

Da bei Grand Prix-Motorrädern die maximale Leistungsfähigkeit oberste Priorität genießt, erwartet der Rennfahrer keinen besonderen Komfort. Vielmehr sollten die drei Achsen von Kraftübertragung und Schwingenlagerung in einer Ebene liegen. Wenn der Pilot im Kurvenausgang beginnt, die Drosselklappen oder Gasschieber zu öffnen muss die Leistung möglichst sanft und gleichmäßig einsetzten. Selbst der kleinste zusätzliche Impuls kann dann ausreichen, um die Haftgrenze der Reifen zu überschreiten.

Ruckdämpferelemente aus Gummi zwischen dem Kettenrad und dem Hinterrad spielen eine wichtige Rolle bei der Dämpfung ruckartiger Bewegungen, die von schlagenden Ketten, Schaltvorgängen und von Ungleichförmigkeiten im Drehmomentverlauf des Motors herrühren.

Ruckdämpfersysteme verbessern deshalb zum einen das Fahrverhalten, zum andern schonen sie Triebwerksbauteile wie Getrieberäder vor plötzlich auftretenden ruckartigen Reaktionen von Sekundärantrieb und Motor.

Aufgrund konstruktiver Schwierigkeiten fallen die Getriebeausgangswelle und die Schwingenachse nicht zusammen. In Zukunft könnten aber innovative Lösungen Abhilfe schaffen.

Zahnriemenantrieb

Die Funktion des Zahnriemenantriebs ist vollständig analog zum Kettenantrieb. Rein theoretisch könnte der Zahnriemenantrieb den Sekundärantrieb per Kette ersetzen. Die Abmessungen der Antriebs- oder Abtriebsräder erfordern jedoch Durchmesser, die einen bestimmten Wert nicht unterschreiten. Zudem müssen ihre Dimensionen zum Drehmoment des Motors passen.

Da sich ein Zahnriemen nicht wie eine Kette trennen lässt kommt diese Bauart für Motorräder mit Schwingen, die durch Ober- oder Unterzüge versteift sind, nicht in Betracht.

Kardanantrieb

Kraftübertragungen mit Kardan bestehen aus folgenden Komponenten:

- Einer Antriebswelle, die koaxial zum Schwingenarm und längs zum Motorrad verläuft;
- Ein Gelenk, das sich im Schwingendrehpunkt beugt;
- Eine Antriebswelle, die parallel zum Schwingenarm verläuft;
- Ein Satz von Kegelrädern, der die Drehrichtung um 90 Grad umlenkt.

Ein solches System eliminiert Spiel im Antriebsstrang weitgehend, bis auf das Spiel im Gelenk.
Die Verlustleistung der Kegelräder beträgt, abhängig von der Fertigungsgenauigkeit ungefähr vier bis fünf Prozent.

Falls die Getriebeausgangswelle wie bei den meisten Motorrädern quer zur Fahrtrichtung angeordnet ist, sitzt am Getriebeausgang ein weiteres Kegelradpaar, um die Drehrichtung zusätzlich um 90 Grad umzulenken. Es schluckt ebenfalls Verlustleistung.

Auch beim Sekundärantrieb über Kardanwelle ist ein Ruckdämpfer notwendig, der sogar in das Triebwerk integriert sein kann. Die extrem steife Struktur erfordert ein angemessenes Dämpfungssystem, das plötzliche, ruckartige Bewegungen herausfiltert.

Vergleich zwischen Ketten- und Kardanantrieb

Unterschiede zwischen den beiden Arten der Kraftübertragung:

Gewicht: Der Kardanantrieb ist grundsätzlich schwerer als ein Kettenantrieb. Zudem sind die Kegelräder des Endantriebs an der Hinterachse angeordnet, was die Massenträgheitskräfte der ungefederten Massen beträchtlich erhöht. Daraus resultiert, zumindest theoretisch auf welliger Fahrbahn ein schlechterer Fahrkomfort.

Lebensdauer und Wartung: In diesen Kriterien bietet der Kardanantrieb durch hohe Standfestigkeit und ein Minimum an Wartungsaufwand klare Vorteile.

Sauberkeit und Sicherheit: Die eindeutig bessere Lösung ist der Kardanantrieb, der weder Motorrad noch Fahrer mit Schmiermitteln verschmutzt und wegen fehlender, frei rotierender Teile mehr Sicherheit bietet. Zudem kann eine schlecht gewartete und gespannte Kette von den Kettenrädern springen und sich im Motorrad verklemmen.

Bauraum: Der Kardanantrieb erfordert nicht wesentlich mehr Bauraum als ein normaler Kettenantrieb. Um jedoch zwei Winkeltriebe mit 90-Grad Umlenkung zu vermeiden, ist ein Motor mit längsliegender Kurbelwelle von Vorteil. Bei Motorenkonfigurationen mit längsliegender Kurbelwelle wie Boxer- oder diversen 90-Grad V-Motoren bietet sich der Kardanantrieb geradezu an.

Bei solchen Motoren erzeugt das Massenträgheitsmoment der Kurbelwelle eine ungewöhnliche Reaktion, die man in der Praxis leicht feststellen kann. Wenn der Fahrer bei stehendem Fahrzeug im Leerlauf plötzlich Gas gibt, tritt ein überraschendes seitliches Kippmoment auf, welches das ganze Motorrad um die Längsachse neigt. Im Betrieb fällt dieser Effekt aber kaum auf.

Möglichkeit, die Übersetzung zu ändern. Bei Kettenantrieben ist es äußerst einfach, das Ritzel, das Kettenrad oder beide zu wechseln um die Endübersetzung zu verändern. Ritzel und Tellerrad eines Kardanantriebs sind wesentlich teurer und um sichere Funktion zu garantieren nur vom Hersteller zu beziehen.

Zusammenfassung: Kein System ist dem anderen eindeutig überlegen. Je nach Bauart und Einsatzzweck des Motorrads empfiehlt sich die eine oder andere Lösung.
Sportmotorräder, die leicht und mechanisch einfach aufgebaut sein sollen sind mit Kettenantrieb ausgerüstet.
Bei Tourenmotorrädern und Zweirädern, die geringe Wartung voraussetzen, ist ein Kardanantrieb grundsätzlich vorzuziehen.

Die Übertragung der Antriebsmomente vom Motor auf das Hinterrad ruft auch bei den Radaufhängungen Reaktionen hervor.

Abbildung 6.3 stellt schematisch eine normale Kraftübertragung dar:

Auswirkung der Antriebskräfte auf die Radaufhängung, auch als Kettenzug bekannt

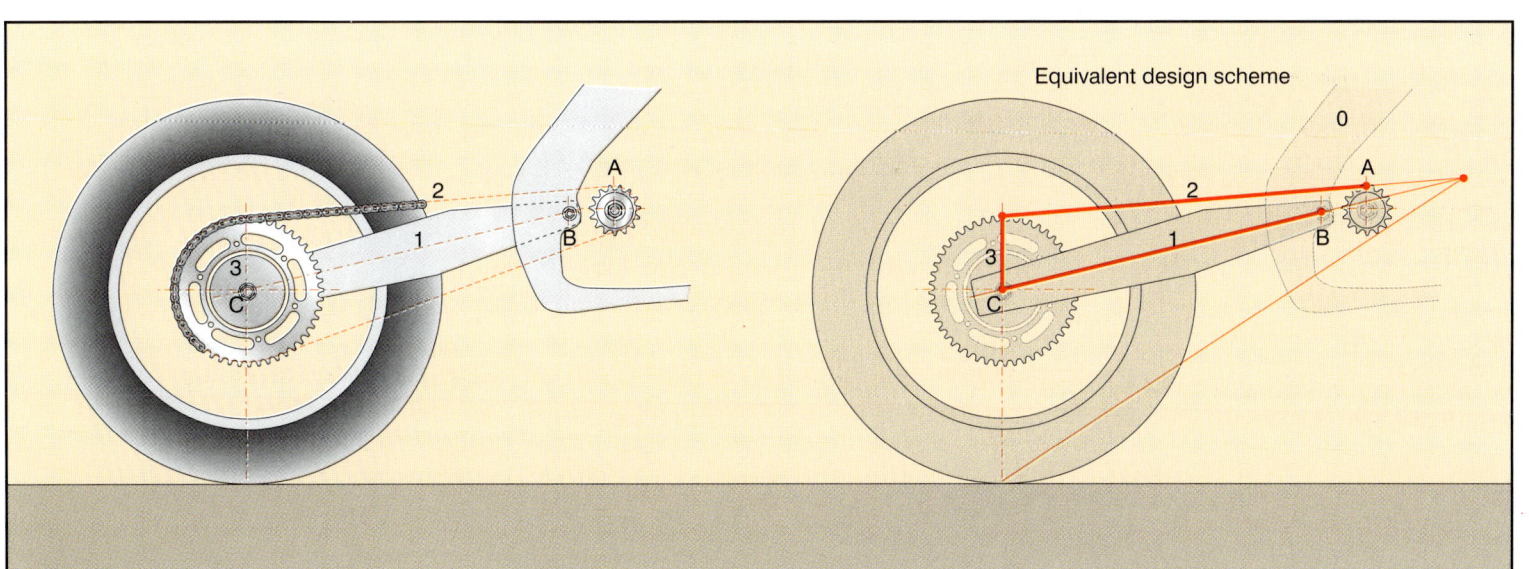

Equivalent design scheme

Abbildung 6.3: Standardsystem der Kraftübertragung.

- 0 = Rahmen;
- 1 = Schwinge;
- 2 = Gespanntes Kettentrumm;
- 3 = Rad und Kettenrad, die eine Einheit bilden.

Die Zugkraft **T** erzeugt eine dynamische Radlastverlagerung vom Vorder- auf das Hinterrad. Durch die zusätzliche Last federt das Heck ein.

Gleichzeitig wirkt aber genau in entgegengesetzter Richtung eine weiter Kraft.

Folgende Kräfte wirken in dem Punkt auf die Radaufhängung, in dem der Kettenzug kein Moment erzeugt, siehe Abbildung 6.4. Der sogenannte **Momentanpol P$_{ofM}$** liegt im Schnittpunkt der Verlängerung der Kettenflucht und der Verbindung von Schwingen- und Radachse.

Der Winkel zwischen der Verbindung von **P$_{ofM}$** und dem Radaufstandspunkt **P** und der Fahrbahn wird als resultierender Kettenzugwinkel σ bezeichnet.

Wie Abbildung 6.4 zeigt, *versucht die Zugkraft, die Radaufhängung zu expandieren und damit das Heck des Motorrads anzuheben.* Je größer der Winkel des Kettenzugs ist, umso größer ist auch die Anhebung.

In der Praxis hat σ als Konstruktionsgröße eine grundlegende Bedeutung, da sie die Lage des Motorrads bestimmt, wenn Antriebskräfte auf die Fahrbahn übertragen werden.

Bereits geringe Änderungen dieses Winkels können das Fahrverhalten eines Motorrads stark beeinflussen, da die Hinterradaufhängung äußerst sensibel darauf reagiert.

Ein großer Kettenzugwinkel ruft eine starke Reaktion der Radaufhängung hervor, je nachdem ob der Fahrer beschleunigt oder nicht.

Bei starkem Beschleunigen federt die Radaufhängung aus. In diesem Fall reicht beim Überfahren von Schlaglöchern eine weiche Feder mit geringer Vorspannung aus, um das Fahrzeugniveau aufrecht zu erhalten.

Wenn der Fahrer das Gas wegnimmt, verschwindet der Fahrstuhleffekt, das Heck sinkt leicht ein.

Deshalb sind Grand Prix-Motorräder in der Regel mit einer verstellbaren Schwingenlagerung ausgerüstet. Die Höhe kann individuell eingestellt werden, um das Motorrad an unterschiedliche Strecken und Fahrer anzupassen.

Dabei ist zu beachten, dass **P$_{ofM}$** in Bezug auf das Chassis kein Fixpunkt ist. Er verändert sich ständig mit der vertikalen Bewegung des Rads. Genauer ausgedrückt: Wenn das Rad einfedert, sinkt der Momentanpol und der Winkel σ nimmt ab. Folgende Parameter bestimmen die Lage des Momentanpols:

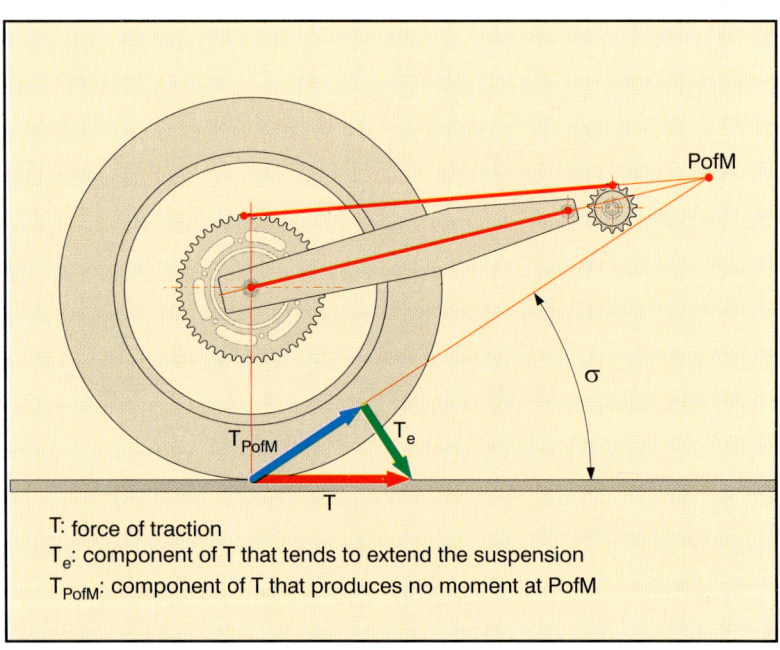

PofM

T_{PofM} T_e

T

T: force of traction
T$_e$: component of T that tends to extend the suspension
T$_{PofM}$: component of T that produces no moment at PofM

Abbildung 6.4: Winkel der Kettenzug-resultierenden σ.

T: force of traction = T: Zugkraft

T$_e$: component of T that tends to extend the suspension = T$_e$: Komponente von T, die versucht, die Radaufhängung auszufedern

T$_{PofM}$: component of T that produces no moment at P$_{ofM}$ = T$_{PM}$: Komponente von T, die kein Moment um P$_{ofM}$ erzeugt.

- Die Lage der Getriebeausgangswelle;
- Die Lage der Schwingenachse;
- Die Länge der Schwinge;
- Der Durchmesser von Ritzel und Kettenrad.

Wenn die Schwinge und mit ihr die Kette unendlich lang wären, würde sich der Winkel σ nicht verändern.

Theoretisch lassen sich also die Auswirkungen des Kettenzugs eliminieren.

Durch Änderung der Geometrie des Motorrads oder genauer gesagt der Lage der Achsen von Rad, Ritzel und Schwinge könnte man den Momentanpol auf die Fahrbahn verlegen.

Unter diesen Bedingungen würden die Antriebskräfte nicht auf die Radaufhängungen einwirken: Bei einem Winkel σ von null Grad hebt die Kraftübertragung das Motorradheck also nicht an.

Abbildung 6.5: Der Winkel der Kettenzugresultierenden ändert sich mit dem Einfederweg.
Swingarm pivot point = Schwingenachse
PofM$_{initial}$ = P$_{MAusg}$
PofM$_{final}$ P$_{MEnd}$
$\sigma_{initial}$ = σ_{Ausg}
σ_{final} = σ_{End}

Abbildung 6.6: Negativer Winkel der Kettenzugresultierenden.

Abbildung 6.7: Winkel der Zugkraftresultierenden beim Kardanantrieb.

Abbildung 6.6
Abbildung 6.7

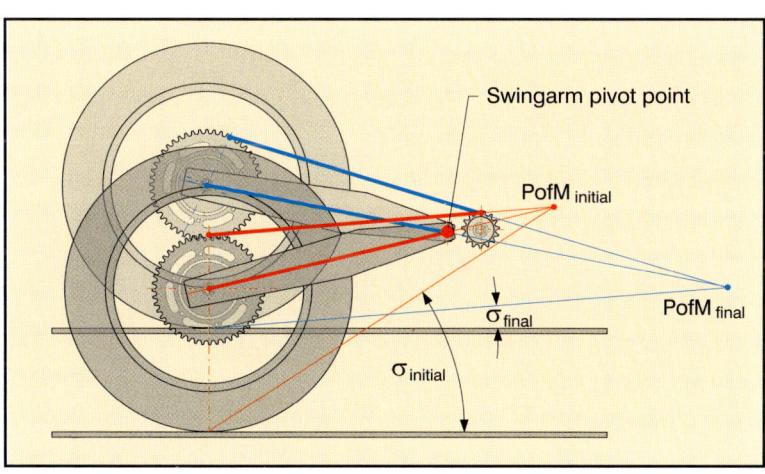

Abbildung 6.5

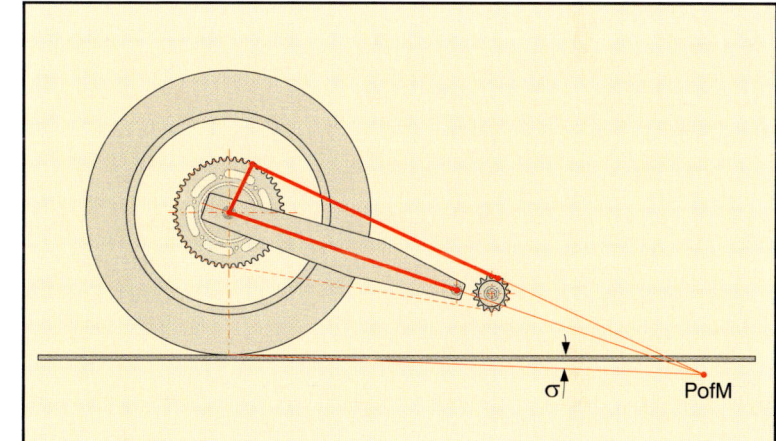

Theoretisch ließe sich eine Kraftübertragung konstruieren, welche die Radaufhängung beim Beschleunigen, siehe Abbildung 6.6, komprimieren würde.

Ein Kardanantrieb vereinfacht die Verhältnisse:

Der Momentanpol stimmt mit der Schwingenachse überein. Der Winkel σ liegt, siehe Abbildung 6.7, zwischen der Fahrbahn und der Verbindung von Schwingenachse und Radaufstandspunkt.

In diesem Fall stimmt die Änderung des Momentanpols mit der Höhenänderung des Rahmens überein.

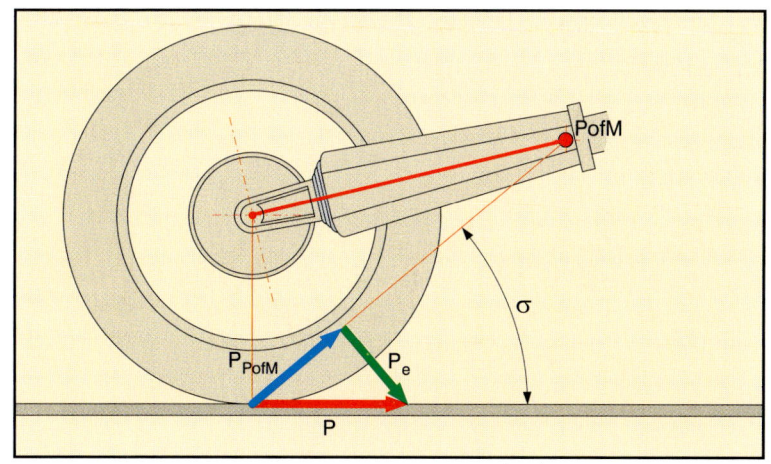

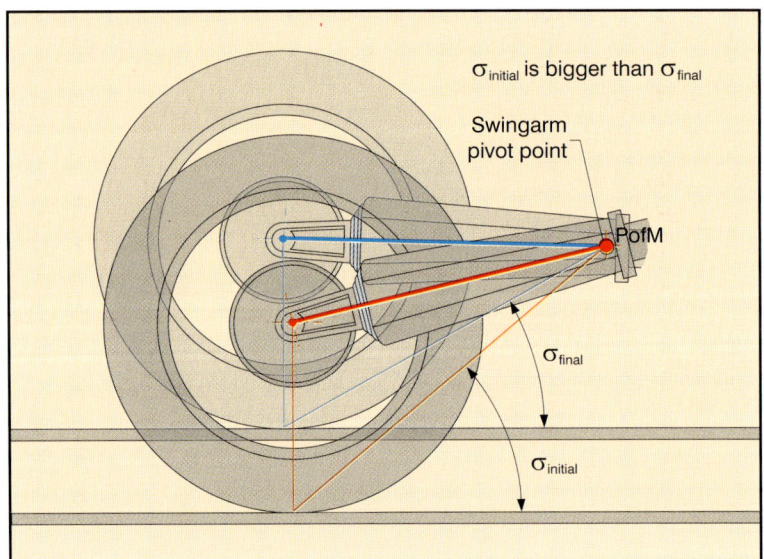

Abbildung 6.8: Änderung der Zugkraft-resultierenden über dem Federweg.

$\sigma_{initial}$ **is bigger than** σ_{final} = σ_{Ausg} **ist größer als** σ_{End}

Swingarm pivot point = Schwingendrehpunkt

Offensichtlich ist der Winkel σ beim Kardanantrieb größer: Tatsächlich neigen vor allem ältere Motorräder mit konventionellem Kardanantrieb dazu, das Heck bei starker Beschleunigung anzuheben.

Um dieses Verhalten, das abhängig vom Antriebsmoment die Motorradlage ungünstig verändert, zu beheben, wurden ausgeklügelte Konstruktionen entwickelt, die $\mathbf{P_{ofM}}$ auf der gewünschten Höhe halten.

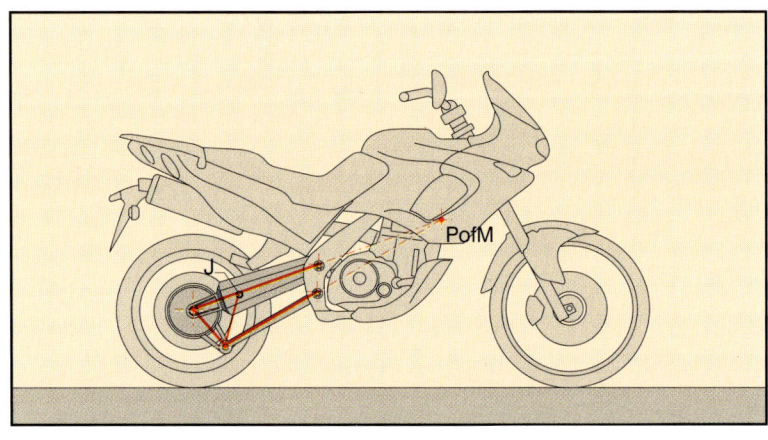

Abbildung 6.9.

Die technischen Lösungen greifen auf ein Viergelenksystem mit all seinen Vorteilen zurück.

Der einzige zusätzliche Aufwand besteht in einem zweiten Gelenk, das im Punkt J, siehe Abbildung 6.9, angeordnet ist. Es verursacht allerdings ein höheres Gewicht und zusätzliche Kosten.

Weitere Auswirkungen des Kettenzugs

Bis jetzt wurde die Kraftübertragung unter der Annahme betrachtet, dass die gesamte Zugkraft auf die Fahrbahn übertragen wird. Die **Haftreibung** kann aber durch Wasser oder Öl auf der Fahrbahn aufgehoben werden oder das Rad nach einer Bodenwelle oder einem Sprung den Fahrbahnkontakt verlieren.

Unter diesen Bedingungen beschleunigt der Motor über die Kette das Hinterrad, siehe Abbildung 6.10. Dabei setzt allein das Massenträgheitsmoment der rotierenden Teile dem Motor einen Widerstand entgegen.

Wie Abbildung 6.10 zeigt, versucht der Zug an der Kette die Radaufhängung aufgrund des Winkels η auseinander zu ziehen.

Diese Auswirkung lässt sich einfach nachvollziehen.

Wenn das Motorrad auf dem Hauptständer steht und das Hinterrad den Boden nicht berührt, entfernt man das Federbein und hängt die Schwinge, zum Beispiel an einem Gepäckgummi, auf. Dann bringt man das Hinterrad über die Spannung des elastischen Seils in die Ausgangsposition mit montiertem Federbein. Nach dem Anlassen des Motors und Einlegen eines Ganges gibt man einen kurzen Gasstoß: *Das Hinterrad federt plötzlich aus und nimmt zum Rahmen einen größeren Abstand ein.*

Beim Beschleunigen eines Motorrads federt die Radaufhängung wegen der Auswirkung des Kettenzugs aus, und zwar in Abhängigkeit vom:
- Winkel σ wenn zwischen Fahrbahn und Reifen vollständiger Kraftschluss besteht;
- Winkel η, wenn kein Fahrbahnkontakt existiert oder die Haftreibung gegen null geht.

Grundsätzlich ist der Winkel σ größer als der Winkel η.
Aufgrund der unterschiedlichen Winkel ändert sich die Lage des Motorrads bei Fahrbahnen mit unterschiedlichem Reibwert ganz beträchtlich. Kapitel 7 über Highsider greift dieses Thema erneut auf.

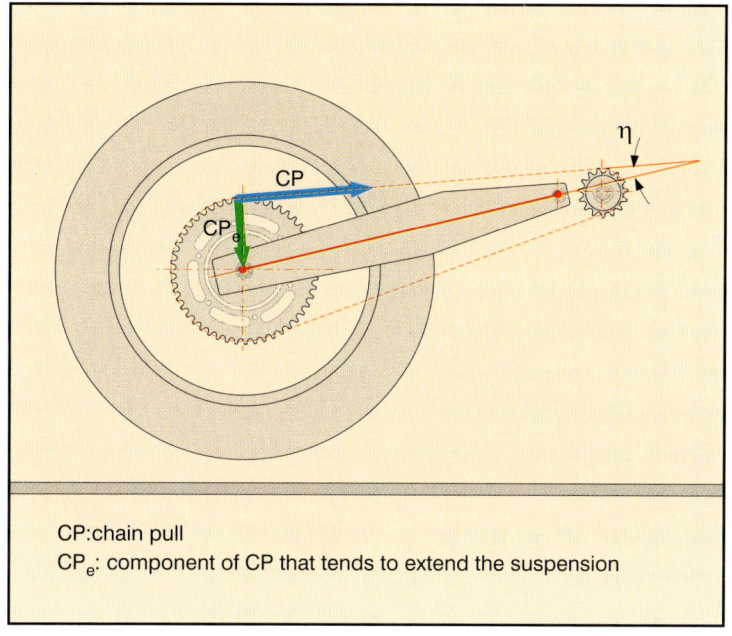

CP:chain pull
CP$_e$: component of CP that tends to extend the suspension

Abbildung 6.10.
CP: chain pull = CP:Kettenzug
CP$_e$: component of CP that tends to extend the suspension = CP$_e$: Komponente CP die versucht, die Radaufhängung auszufedern

Der Roller

Abbildung 6.11: Hinterradaufhängung eines Rollers.
Pivot pin = Drehpunkt der Triebsatzschwinge   Engine = Motor   Frame = Rahmen   The rear fork coincides with the engine = Hinterradschwinge und Motor bilden eine Einheit   Swinging part = Schwingender Anteil

Der Roller stellt in der Zweiradwelt einen besonderen Fall dar: Seine Eigenheiten resultieren aus der Tatsache, dass sein Motor nicht wie bei Motorrädern starr mit dem Rahmen verbunden ist. Er bewegt sich vielmehr mit der Schwinge um einen Drehpunkt.
Auf diese Weise übernimmt der Rollermotor die Aufgabe der sich auf und ab bewegenden Schwinge. Gleichzeitig überträgt die Riemenautomatik die Antriebskräfte auf das Rad. An der Motor-Schwingeneinheit greift das Federbein an. Das Hinterrad ist an seinem Ende, siehe Abbildung 6.11, gelagert.

Diese einfach aufgebaute Struktur ersetzt die konventionelle Schwinge und löst die Probleme von Motorrädern mit Kettenantrieb, die durch Kosten und Wartung der Kraftübertragung entstehen. Zudem spart sie einen beträchtlichen Bauraum, der wiederum Platz für Gepäck schafft.

Der hohe praktische Nutzwert, der minimale Wartungsaufwand, die einfache Bedienung des automatischen Getriebes und der hohe Nutzwert des Systems sind einige hervorstechende Merkmale, die den Erfolg des Rollers garantiert haben und ihn zum idealen Transportmittel in großen Ballungsräumen prädestinieren.

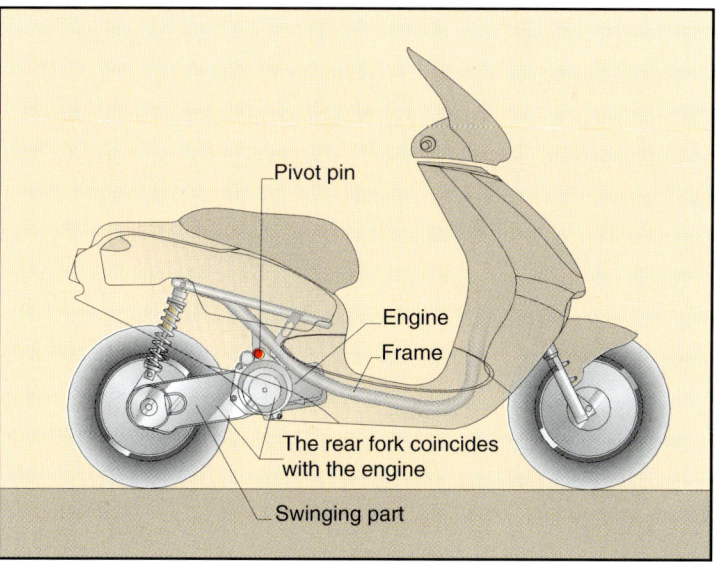

Pivot pin
Engine
Frame
The rear fork coincides with the engine
Swinging part

In Bezug auf die Auswirkungen der Kraftübertragung auf die Lage des Zweirads *verhält sich der Motorroller wie ein Motorrad mit Kardanantrieb.* Die drehbare Lagerung des Motors im Rahmen ist gleichzeitig der Momentanpol der Radaufhängung.

Aus fertigungstechnischen Gründen liegt der Drehpunkt einiger Roller relativ hoch über der Fahrbahn und verursacht damit einen ausgeprägten "Kettenzugeffekt". Derartige Roller fallen beim Beschleunigen durch ein sichtbares Anheben des Hecks auf. Da die Forderung nach guter Manövrierbarkeit beim Roller nebensächlich ist, scheint dieses Verhalten eher unbedeutend zu sein und sorgt allenfalls für einen Überraschungseffekt.

Die technische Lösung von Rollern mit Triebsatzschwinge ist denkbar einfach, wirft aber eine technisch schwierige Frage nach der Montage des Motors auf.

Die beiden wichtigsten Forderungen lauten:

  - Isolierung des Rahmens von Schwingungen;
  - einwandfreie Funktion der Radaufhängung.

Der 50 cm^3-Roller, eines der derzeit am häufigsten genutzten Fahrzeuge, verfügt über einen Einzylinder-Motor und hat aus Kosten- und Platzgründen keine Ausgleichswelle.

Bei laufendem Motor produziert er deutlich spürbare Schwingungen erster Ordnung. Im Fall der Verbindung von Motor und Rahmen nur durch eine Achse wäre der Fahrkomfort absolut inakzeptabel.

Frequenzbereich der störenden Vibrationen:

Der Drehzahlbereich des Motors liegt zwischen 1200 bis über 7000 Umdrehungen pro Minute, also einem Frequenzbereich von 20 bis über 100 Hertz.
Diese hohen Frequenzen verursachen beim Roller durch Schwingungen mit geringer Amplitude das kribbelnde Gefühl in den Lenkerenden.

Straßenunebenheiten erzeugen dagegen niederfrequente Störfrequenzen mit größeren Amplituden.

Um diese beiden unterschiedlichen Schwingformen mit ihren unterschiedlichen Auswirkungen in den Griff zu bekommen, muss die Motorlagerung im Rahmen ein hochentwickeltes System mit zwei Freiheitsgraden sein:
- Das klassische Federbein mit Schraubenfeder, das die Fahrbahnunebenheiten absorbiert;
- Ein System von Verbindungselementen, das am Rahmen angelenkt ist, filtert die hochfrequenten Schwingungen heraus. Um mindestens zwei Freiheitsgrade zuzulassen ist wenigstens eine Schubstange notwendig.

Die Verbindung von Motor und Rahmen übernehmen oft Gummielemente. Sie bauen die auf das Fahrwerk übertragenen Schwingungen ab.
Die Gummielemente müssen entsprechend dimensioniert und an der richtigen Stelle angeordnet sein. Sind sie zu steif, übertragen sie Schwingungen weiterhin. Sind sie andererseits zu elastisch, fällt die gesamte Struktur zu nachgiebig aus. Es entstehen Fahrwerksprobleme durch sichtbare Eigenbewegungen der Antriebseinheit.

Das gängigste Konstruktionsprinzip leistungsschwacher Roller zeigt Abbildung 6.12. Man beachte die Anordnung der Verbindungsstrebe. Deren Lage isoliert die auf die Radaufhängung wirkenden Kräfte vom Federbein.

Die Probleme von 50 cm³-Rollern sind bei stärker motorisierten Rollern noch ausgeprägter.

Je mehr Leistung der Motor hat, umso größer sind die Schwingungen, die absorbiert werden müssen und die Kraft, die das Rad auf den Rahmen überträgt.
Zusätzlich muss bei höherer Beschleunigung und Höchstgeschwindigkeit die Elastizität der gesamten Triebsatzschwinge garantiert werden, ohne sich dabei Stabilitätsprobleme einzuhandeln.

Abbildung 6.12.
Rubber pads = Gummilager
Linking rod = Verbindungsstrebe

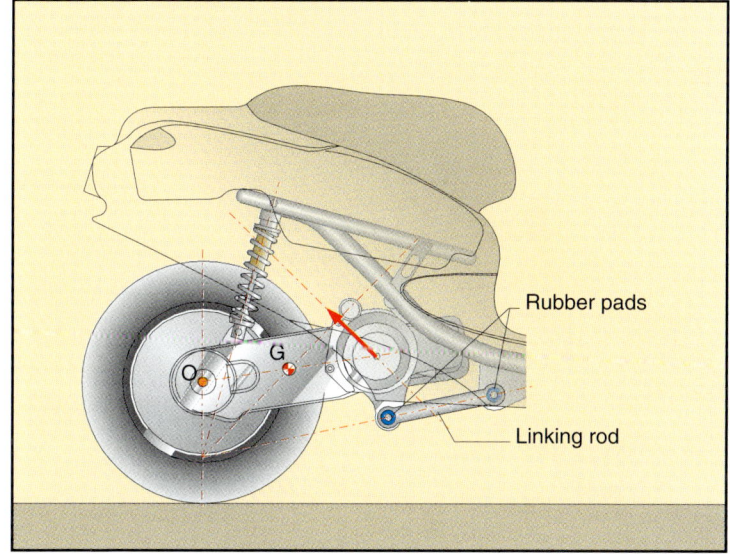

Zurück zum Motorrad. Die vorhergehenden Kapitel untersuchten das Verhalten der Kraftübertragung beim Beschleunigen. Was passiert nun beim **Verzögern oder Herunterschalten**, wenn die Kraftübertragung als Bremse wirkt?

Das untere Trumm der Kette ist nun der gespannte Teil. Die Bremswirkung des Motors baut Geschwindigkeit ab.

Unter diesen Bedingungen ergibt sich analog zur vorher beschriebenen Situation durch den Kettenzug der Motorbremse ein Winkel γ, der, siehe Abbildung 6.13, versucht die Federelemente zusammen zu drücken.
Das löst eine seltsame Reaktion aus. Speziell bei leistungsstarken Motorrädern führt das Hinterrad beim Herunterschalten in den kleineren Gängen regelrechte Sprünge aus.

Verhalten der Kraftübertragung beim Herunterschalten

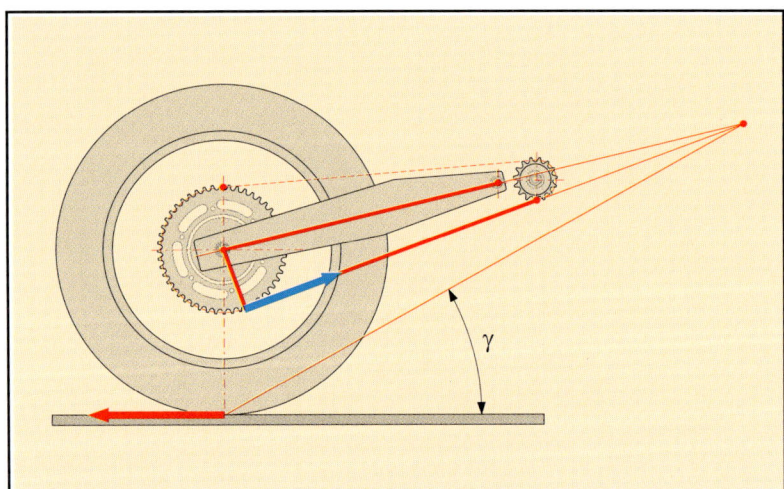

Abbildung 6.13: Winkel der Kettenzug-resultierenden beim Herunterschalten.

Das vom Motor erzeugte Bremsmoment überträgt eine spürbare, plötzlich auftretende Bremskraft, die versucht, die Hinterradaufhängung zusammen zu drücken.

Das Hinterrad will von der Fahrbahn abheben, das Fahrwerk federt ein. Wenn die Kupplung plötzlich einrückt, verhält sich die Bewegung zwischen Rahmen und Rad umgekehrt proportional zu den jeweiligen Massen (siehe die Auswirkungen der Massenträgheitskräfte). Das Motorrad, dass in jedem Fall schwerer als das Rad ist, federt nur unwesentlich ein, während das Hinterrad von der Fahrbahn abhebt. In der Luft, wird es schnell durch das Motorbremsmoment verzögert. Wenn es dann wieder auf der Fahrbahn auftrifft, tritt erneut ein starkes Bremsmoment und somit eine abrupte Einfederung der Radaufhängung auf.

Diese Kettenreaktion kann zu einem lästigen Stempeln des Hinterrads führen, wenn der Stoßdämpfer diese Erscheinung nicht bedämpfen kann. Andernfalls muss der Fahrer den Kupplungshebel ziehen oder weniger verzögern.

Ein stempelndes Hinterrad tritt meist bei Motorrädern mit starkem Bremsmoment, wie großen Ein- oder Zweizylinder-Viertaktern auf. Wenn derartige Triebwerke in Sportmotorrädern mit geringer Hinterradlast zum Einsatz kommen, sind Systeme notwendig, welche die Übertragung des Bremsmoments begrenzen, um das lästige Hinterradstempeln zu vermeiden.

Übertragung von Bremskräften auf die Fahrbahn

Allein das Hinterrad überträgt Antriebskräfte auf die Fahrbahn, während beide Räder Bremskräfte übertragen können. Betrachten wir nun die Auswirkungen der Bremskräfte auf die Räder des Motorrads. Die Übertragung der Bremskräfte und ihre Auswirkungen lassen sich mit den gleichen Methoden wie bei den Antriebskräften analysieren.

Abbildung 6.14: Bremsmomentabstützung direkt an der Schwinge.
Brake caliper mounted onto rear fork = Bremssattel an der Schwinge befestigt
Equivalent design scheme = Schematische Darstellung
Braking force = Bremskraft

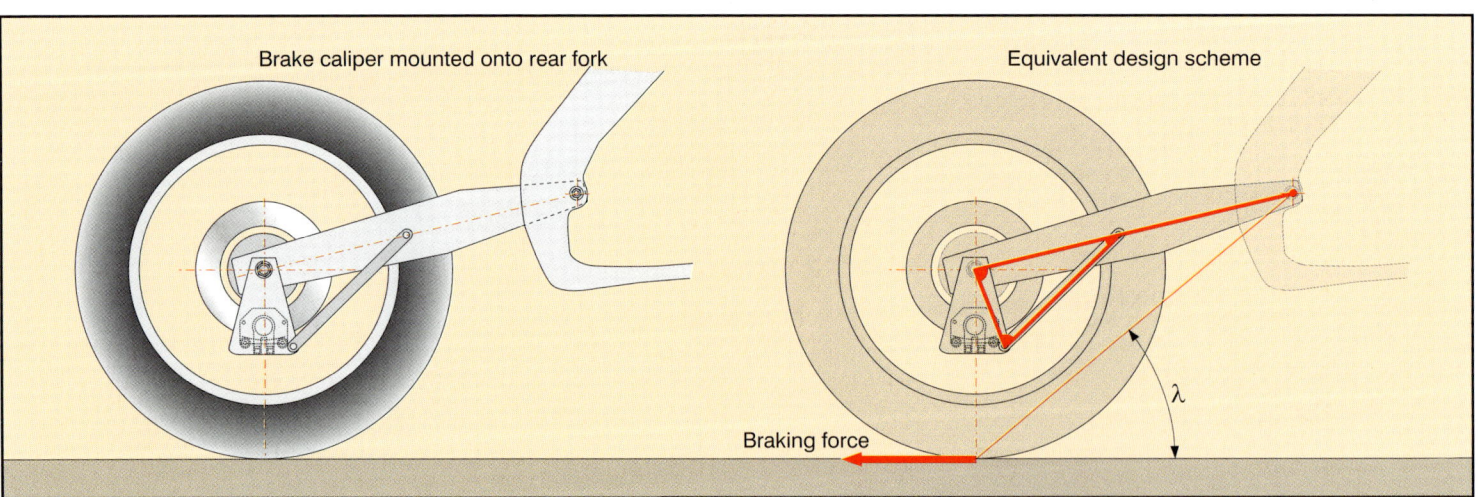

Bremsen mit dem Hinterrad

Der hintere Bremssattel lässt sich auf zwei Arten abstützen:

- Direkt an der Schwinge;
- Über eine Zugstrebe am Rahmen.

Beide Konstruktionen, üben auf die Radaufhängung eine deutliche Reaktion aus:

- Die Abstützung des Bremssattels **direkt an der Schwinge** siehe Abbildung 6.14.

Diese Befestigungsart ist dem Kardanantrieb vergleichbar. Rad und Bremse bilden kinematisch eine Einheit mit der Schwinge.

Die Bremskraft, die auf der Fahrbahn wirkt, ist der Zugkraft direkt entgegen gesetzt. Folglich wirken die Reaktionskräfte ebenfalls in unterschiedliche Richtungen. *Die Radaufhängung wird entsprechend der Größe des Winkels* λ *zusammengedrückt.*

Dabei bleibt die Reaktion auf die Schwinge unabhängig von der Lage der Momentabstützung des Bremssattels stets die gleiche. Die einzige Änderung, die sich durch die Verschiebung des Anlenkpunkts an der Schwinge ergibt betrifft die in der Schwinge wirkenden Kräfte.

- Abstützung des Bremsmoments über **eine Zugstrebe am Rahmen**, siehe Abbildung 6.15.

Dieser Fall ist dem Sekundärantrieb mittels Kette vergleichbar. Die Einfederung der Radaufhängung lässt sich durch die Lage des Anlenkpunktes am Rahmen beeinflussen.

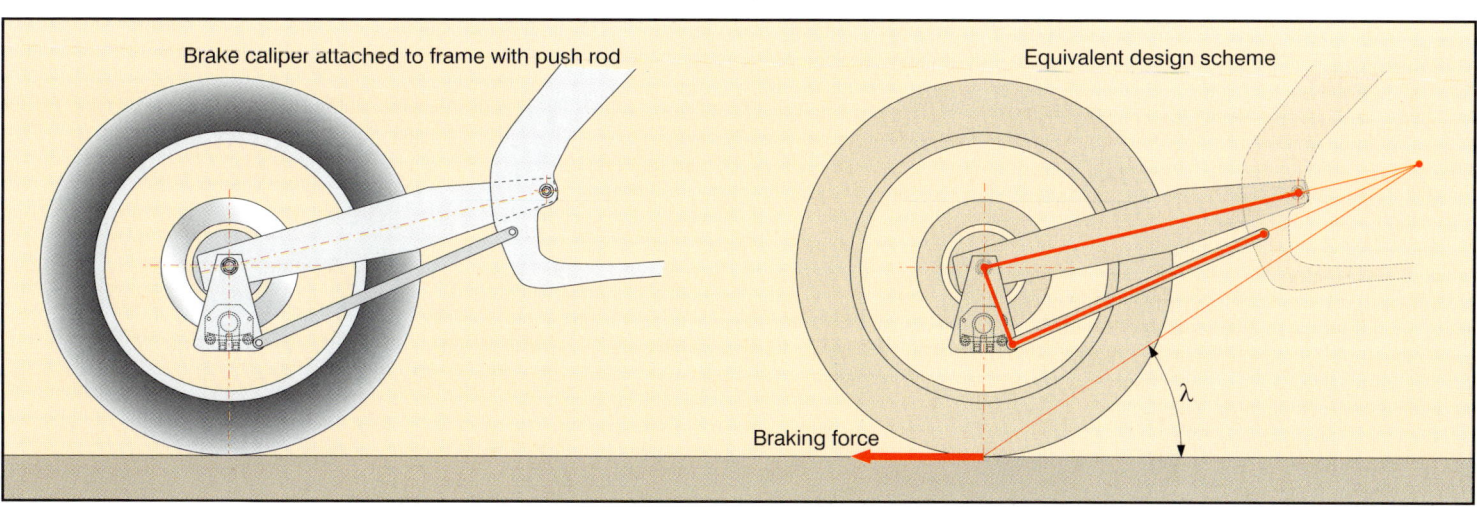

Abbildung 6.15: Bremsmomentabstützung über eine Zugstrebe am Rahmen.
Brake caliper attached to frame with push rod = Bremssattel über Zugstrebe am Rahmen abgestützt
Equivalent design scheme = Schematische Darstellung
Braking force = Bremskraft

Dieses System ist im Vergleich zur direkten Anlenkung an der Schwinge selbstverständlich schwerer, kostenintensiver und komplizierter, ermöglicht es aber, die Einfederung der Radaufhängung auf das gewünschte Maß zu reduzieren und das Hinterradstempeln zu begrenzen.

In der Praxis stößt diese Lösung an folgende Grenzen:

- Geringer Nutzen im Vergleich zu höheren Kosten und zusätzlichem Gewicht;
- Die Möglichkeit, den Bremsanker am gewünschten Punkt an der Schwinge anzulenken schränkt oft andere Bauteile wie die Auspuffanlage ein.

In jedem Fall neigt das Hinterrad bei abrupter Betätigung der Bremse zum Stempeln.

Grundsätzliche Beobachtungen

Wenn der Fahrer die hintere Bremse dosiert einsetzt, federt das Heck nur moderat ein. Dabei bleibt eine günstige Lenkgeometrie erhalten. Gleichzeitig ergibt ein geringeres Eintauchen der Front, vor allem für den Beifahrer, ein komfortableres Fahrverhalten.

Entscheidend ist dabei die Abstimmung der Hinterradfederung:

- Zu hohe Vorspannung der Feder verursacht hohe Lastspitzen am Hinterrad mit schnellen Änderungen des Federwegs. Zudem absorbiert eine ausgefederte Radaufhängung kleine Fahrbahnunebenheiten schlechter.

- Der Fahrer muss durch dosiertes Bremsen Stempeln bereits im Ansatz unterdrücken.

In den siebziger Jahren nutzten einige Hersteller bei Rennmotorrädern eine ungewöhnliche Konstruktion:

Die Bremsscheibe war koaxial zum Ritzel gelagert, der Bremssattel am Motor oder Rahmen befestigt. Die Kette übertrug also das gesamte Bremsmoment.

Diese Anordnung hat folgende unbestreitbaren Vorteile:

- Hohes Bremsmoment bei geringem Gewicht der Bremsscheibe. Das Ritzel rotiert etwa zwei- bis dreimal so schnell wie das Kettenrad. Daraus resultiert ein im gleichen Verhältnis höheres Bremsmoment am Rad. Mit dieser Anordnung erhält man trotz einer kleineren und leichteren Bremsscheibe das selbe Bremsmoment.

Abbildung 6.16:
Bremsscheibe konzentrisch zum Ritzel.

- Das Gewicht der ungefederten Massen verringert sich. Das Gewicht der Scheibe, der Bremszange und der Abstützung ist mit dem Rahmen und nicht mit der ungefederten Masse des Rads verbunden.

- Die Masse konzentriert sich um den Schwerpunkt.

Aus Sicherheitsgründen verbannten technische Regeln diese Konstruktion, da die hintere Bremse ausfällt wenn bei dieser Konstruktion die Kette reißt.

Bremsen mit dem Hinterrad

Die Übertragung der Bremskräfte auf die Radaufhängung hängt zum einen von deren Geometrie und noch stärker von deren Kinematik ab.

Unter Vernachlässigung der zusätzlichen Radlastverlagerung, welche die Vorderradaufhängung komprimieren will, berücksichtigt Abbildung 6.17 ausschließlich die Bremskraft und ihre Auswirkungen, die in den drei folgenden Situationen offensichtlich ganz unterschiedlich ausfallen.

Abbildung 6.17: Verhalten der Vorderradaufhängung beim Bremsen:
a) Eintauchen: Die Bremskraft bewirkt Einfedern der Gabel.
b) Neutrales Verhalten: Die Bremskraft beeinflusst die Gabel nicht.
c) Anti-Dive: Beim Bremsen federt die Vorderradaufhängung aus.

F: braking force = F: Bremskraft
F_P: component of F along the trajectory of P =
F_P: Komponente von F entlang der Bahnkurve von P
Trajectory of P = Bahnkurve von P

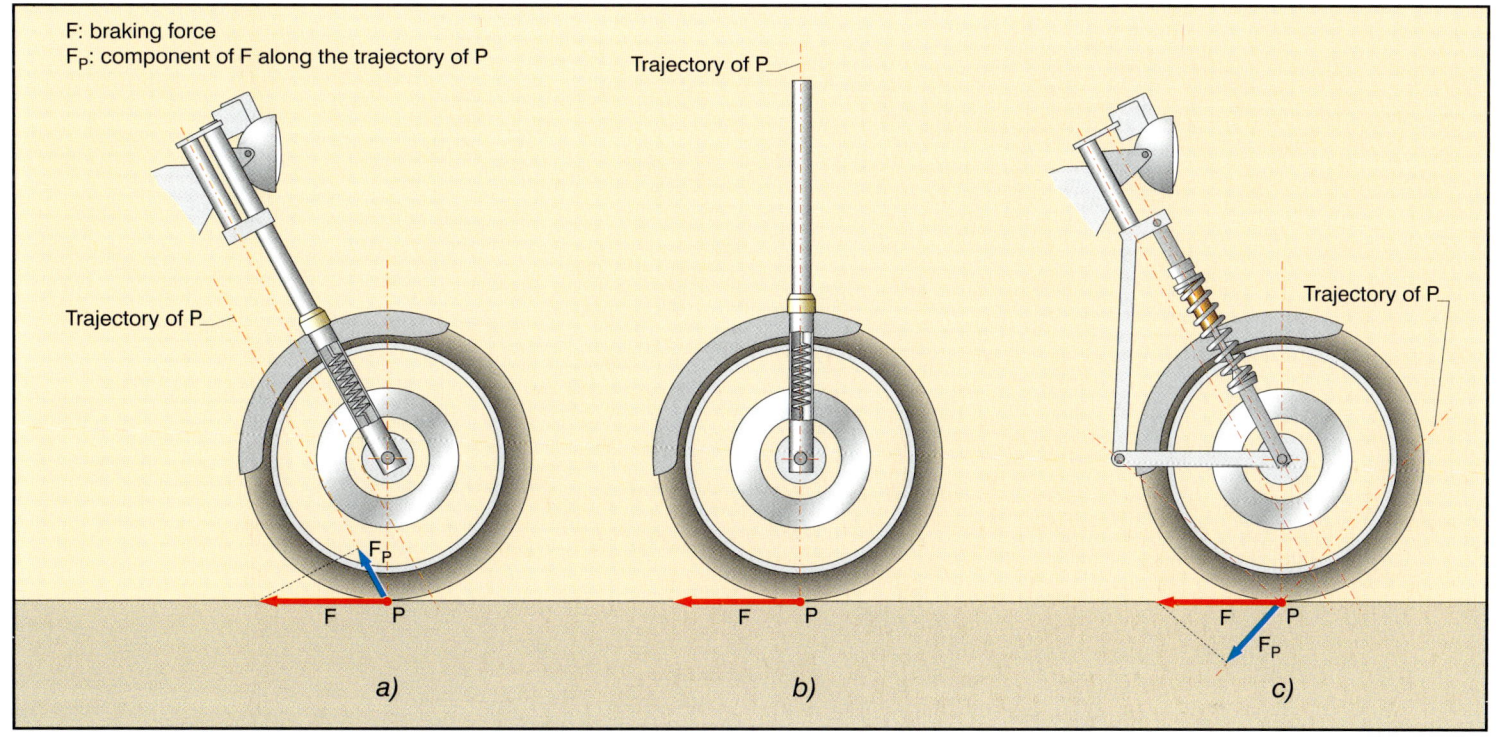

F: braking force
F_P: component of F along the trajectory of P

Trajectory of P

Trajectory of P

Trajectory of P

F_P

F   P

F   P

F   P

F_P

a)

b)

c)

Im Fall **a** der Abbildung 6.17, dem einer konventionellen Telegabel, verläuft die Radbewegung parallel zur Lenkachse durch die Radachse. Die Bremskraft drückt die Radaufhängung zusammen. Die Front des Motorrads taucht ein.

Die Literatur bezeichnet diese Reaktion als Bremsnicken oder Tauchen beim Bremsen.

Im Fall **b** verläuft die Einfederbewegung rechtwinklig zur Fahrbahn. Die horizontal wirkenden Bremskräfte beeinflussen die Radaufhängung nicht, sie verhält sich neutral.

Im Fall **c** verläuft die Radbewegung so, dass die Radaufhängung ausfedern will. Die Bremskraft schränkt also das Bremsnicken stark ein.

Die Literatur bezeichnet dieses Verhalten als **Anti-Dive.**

Kapitel 7

Die Lage **des Motorrads**

Kapitel 5 behandelte das Zusammenwirken von Reifen und Fahrbahn so, als ob das Motorrad ein starrer Körper mit blockierten Radaufhängungen sei, der sich geradlinig fortbewegt.
Für diese Annahme gelten die Bedingungen, die das Fahrzeug beim Beschleunigen und Verzögern im Gleichgewicht halten.

Kapitel 6 zeigt, wie horizontal wirkende Zug- und Bremskräfte von der Fahrbahn über die Radaufhängungen und die Kraftübertragung auf den Rahmen übertragen werden.

Dieses Kapitel untersucht die Position, die das Fahrzeug unter verschiedenen Bedingungen einnimmt.

Wie wirkt sich demnach die dynamische Radlastverlagerung und die Übertragung der horizontalen Zug- und Bremskräfte auf die Radaufhängungen aus?

Bezieht man die Funktion der Radaufhängungen in die Dynamik eines geradeaus fahrenden Motorrads ein, führt das Fahrwerk zwei Bewegungen in der Längsebene aus:

- **Eine senkrechte Bewegung** (Anheben oder Senken);
- **Eine Drehbewegung** (Nickbewegung).

Die Kombination dieser Bewegungen bestimmt die Position des Motorrads.

Bestimmung der Position des Motorrads beim Beschleunigen

Hinterradaufhängung

Beim Beschleunigen erzeugt die Zugkraft, abhängig von der Größe des Kettenzugwinkels, eine Ausfederbewegung der Hinterradaufhängung.

Das Verhalten der hinteren Radaufhängung bei der Übertragung von Kräften auf die Fahrbahn und die Ermittlung des Momentanpols und des Kettenzugwinkels behandelte bereits Kapitel 6.

Nun gilt es zusätzlich die Auswirkungen der *dynamischen Radlastverlagerung* mit einzubeziehen, die versucht, die *Federung zusammen zu drücken.*

Daraus ergibt sich, dass die Zugkraft zwei entgegengesetzte Auswirkungen auf die Hinterradfederung ausübt.

Abbildung 7.1 Der Winkel der Kettenzug-resultierenden ist größer als der Winkel der Resultierenden der dynamischen Radlastverlagerung.

G: Schwerpunkt;

P_{ofM}: Momentanpol;

τ: Winkel der Resultierenden der dynamischen Radlastverlagerung;

σ: Winkel der Kettenzugresultierenden;

h: Schwerpunktshöhe;

wb: Radstand.

- Eine Ausfederung aufgrund des Kettenzugs, abhängig vom Winkel σ;
- Eine Einfederung dank der dynamischen Radlastverlagerung, abhängig vom Winkel τ.

Grundlegend gilt: *Wenn eine Zugkraft **T** am Hinterrad angreift, federt die Hinterradaufhängung ein oder aus, je nachdem ob die dynamische Radlastverlagerung oder die Auswirkungen des Kettenzugs überwiegt.*

Eine Einschätzung liefert der Vergleich der beiden Winkel σ und τ.

Abbildung 7.1 zeigt ein Straßenmotorrad, dessen Kettenzugwinkel σ etwas größer ist als der Winkel τ: Beim Beschleunigen federt die Hinterradaufhängung aus, das Heck des Motorrads wird angehoben.

Mit Ausnahme einiger Kraftübertragungen mit Kardanantrieb ohne Momentabstützung und diverser Rollerantriebe zeigt Abbildung 7.1 gängige Ausführungen von Straßenmotorrädern. Die Konstruktion des Fahrzeugs gibt in der Regel die beiden Winkel so vor, dass sie bei Geradeausfahrt, nur mit dem Fahrer besetzt, dicht beieinander liegen.

Im normalen Straßeneinsatz:

- variiert die Schwerpunktlage des Maschine-Fahrersystems abhängig vom Fahrergewicht, der Sitz-

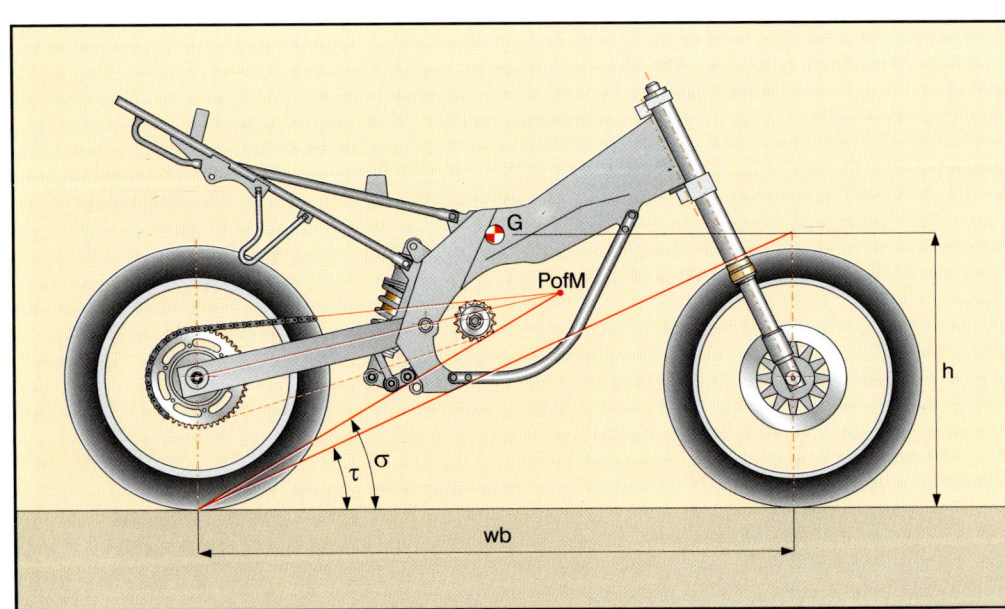

position, der Kraftstoffmenge im Tank und der zusätzlichen Beladung durch einen Beifahrer oder Gepäck.

- Der Winkel des Kettenzugs ändert sich mit dem Federweg der Hinterradaufhängung.

Wegen der Konfiguration des Motorrads im täglichen Einsatz ist es daher in der Konstruktionsphase nicht möglich, die Beziehung der beiden Winkel exakt vorher zu bestimmen.

Aus diesem Grund werden Motorräder im allgemeinen so konstruiert, dass bei Geradeausfahrt mit Fahrer die Winkel σ und τ dicht beieinander liegen.

Während der Entwicklung von Prototypen für die Straßenerprobung wird das Motorrad auf der Straße getestet und die Winkel dann entsprechend der Ergebnisse festgelegt. Wenn Änderungen des Fahrverhaltens notwendig sind, werden die Winkel modifiziert.

Vorderradaufhängung

Beim Beschleunigen wirkt allein die Kraft auf die Vorderradaufhängung, die durch die dynamische Radlastverlagerung entsteht.
Aufgrund ihrer charakteristischen Geometrie federt die Gabel aus, die Front des Fahrzeugs wird angehoben.

Auswirkung auf die Position des Motorrads

Beim Beschleunigen federt die Gabel aus, die Front des Motorrads wird angehoben. Die Hinterradaufhängung kann dagegen drei unterschiedliche Positionen einnehmen:

Fall a) $\sigma = \tau$, bei dem der Winkel des Kettenzugs dem der dynamischen Radlastverlagerung entspricht;

Die Position der Hinterradaufhängung **verändert sich nicht**, das Federbein behält seine ursprüngliche Länge bei.

Beim Ausfedern der Vorderradaufhängung wird der **Schwerpunkt des gesamten Fahrzeugs angehoben**. Das Motorrad erfährt eine **Drehbewegung** um den Aufstandspunkt des Hinterrads auf der Fahrbahn. Der Reifen wird dabei als starrer Körper betrachtet.

Zeichnet man die Bahnkurve des Schwerpunkts eines Motorrads mit dieser Auslegung in einer zum Motorrad parallelen Ebene auf, zeigt sich dass bei jedem

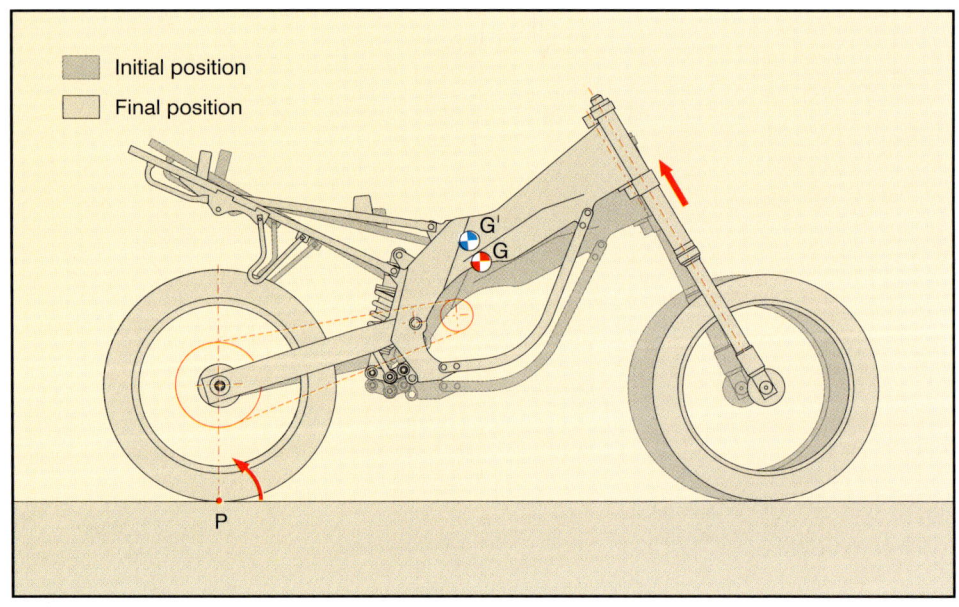

Abbildung 7.2: Der Schwerpunkt wandert von G nach G'. Das Motorrad dreht sich um P.
Initial position = Ausgangslage
Final position = Endlage

Leistungsanstieg, zum Beispiel nach dem Schalten, der Kurvenverlauf ansteigt.

Es wird also nutzlose Arbeit, gleichbedeutend einem Energieverlust, verrichtet, um den Schwerpunkt anzuheben. Dadurch wird der Vorwärtsbewegung Energie entzogen, zudem verlängert sich der Weg des Schwerpunkts, siehe Abbildung 7.2.

Diese Konstellation erleichtert es, das Motorrad zum Wheelie hochzuziehen.

Fall b) $\sigma < \tau$, bei dem der Winkel für den Kettenzug kleiner als jener der dynamischen Radlastverlagerung ist.

Die Hinterradfederung wird **zusammengedrückt**.

Wenn sich die Front des Motorrads hebt, tritt eine gleichzeitige Absenkung des Hecks ein.

Deswegen hält sich die **senkrechte Bewegung des Schwerpunkts in Grenzen**. Dagegen tritt eine spürbare **Drehbewegung** des Fahrzeugs, siehe Abbildung 7.4, auf.

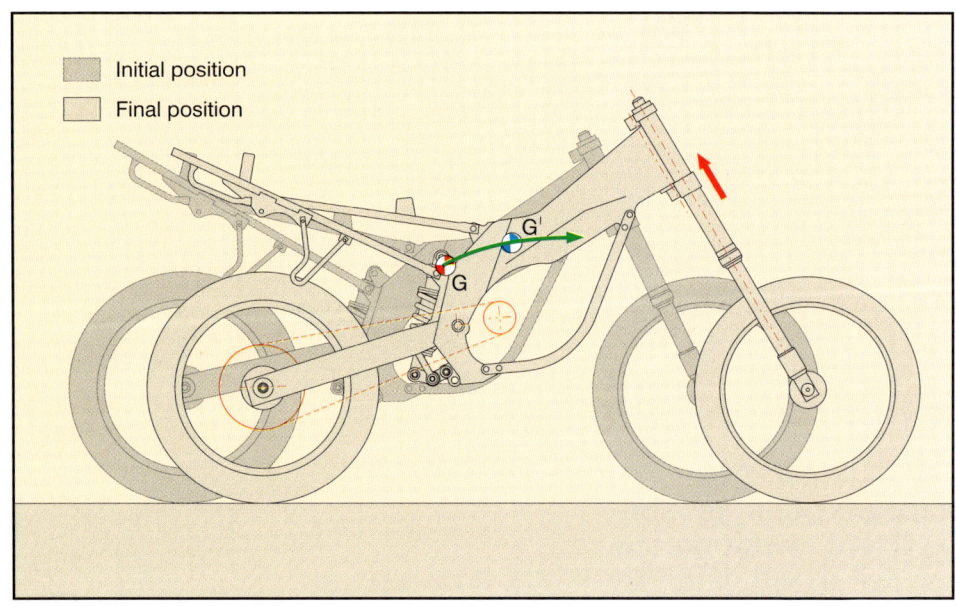

Abbildung 7.3: Bahnkurve des Schwerpunkts.

Wenn die Position des Fahrwerks durch die Drehung deutlich variiert, ändert sich gleichzeitig die Lenkgeometrie: Durch die Drehung des Chassis ändert sich auch der Lenkkopfwinkel und demzufolge (siehe die mathematischen Formeln in Kapitel 3) **will das Fahrzeug beim Beschleunigen in Kurven den eingeschlagenen Radius vergrößern**.

Zudem kommt mehr Last auf das einfedernde Hinterrad, die **Traktion steigt**, gleichzeitig neigt das Fahrzeug jedoch zum Untersteuern.
Die Folgen beschreibt Kapitel 8 über Reifen.
Ein Motorrads, das dazu neigt, mit dem Heck einzutauchen, eignet sich nur begrenzt zum Sportmotorrad.

Es gibt bestimmte Fälle, in denen der Schwerpunkt seine Lage unverändert beibehält. Diese Situation tritt allein dann ein, wenn die Ausfederung der Front identisch mit der Einfederung des Hecks ist. Wissenschaftlich ausgedrückt haben die beiden Radaufhängungen den Antriebskräften gleiche Federsteifigkeiten entgegen zu setzen.

Dadurch entsteht eine Drehbewegung des Motorrads um den Schwerpunkt, der seiner Höhe aber nicht verändert.

Die Kurve, die der Schwerpunkt beim Beschleunigen beschreibt, verläuft in diesem Fall praktisch horizontal, was wiederum geringsten Energieverbrauch bedeutet.

Wenn das Motorrad seine Drehbewegung vollendet hat, wird die zur Verfügung stehende Leistung vollständig zur Vorwärtsbewegung genutzt:

Diese Fahrwerksauslegung passt zu großen Touren-Motorrädern, da der Fahrer das Gefühl eines gutmütigen Fahrverhaltens hat. Die begrenzte Verlagerung des Schwerpunkts erleichtert es, die Tendenz selbst starker Maschinen sich aufzubäumen zu beherrschen.

Fall c) $\sigma > \tau$, bei dem der Winkel des Kettenzugs größer als der Winkel der Gewichtsverlagerung ist.

Die Hinterradaufhängung **federt beim Beschleunigen aus**. Der Winkel des Kettenzugs ist größer als der Winkel der Gewichtsverlagerung.

In dieser Situation, wird der Schwerpunkt durch das Ausfedern der Vorderradaufhängung angehoben. Zusätzlich federt das Heck aus.
Der Kurvenverlauf des Schwerpunkts ändert sich beim Beschleunigen stärker als im Fall a.

Der Schwerpunkt steigt beachtlich an, während sich die Drehbewegung des Fahrzeugs, siehe Abbildung 7.5, stark in Grenzen hält.

Offenbar federt ein Motorrad mit einer solchen Radaufhängung beim Beschleunigen an der Front leichter aus. Zudem verlagert sich durch den vom Kettenzug angehobenen Schwerpunkt das Gewicht entsprechend stärker.

Wenn die Drehbewegung des Fahrwerks und die dadurch geänderte Lenkgeometrie moderat ausfallen, hebt sich das Phänomen der weiten Bögen jedoch nahezu auf.
Derartige Fahrwerksreaktionen sind charakteristisch für Sport- und Straßenrennmotorräder.

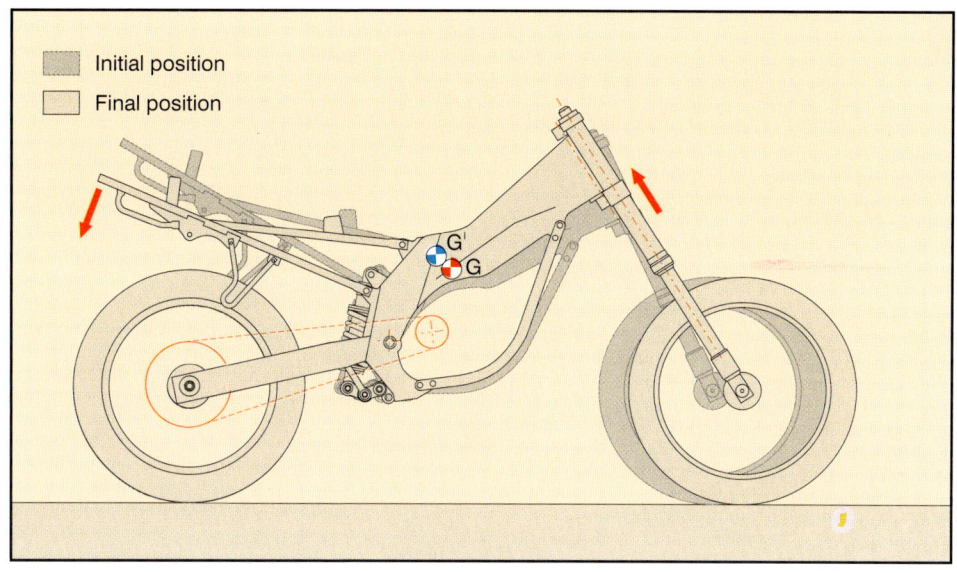

Abbildung 7.4:
- Die Vorderradaufhängung federt aus, die Hinterradaufhängung ein. Der Schwerpunkt verschiebt sich von G nach G'.
- Der Rahmen neigt sich sichtlich.

Initial position = Ausgangslage
Final position = Endlage

Abbildung 7.5:
Front und Heck federn aus.
- Der Schwerpunkt steigt von G nach G'.
- Der Rahmen verdreht sich allenfalls minimal.

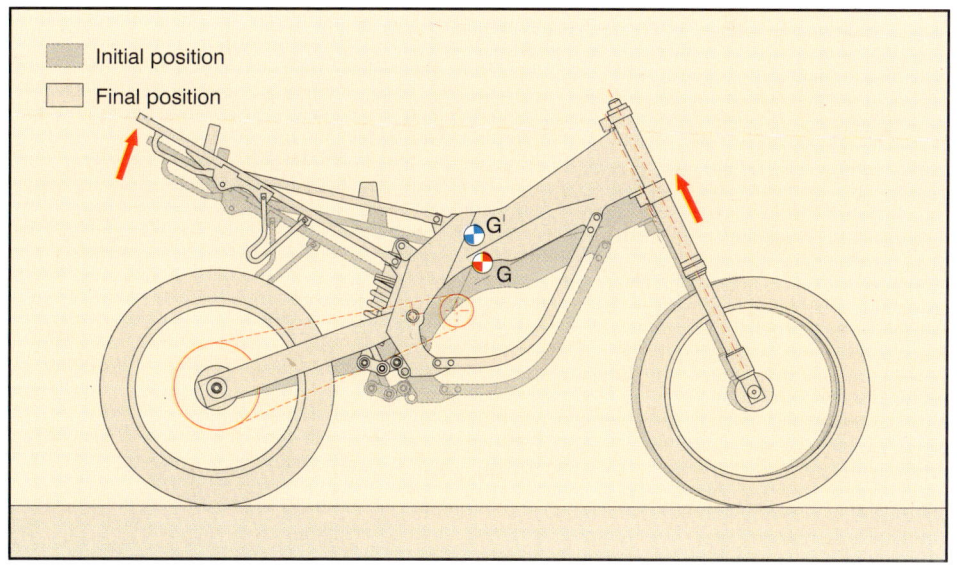

Position des Motorrads beim Bremsen

Beim Beschleunigen führt das Fahrwerk also zwei unterschiedliche Bewegungen aus:
- Erstens eine senkrechte Verschiebung des Schwerpunkts;
- Zweitens eine Drehbewegung.

Hinterradaufhängung

Wenn der Fahrer, wie im Straßenrennsport üblich, *nur mit der vorderen Bremse verzögert,* verlagert sich die Radlast vom Hinterrad nach vorn. Das Hinterrad wird entlastet, das Federbein federt aus.
Das Heck der Maschine federt so weit aus bis das Federbein seine maximale Länge erreicht hat.
Diese Fahrwerksreaktion ist von der Radaufhängung unabhängig.

Vorderradaufhängung

Abhängig vom Verhalten der Vorderradaufhängung beim Beschleunigen entstehen beim Bremsen zwei unterschiedliche Auswirkungen auf die Front:

- Die dynamische Radlastverlagerung versucht die Vorderradfederung zusammen zu drücken, da die Vorderradlast zunimmt.

- Die Auswirkung der horizontalen Bremskraft löst, abhängig von der geometrischen Konfiguration der Radaufhängung und der Bahnkurve des Rads, unterschiedliche Reaktionen aus.

Gesamte Auswirkung auf die Position des Motorrads

Unter Berücksichtigung der Reaktion der Vorderradaufhängung beim Bremsen, siehe die vorhergehenden Kapitel, kommen folgende Möglichkeiten in Frage:

Fall a)
Eintauchen der Gabel.

Die gängigste Vorderradaufhängung ist die Telegabel.

Die Bremskräfte versuchen die Gabel zusammenzudrücken. Das daraus resultierende Eintauchen addiert sich zusätzlich zur dynamischen Radlastverlagerung.

Die Gabel taucht ganz erheblich ein und kann dabei sogar hart auf Block gehen. Geglückte Gabelabstimmungen berücksichtigen solche Umstände, um in jeder Situation die Kontrolle über das Motorrad zu erhalten. Das zeigt der nächste Abschnitt über das Überschwingen.

Die Ausfederung des Hecks, die den Federweg der Radaufhängung begrenzt, ist grundsätzlich geringer als der Einfederweg an der Front. Dadurch führt das Chassis nicht nur eine Drehbewegung aus, der Schwerpunkt sinkt gleichzeitig.

Beim Bremsen senkt sich also der Schwerpunkt. In der Endlage ist das Chassis nach vorn geneigt und abgesenkt.

Der Kurvenverlauf des Schwerpunkts zeigt beim Bremsen nach unten. Es verringert sich also der Abstand zwischen dem Schwerpunkt und der Fahrbahn. *Dadurch lassen sich größere Bremskräfte übertragen, da die Neigung zum Überschlag abnimmt.* Die dynamische Radlastverlagerung hängt bekanntlich von der Schwerpunktshöhe ab.

Der Lenkkopfwinkel nimmt deutlich ab, folglich reduziert sich das Rückstellmoment. Die steigende Radlast kompensiert diesen Effekt zum Teil jedoch wieder. Sportmotorräder mit kleinen Lenkkopfwinkeln haben beim Bremsen eine geringere Fahrstabilität. Der Fahrer sollte sich dessen unter entsprechenden Bedingungen bewusst sein, siehe Abbildung 7.6, selbst wenn das Motorrad stets kontrollierbar bleibt.

Eine stark eintauchende Vorderradaufhängung ist daher für Sportmotorräder besser geeignet, die eher für hohe Leistungsfähigkeit, als für guten Fahrkomfort konstruiert sind.

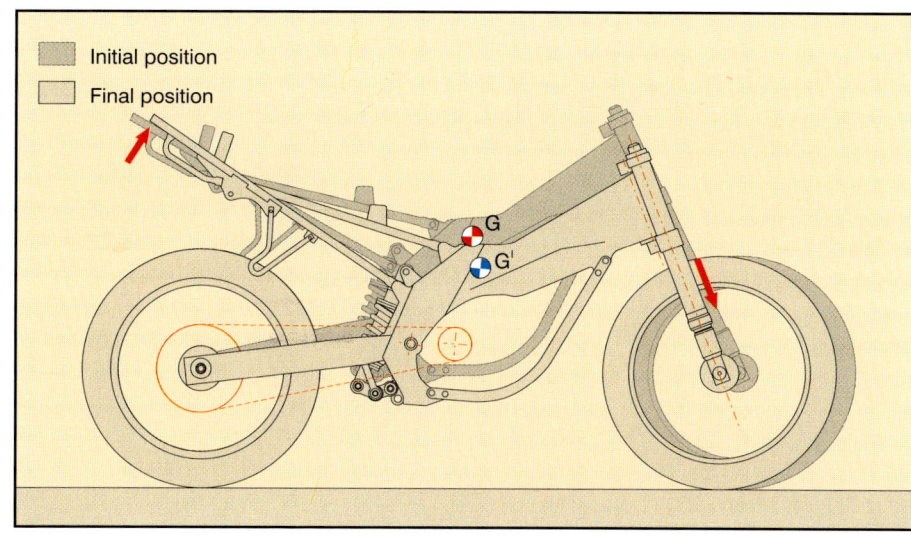

Initial position
Final position

Abbildung 7.6: Der Schwerpunkt sinkt von G nach G'. Das Motorrad dreht sich nach vorn.
Initial position = Ausgangslage
Final position = Endlage

Fall b)
Neutrales Verhalten der Radaufhängung beim Bremsen.

Dieser Fall tritt ein, wenn die Erhebungskurve des Vorderrads rechtwinklig zur Fahrbahn und damit zur Bremskraft verläuft.

Das Eintauchen hängt dann nur von der dynamischen Radlastverlagerung ab und ist somit geringer als in den vorangegangenen Fällen.
Dieses Verhalten verhindert hartes Durchschlagen der Gabel und erlaubt die Verwendung weicherer Federn und einer insgesamt weniger steifen Gabel.

Das geringe Eintauchen der Gabel hat in erster Linie eine Drehbewegung und eine geringe oder gar keine Absenkung des Motorrads zur Folge.

Falls Vorder- und Hinterradaufhängung gleiche vertikale Federsteifigkeiten haben und der Schwerpunkt genau zwischen den Radachsen liegt, entsteht nur eine Drehbewegung des Fahrwerks. Der Schwerpunkt bleibt dagegen auf gleicher Höhe.

Der auf einer parallelen Ebene zum Motorrad aufgezeichnete Schwerpunkt verliefe beim Bremsen also geradlinig und würde damit zu einer guten Fahrzeugbeherrschung beitragen.

Fall c)
Anti-Dive-Verhalten der Vorderradaufhängung.

Es tritt ein, wenn die Raderhebungskurve vor der Radachse liegt.

In diesem Fall heben sich die Auswirkungen der dynamischen Radlastverlagerung und der Bremskräfte auf, gleichbedeutend mit minimalem oder nicht vorhandenem Eintauchen.

Wenn die Bahnkurve von Punkt P einen Winkel bildet, der dem der dynamischen Radlastverlagerung gleich ist, federt die Vorderradaufhängung weder ein noch aus.

Wenn letztendlich der Winkel α der Bahnkurve von P geringer ist als der Winkel der dynamischen Radlastverlagerung, federt die Vorderradaufhängung beim Bremsen aus.

Ein Motorrad mit einer solchen Vorderradaufhängung tendiert deshalb nur wenig oder gar nicht zum Eintauchen. Die Front kann sogar gleichzeitig mit dem Heck ausfedern.

Daraus ergibt sich eine **Anhebung des Schwerpunkts** und nur eine **geringfügige Drehbewegung des Fahrwerks**.

Der höhere Schwerpunkts bewirkt eine stärkere dynamische Radlastverlagerung, wobei sich das Motorrad leichter nach hinten überschlägt.
Damit ist diese Auslegung für Sportmotorräder ungeeignet, da sie das Beschleunigungspotenzial einschränkt.

Ein begrenztes Eintauchen der Vorderradaufhängung steigert den Fahrkomfort von Fahrer und Beifahrer.

Ohne Neigung des Fahrwerks muss der Beifahrer nicht länger die Arme um den Fahrer schlingen, der Pilot fühlt das Gewicht des Beifahrers nicht mehr bei jeder Beschleunigung.

Da der Lenkkopfwinkel zudem praktisch konstant bleibt, verhält sich das Motorrad auch beim Bremsen stabil.

Eine Vorderradaufhängung mit Anti-Dive passt am besten zu Tourenmotorrädern oder Cruisern.

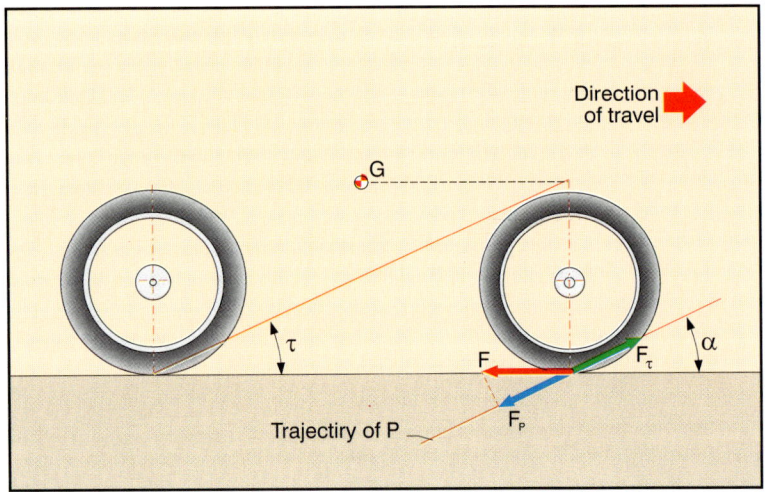

Abbildung 7.7:
$\alpha = \tau$: **Die Radaufhängung federt weder ein noch aus.**
F: Bremskraft;
F_P: Komponente von F, die in Richtung P wirkt.
F_τ: Komponente der dynamischen Radlastverlagerung, die in Richtung P wirkt.
α: Winkel zwischen der Komponente F_P und der Horizontalen.
τ: Winkel der Resultierenden der dynamischen Radlastverlagerung.
G: Schwerpunkt.

Direction of travel = Fahrtrichtung
Trajectory of P = Bahnkurve von P

Überschwingen

In verschiedenen, kritischen Situationen treten oft Panikbremsungen im Grenzbereich auf.

- Bei einer abrupten Bremsung, um einen Zusammenstoß zu vermeiden;
- Im Rennsport, wenn der Fahrer die Bremsung bis zum letzten Moment hinaus zögert.

Dann federt die Gabel dank der Leistungsfähigkeit moderner Bremssysteme abrupt ein, das gesamte Fahrzeug neigt sich um seine Querachse.

In diesem Fall ist die Radaufhängung großen Anforderungen ausgesetzt. Eine wirksame Dämpfung muss verhindern, dass die Gabel auf Block geht oder ganz ausfedert, um ein gutes Fahrverhalten sicher zu stellen.

Das Diagramm in Abbildung 7.8 zeigt den Federweg der Gabel über der Zeit, während eines abrupten, harten Bremsmanövers.

Bei geradliniger Bewegung hat die Gabel auf der Strecke A - B um 30 Millimeter eingefedert. Bei Punkt B beginnt die Bremsung. Aufgrund der dynamischen Radlastverlagerung erreicht die Gabel irgendwann im Punkt C bei 95 Millimeter Einfederweg eine stabile Endlage.

Das Verhalten der Gabel zwischen Punkt B und C unterscheidet sich, abhängig von der Dämpfung, stark. Die Abbildung zeigt zwei extreme Fälle.

Die Gabel mit geringer hydraulischer Dämpfung ist stark unterdämpft.

Die maximale Einfederung ist erheblich größer als der durch die Last verursachte Einfederweg in Punkt C.

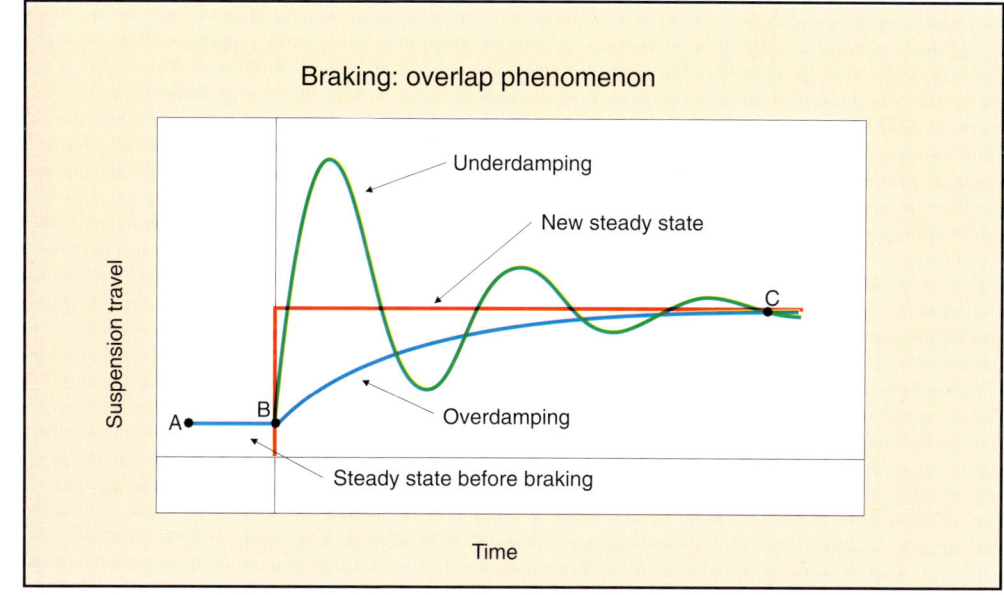

Die Differenz bezeichnet man als **Überschwingen**. Das Massenträgheitsmoment des Motorrads verursacht eine zusätzliche Last. Ein beachtliches Überschwingen kann bei Sportmotorrädern ein kritisches Fahrverhalten herbeiführen.

Falls das Überschwingen sehr ausgeprägt ist, verursacht es besonders bei Sportmotorrädern lästige Fahrwerksreaktionen.

Gleichermaßen ärgerlich ist das Nachschwingen beim Ausfedern, das sofort gedämpft werden muss.

Abbildung 7.8: Überschwingen beim Bremsen.
Braking: overlap phenomenon = Überschwingen beim Bremsen
Underdamping = unterdämpft
New steady state = neue Endlage
Overdamping = überdämpft
Steady state before braking = Ausgangslage vor dem Bremsen
Time = Zeit
Suspension travel = Federweg

Solange die Schwingung ungedämpft ist, kann der Fahrer das Motorrad nur schwer in die Kurve legen. Da die Vertikalbewegungen den Lenkkopfwinkel und somit den Nachlauf ändern, erschweren sie im Kurveneingang die Kontrolle über das Fahrzeug.

- Im zweiten Fall in Abbildung 7.8 findet das Kurvenfahren unter völlig anderen Bedingungen mit Stoßdämpfern mit starker Druck- und Zugstufendämpfung statt.

Diese Abstimmung passt am besten zu Rennmotorrädern, die nur geringe Bodenwellen überfahren und damit straffe Fahrwerksabstimmungen zulassen.

Für den normalen Straßeneinsatz kann eine Dämpfung, die das Nachschwingen wirkungsvoll unterbindet den Fahrkomfort beeinträchtigen und beim Überfahren einer Reihe selbst kleiner Bodenwellen mit hoher Geschwindigkeit Probleme im Fahrverhalten erzeugen.

Die korrekte Feinabstimmung der Gabel erfordert eine Menge Erfahrung.

Weiche Gabeln absorbieren selbst grobe Schlaglöcher gut. Sie können andererseits aber zu starkem Eintauchen und schnellen Änderungen der Position des Motorrads und zum Durchschlagen der Gabel führen.

Wenn die Gabel durchschlägt ist die Drehbewegung und das Einfedern des Motorrads augenblicklich blockiert. Die daraus resultierende Kraftspitze erzeugt einen plötzlichen Anstieg der dynamischen Radlastverlagerung. Der hat eine abrupte Reaktion des Fahrwerks zur Folge, bei der das Hinterrad abheben kann.

Mit einem Fahrrad ohne Federung lässt sich zum Beispiel durch einen abrupten Griff an der Vorderbremse ganz einfach ein Sprung mit dem Hinterrad ausführen. Tatsächlich tritt in diesem Fall eine hohe kurzzeitige Radlastverlagerung ein.

Die Konstruktion, Entwicklung und Feinabstimmung der Gabel stellt sich oft problematischer heraus als die des Federbeins, da es dort keinen, dem Kettenzug ähnlichen Effekt gibt, der die Radaufhängung in der kritischen Phase, dem Bremsen, auf einem bestimmten Niveau hält.

Sowohl im Offroad-Einsatz als auch im Straßenrennsport treten die größten Probleme oft bei der Abstimmung der Gabel auf.

Glücklicherweise haben die meisten Gabelhersteller im Lauf der Jahre genügend Erfahrung gesammelt, um die größten Probleme zu beheben.

Aus Mangel an umfassender, gründlicher Erfahrung tun sich neue Gabelhersteller schwer, sich im Markt zu etablieren.

Die Anzahl der Hersteller qualitativ hochwertiger Gabeln ist deshalb äußerst begrenzt.

Eine Reihe von Momentaufnahmen zeigt die Positionen eines Motorrads mit Telegabel in den unterschiedlichen Kurvenabschnitten.

Während der **Geradeausfahrt mit konstanter Geschwindigkeit** bestimmt die vertikale Federsteifigkeit und der Winkel für den Kettenzug die Position des Motorrads.

Am Kurvenbeginn leitet der Fahrer noch während der Geradeausfahrt die Bremsung ein. Das Motorrad taucht ein und neigt sich nach vorn. Durch die zusätzliche Last auf dem Vorderrad nimmt das Verzögerungspotenzial zu.

Nachdem an der Vorderradaufhängung ein Gleichgewichtszustand eingetreten ist, hält die Bremsung an, bis die gewünschte Kurveneingangs-Geschwindigkeit erreicht ist.

Der Lenkkopfwinkel nimmt, abhängig von der Art des Motorrads, beim Bremsen grundsätzlich um drei bis fünf Grad ab und **somit auch der Nachlauf**. Überraschenderweise kann dieser Effekt für das nächste Kurvenmanöver äußerst hilfreich sein.

Da ein großer Teil der Last beim Bremsen auf dem Vorderrad ruht, würde der Nachlauf, der das Motorrad bei Geradeausfahrt stabilisiert, das Einlenken in Kurven wegen des Rückstellmoments, siehe Kapitel 9, Abbildung 7.9, erschweren.

Ein **geringerer Lenkkopfwinkel und somit ein geringerer Nachlauf** bedeuten weniger Kraftaufwand beim Einlenken in Kurven.
Deshalb vermittelt die normale Telegabel zumindest in dieser Phase des Kurvenfahrens eine willkommene Rückmeldung. Sie reagiert am besten auf Grenzsituationen.

Beim **Einlenken in Kurven** ist die Gabel ein- und die Hinterradaufhängung ausgefedert. Das Motorrad beginnt sich nun um die Hochachse zu drehen und um die Längsachse zu neigen und erzeugt eine Zentrifugalkraft, welche die Federung zusammendrückt, während der Fahrer die Bremsen allmählich freigibt.
Vorderradaufhängung: Die Radlast nimmt mit dem Lösen der Bremse ab. Die Zentrifugalkraft kompensiert diesen Effekt jedoch zum Teil wieder. Es bleibt in dieser Phase wenig Einfederweg übrig.
Hinterradaufhängung: Beim Einlenken in die Kurve ändert sich die Lage der Hinterradaufhängung. Sie beginnt in Schräglage einzufedern.

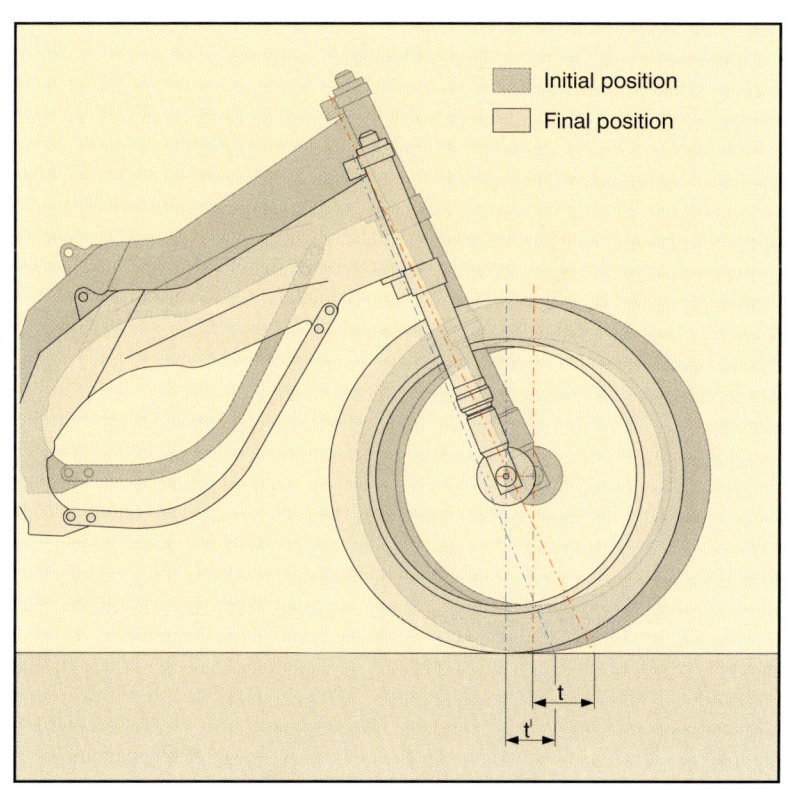

Abbildung 7.9: Bremsen.
Initial position = Ausgangslage
Final position = Endlage

93

Nachdem der Fahrer eingelenkt hat, *tritt bei nahezu geschlossenem Gasgriff ein stationärer Zustand ein. Die vertikale Federsteifigkeit bestimmt dann die Lage des Motorrads.* Eine Querbeschleunigung von einem g entspricht einer Schräglage von 45 Grad. Die Radaufhängung wird dann von einer Last zusammengedrückt, die 40 Prozent über der statischen Last des Motorrads liegt.
Deshalb ist die Federsteifigkeit der Radaufhängungen in Kurven von entscheidendem Einfluss.

Eine Hinterradaufhängung mit stark progressiven Federelementen, die in Kurven mit einer hohen Federrate arbeitet, hält das Heck auf einem höheren Niveau. Deshalb bleibt der Lenkkopfwinkel kleiner. Andererseits muss die Federrate so gewählt werden, dass Fahrbahnunebenheiten ordentlich absorbiert werden. Dieser Zwiespalt führt zu der bekannten Suche nach dem richtigen Kompromiss.

Die auf die Federelemente und Reifen wirkende Kraft und die Schräglage reduzieren die Bodenfreiheit in Kurven ganz erheblich.
Aus diesem Grund setzen Sportmotorräder in Kurven mit Teilen der Verkleidung oder der Auspuffanlage auf.

In der Kurve haben Fahrer und Motorrad nahezu dieselbe Schräglage. Deshalb wirken auf ihn die gleichen Kräfte ein. Auch auf dem Motorrad lasten zusätzliche Kräfte von 40 Prozent des Fahrergewichts.

Dank dem Gleichgewichtszustand spürt der Fahrer die Auswirkungen der Zentrifugalkräfte nicht, die versuchen, ihn nach der Kurvenaußenseite zu ziehen.

Die Situation unterscheidet sich grundlegend von der des Autofahrers, der mit der gleichen Geschwindigkeit den gleichen Kurvenradius einhält. Bei einem g Querbeschleunigung muss er gegen eine beachtliche Zentrifugalkraft ankämpfen und sich am Lenkrad, den Sitzen und den Sicherheitsgurten abstützen um seine Position beizubehalten.
Aus diesem Grund integrieren Sitze von Rennwagen den Fahrer.

Beim Motorrad könnte man dagegen bei stationärer Kreisfahrt, also in Kurven ohne Beschleunigung und Verzögerung theoretisch ein Glas Wasser auf den Tank stellen, ohne einen Tropfen zu verschütten.

Beim Verlassen der Kurve bei eingefedertem Motorrad beginnen die Antriebskräfte zu wirken sobald der Fahrer beschleunigt.

Die Vorderradaufhängung federt aus, wodurch sich die Lage und die Fahrwerksgeometrie des Motorrads ändert. Der Lenkkopfwinkel nimmt zu, das Motorrad will einen größeren Kurvenradius fahren.

Der Fahrer muss den Lenkeinschlag ändern um das Motorrad auf dem vorgegebenen Kurs zu halten.
In dieser Situation kann eine Geometrie der Kraftübertragung, bei der das Hinterrad leicht ausfedert Nickbewegungen in Grenzen und das Motorrad in horizontaler Lage halten.

Highsider

Wenn das Motorrad in Schräglage beschleunigt, kann eine im Straßenrennsport durchaus bekannte Situation, der **Highsider** eintreten. Eine pendelnde, ruckartige Initialbewegung, bei der das Heck schlagartig ausfedert, versucht den Fahrer wie einen Rodeoreiter auf einem bockigen, wilden Pferd nach vorn zu katapultieren.

Dieses Phänomen tritt bevorzugt bei leistungsstarken Motorrädern auf, da bereits eine kleine Änderung der Gasgriffstellung zum Verlust der Haftung führen kann.

Die Ausgangsbedingungen sind folgende:

- Das Motorrad befindet sich in maximaler Schräglage unter Ausnützung der gesamten Seitenführungskraft des Hinterreifens mit zusammengedrückten Federelementen.
- Der Fahrer beschleunigt abrupt. Ein Teil der Seitenführungskraft ist nötig um die Antriebskräfte in Fahrzeuglängsrichtung zu übertragen. Es kommt zu hohem Schlupf des Reifens.

In diesem Moment tritt eine Reihe von Auswirkungen des Kettenzugs ein, die in engem Zusammengang stehen.

• Die Haftung am Hinterrad, die durch die Auswirkungen des Kettenzugs zwischen einem Maximum und null wechselt, provoziert Bewegungen der Hinterradfederung.
• In der Kurve verursacht jede Änderung der Position des Motorrads und damit des Lenkkopfwinkels eine Kursänderung und damit eine Änderung des Kurvenradius. Daraus resultieren wechselnde Zentrifugalkräfte.
• Der Reifen ändert abhängig von starken Radlastschwankungen den Schlupf und Schräglaufwinkel.

Die Kombination dieser Effekte erzeugt ruckartige Ein- und Ausfederbewegungen der Federelemente. Von außen betrachtet erscheint dieses Phänomen als ausgeprägte, gewaltsam erzwungene Schaukelbewegung des Hecks, die das Gleichgewichtsgefühl des Fahrers auf die Probe stellt. Der hält sich verzweifelt am Lenker fest, während das Motorrad ihn abwerfen will.

Wenn sich das Motorrad schließlich nach der Kurve zu stabilisieren beginnt, nimmt die Zentrifugalkraft und somit die Gefahr seitlich wegzurutschen ab. Die Schwingung beruhigt sich.

Folgende Maßnahmen können dieses Problem verringern oder gar eliminieren:

- Höhere Dämpfung am Federbein. Dadurch nimmt die Amplitude der Schwingung schneller ab, der Fahrer hat mehr Zeit einzugreifen und das Fahrzeug durch Verzögern oder Kurskorrektur unter Kontrolle zu bringen.
- Der Einsatz von leistungsfähigeren Reifen, die sich durch eine flache μ-Schlupf-kurve auszeichnen. Highsider treten häufig gegen Ende eines Rennens auf, wenn die Reifen abbauen.
- Einsatz hochwertiger Federelemente.

Das Ausfedern der Vorderradaufhängung beim Beschleunigen steht in engem Zusammenhang mit dem Winkel der Kettenzugresultierenden. Er kann sich zwischen zwei Grenzwerten bewegen:

- Maximaler Reibwert, bei dem die gesamte Leistung auf die Fahrbahn übertragen wird;
- Reibwert gleich null, bei dem keine Leistung auf die Fahrbahn übertragen wird.

Die Einfederung der Vorderradaufhängung hängt dagegen von der dynamischen Radlastverlagerung ab. Falls der Winkel der Kettenzugresultierenden unter den beiden Extrembedingungen gleich dem Winkel der Resultierenden der dynamischen Radlastverlagerung ist, hängt das Verhalten der Radaufhängung nicht von der Beschleunigung ab. Dieser Fall beseitigt das Problem des Highsiders.

Eine derartige Hinterradaufhängung wurde, siehe Abbildung 7.9 bereits konstruiert.

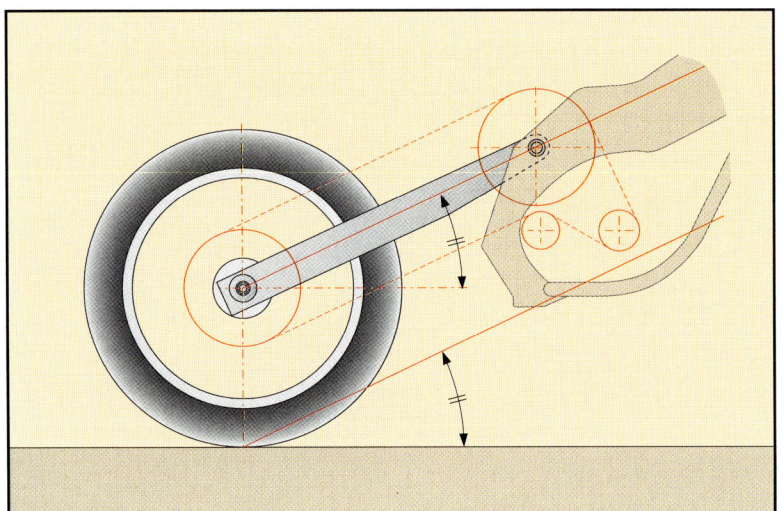

Abbildung 7.10: Tracklever.

Diese Konstruktion stellt sich jedoch als äußerst komplex heraus und lässt sich momentan bei einer Großserienproduktion nicht realisieren. Um die Vorteile des Systems mit einer konventionellen Konstruktion zu erzielen, muss die Lage von Kettenritzel und Schwinge genauer untersucht werden.

Der Sprung Eine weitere spektakuläre Situation, von Motocrossfahrern scheinbar mühelos beherrscht, ist der Sprung.

Die Flugbahn des Motorrads in der Luft ist in erster Annäherung eine Parabel. Ihre genaue Berechnung entspricht der Flugbahn jedes anderen Körpers, der in die Luft geworfen wird. Wenn also ein Felsbrocken und ein Motorrad die selbe Masse und den gleichen Luftwiderstand haben beschreiben sie eine identische Flugbahn, wenn sie mit der gleichen Geschwindigkeit in die gleiche Richtung katapultiert werden und keinen eigenen Antrieb haben.

Der Verlauf und die Höhe des Sprungs hängen ausschließlich von folgenden Parametern ab:

- Der Geschwindigkeit und dem Winkel der ursprünglichen Bahnkurve;
- Der Aerodynamik der Fahrer-Maschine Einheit.

Der Luftwiderstand des Fahrer-Maschine-Systems ist relativ schwierig exakt zu bestimmen, da die Fahrer dazu neigen, während des Sprungs aufzustehen, um besser landen zu können oder ihre Position zur Kontrolle über das Fahrzeug zu verändern.

Der Zusammenhang zwischen der maximalen Weite des Sprungs und der Geschwindigkeit lautet unter Vernachlässigung des Luftwiderstands bei einem Absprungwinkel von 45 Grad:

Abbildung 7:11 Sprung.

Gleichung

$$l = \frac{v^2}{g}$$

Dabei ist:

- **l** die Weite des Sprungs;
- **v** die Fahrzeuggeschwindigkeit;
- **g** die Erdbeschleunigung.

Wenn in der Luft das vom Nachlauf verursachte Rückstellmoment nicht länger existiert, da der Kontakt zwischen Reifen und Boden entfällt, wird die Bewegung, zumindest theoretisch, unkontrollierbar.

Glücklicherweise ist die Zeit während des Sprungs in der Regel so kurz, dass sich unerwünschte Drehbewegungen vermeiden lassen.
Eine derartige Reaktion kann jedoch in Extremfällen bei außergewöhnlich weiten Sprüngen, zum Beispiel beim Überspringen von Canyons auftreten.

Bei solchen, enorm langen Sprünge verwenden die Fahrer jedoch auf jeden Fall außergewöhnliche, mit Strahltriebwerken angetriebene Maschinen, die zudem mit Systemen zur Flugstabilisierung ausgerüstet sind und sich vollkommen von Straßenmotorrädern unterscheiden.

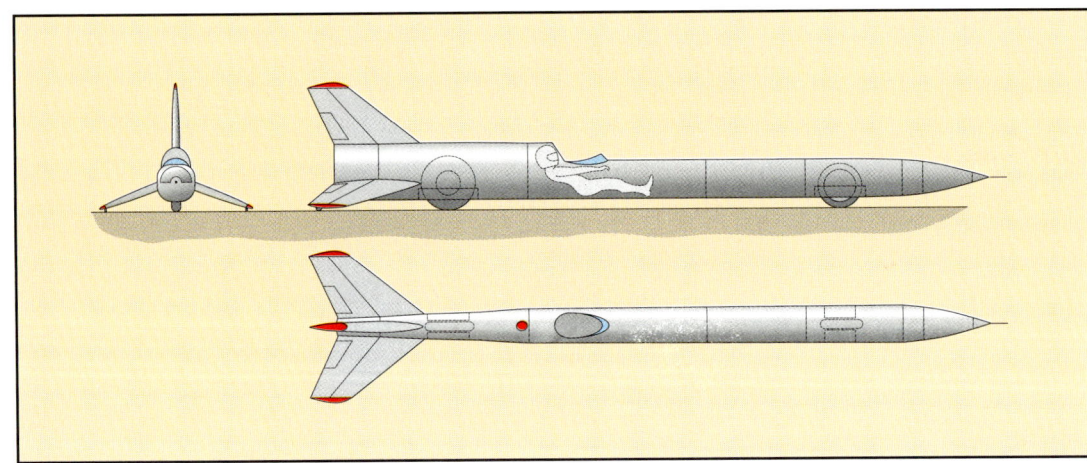

Abbildung 7.12: Weltrekordmotorräder.

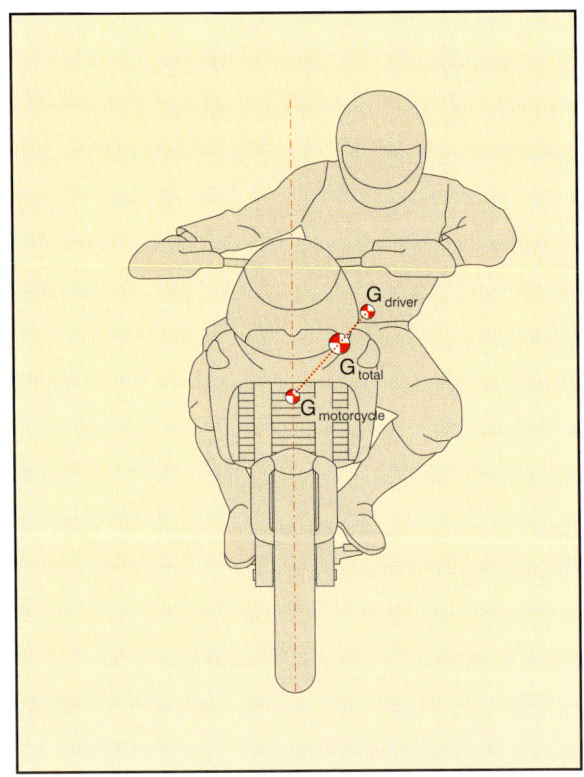

Abbildung 7.13: Die seitliche Verlagerung des Fahrers wirkt sich nicht auf die Lage des Gesamtschwerpunkts von Fahrer und Maschine aus.

G_{driver} = G_{Fahrer} G_{total} = G_{Gesamt}
$G_{motorcycle}$ = $G_{Motorrad}$

Kontrolle über das Motorrad während dem Flug

Da Weite und Höhe eines Sprungs durch die physikalischen Gesetzte exakt festgelegt und in der Literatur beschrieben sind, wendet sich das nächste Kapitel an Profis, die in der Lage sind, in der Luft akrobatische Manöver auszuführen.

Seitliche Verlagerung

Die Flugbahn des Schwerpunkts ist also eindeutig festgelegt. Trotzdem kann der Fahrer die Kräfteverhältnisse zwischen sich und dem Motorrad beeinflussen. Gemäß dem Grundsatz vom Gleichgewicht der Kräfte kann er sein Gewicht zur Seite verlagern, wodurch sich das Motorrad in die entgegengesetzte Richtung bewegt. Die daraus resultierenden seitlichen Bewegungen verhalten sich umgekehrt proportional zum Betrag der relativen Massen. Damit bleibt der Gesamtschwerpunkt stets auf seiner theoretischen Flugbahn.

Nicht allein das unentbehrliche Geschick des Fahrers, sondern auch der Einsatz eines extrem leichten Motorrads machen solche Manöver erst möglich: Je leichter das Motorrad ist, umso einfacher kann der Fahrer die Lage des Motorrads korrigieren.

Auch aus diesem Grund ist ein Motocrossmotorrad auf das notwendigste reduziert, um das minimale Gewicht für den Wettbewerb zu erreichen.

Seitliche Neigung

Bei Verwendung der obengenannten Technik kann der Fahrer das Motorrad zur Seite neigen, indem er den Körper seitlich verlagert.

Hochziehen oder Hinunterdrücken

Wenn der Fahrer den Körper in Längsrichtung nach vorn oder hinten verlagert, kann er eine Drehbewegung des Motorrads um die Querachse erzeugen. Dadurch lässt sich das Vorderrad anheben oder senken. Um Drehbewegungen des Motorrads um den Schwerpunkt leicht ausführen zu können, muss das Fahrzeug ein geringes Massenträgheitsmoment um die Querachse haben.

Wenn das Motorrad den Bodenkontakt verloren hat ist das Massenträgheitsmoment um den Schwerpunkt die einzige entscheidende Größe. Das auf die Fahrbahn bezogene Massenträgheitsmoment spielt dabei keine Rolle mehr. Es hängt nicht nur von der Verteilung der Massen um den Schwerpunkt ab, es wird auch stark von einer Größe beeinflusst, die proportional zum Quadrat der Höhe h ist. Es gilt dann: Je geringer das Massenträgheitsmoment des Motorrads ist, umso besser lässt es sich manövrieren.

Das erklärt auch, warum ein Motocrossmotorrad nahezu seine gesamte Masse um den Schwerpunkt konzentriert hat. Dabei verhindern technische Lösungen sogar die volle Entfaltung des Motorenpotenzials. Das Federbein ist zum Beispiel aus Gründen einer guten Massenkonzentration um den Schwerpunkt so nahe am Vergaser angeordnet, dass es einer optimalen Führung des Einlasskanals im Weg steht.

Die Manöver, die wir bis jetzt beschrieben haben, lassen sich alle auf einen Kunstspringer übertragen, der in der Luft Saltos und Drehungen ausführt.

Wenn man dem Kunstspringer eine schwere Last auf die Schultern packen würde, wären die akrobatischen Bewegungen ohne Zweifel stark eingeschränkt.

Eine gute Manövrierfähigkeit in der Luft ist für Motocrosser entscheidend, da sie ständig über schnell aufeinanderfolgende Wellen springen. Dabei geht der Bodenkontakt oft verloren.

Ihre Fahrwerksabstimmung ist deshalb immer ein Kompromiss aus gutem Fahrbahnkontakt und spektakulären Luftsprüngen.

Deshalb lässt sich das Chassis solcher Motorräder nur schwer optimieren, da zwei völlig unterschiedliche Situationen eintreten.

Ein weiterer wichtiger Faktor hilft die Manövrierfähigkeit des Motorrads im Flug zu beeinflussen. Die Kreiselkräfte der Räder.

Wenn sich rotierende Teile wie Räder und Motorenkomponenten schnell drehen, versuchen sie ihre Drehebene aufrecht zu erhalten. Damit stabilisieren die Auswirkungen der Massenträgheitsmomente das Motorrad selbst in der Luft.

Daraus ergibt sich eine relativ einfache Technik, das Motorrad während des Flugs zu kontrollieren. Dieser Mechanismus läuft nicht intuitiv ab, selbst wenn viele Fahrer ihn unbewusst anwenden. Er nutzt die Massenträgheitsmomente der Räder und des Motors.

Hochziehen des Motorrads mit Hilfe des Motors

Während dem Flug hebt ein hochdrehendes Hinterrad die Front des Motorrads an.

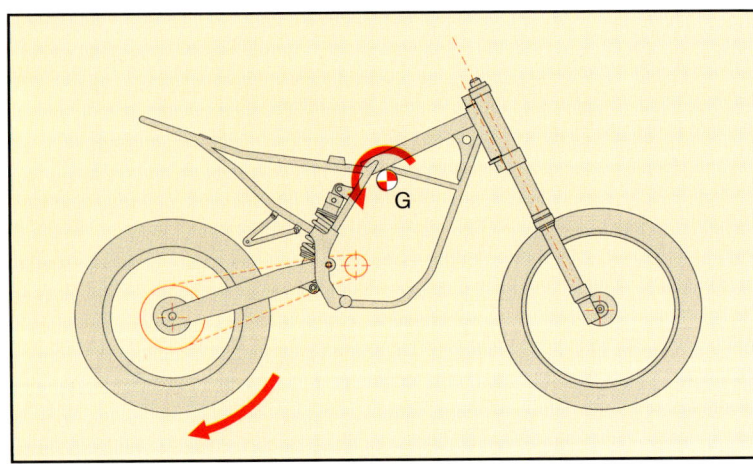

Abbildung 7.14: Massenträgheitsmoment des Motorrads · Winkelbeschleunigung = Massenträgheitsmoment des Hinterrads · Winkelbeschleunigung.

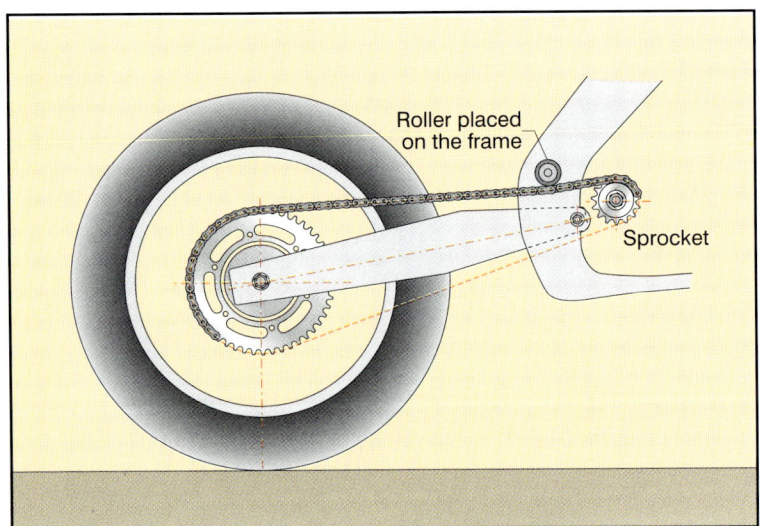

Abbildung 7.15: Prinzip einer am Rahmen befestigten Rolle, die über das gespannte Kettentrumm dem Einfedern des Motorrads entgegenwirkt.
Roller placed on the frame = Am Rahmen montierte Rolle
Sprocket = Ritzel

Wenn das Hinterrad hochdreht nimmt seine Bewegungsenergie zu. Sie ist ein Produkt des Massenträgheitsmoments multipliziert mit der Winkelgeschwindigkeit. Dadurch entsteht eine qualitativ entsprechende, aber gegensinnig wirkende Drehbewegung, die das vom Boden entkoppelte Motorrad an der Front nach oben zieht.

Die Drehbewegung hängt von den Verhältnissen der Massenträgheitsmomente, siehe Abbildung 7.14 ab.

Diese Technik verwenden Stuntfahrer, die spektakulär über 20 bis 30 aneinander gereihte Autos springen. Sie können die Position des Motorrads für eine optimale Landung bereits in der Luft korrigieren.

In der Praxis wenden auch Motocrossfahrer diese Technik an. Wenn sie zum Sprung ansetzen, beschleunigen sie das Hinterrad um daraus einige Vorteile zu ziehen.

- Das Anheben der Front verbessert die Position des Motorrads bei der Landung.

- Die Rückmeldung über die Beschleunigung ist besser wenn der Reifen den Boden berührt.

- Die Unterstützung der Hinterradaufhängung. Wenn die Kette gespannt ist, setzt sie dem Einfedern des Hecks eine Kraft entgegen, indem sie gegen eine am Rahmen montierte Rolle läuft.

Eintauchen der Front mit Hilfe der Hinterradbremse

Durch Betätigung der hinteren Bremse in der Luft dreht sich das Motorrad nach vorn. Diese Technik wird allerdings selten angewendet.

Seitliche Neigung durch Kreiselkräfte

Die Kreiselkräfte bieten zusätzliches Potenzial, um das Motorrad zu kontrollieren: Wie bereits erörtert, entsteht beim Einschlagen der Lenkung nach rechts eine entgegengesetzte Kraft, die das Motorrad in Fahrtrichtung oder genauer gesagt in Flugrichtung zur linken Seite neigen will.

Der Fahrer kann das Motorrad durch Einschlagen der Lenkung zur Seite zu neigen. Es ist also möglich, durch einen kurzen Zug am Lenker die Neigung des Motorrads zu korrigieren.

Es gibt unterschiedliche Arten das Motorrad während dem Sprung zu manövrieren. Zudem lässt sich durch die Beherrschung des Fahrzeugs die günstigste Position für die Landung erzielen.

Hochentwickelte Radaufhängungen aktueller Motorräder ermöglichen zudem weiche, gedämpfte Landungen. Sie verhindern beim Aufsetzen hartes Durchschlagen und dämpfen gleichzeitig starke Ausfederbewegungen.

Bei entsprechendem Mut und guter Fahrzeugbeherrschung kann der Fahrer die Vorteile der:

- Körperverlagerung
- und der Massenträgheitsmomente und Kreiselkräfte der Räder nutzen.

Unterstützt von einem Motorrad mit:

- geringem Gewicht,
- und niedrigem Massenträgheitsmoment

ist es möglich, das Fahrzeug zu kontrollieren und spektakuläre, akrobatische Sprünge auszuführen, welche die Zuschauer bei Motocrossrennen und Indoor-Trials begeistern.

Zusammenfassung

Kapitel 8

Zusammenspiel von
Reifen und
Fahrbahn

Die wichtigsten Funktionen der Reifen sind:

- Die Übertragung der Kräfte von der Fahrbahn auf das Fahrzeug;
- Guter Fahrkomfort für Fahrer und Beifahrer.

Die Übertragung der Kräfte findet in der Reifenaufstandsfläche statt durch:

- Kraftschluss zwischen dem Reifen und der Fahrbahn und
- Verzahnung zwischen dem Reifengummi und der Körnung der Straßenoberfläche.

Motorradreifen, speziell die hubraumstarker und sportlicher Motorräder sind einer größeren Beanspruchung ausgesetzt als Pkw-Reifen. Ein Motorrad mit 750 bis 1000 cm^3 Hubraum und mindestens 100 PS Leistung ist in der Regel mit einem 160 bis 190 Millimeter breiten Hinterreifen ausgerüstet. Die Reifen eines Mittelklasse-Pkws mit 1600 bis 1800 cm^3 mit der gleichen Leistung von 100 PS sind mit Reifen gleicher Breite bestückt. Der wesentliche Unterschied zwischen beiden besteht in der Aufstandsfläche. Der Motorradreifen hat eine viel schmalere als der Autoreifen mit flacher Kontur.
Das wird offensichtlich, wenn man nach einer Schlammdurchfahrt auf der Straße die Abdrücke von Motorrad- und Pkw-Reifen vergleicht.
Zusätzlich überträgt ein einziges Hinterrad das gesamte Antriebsmoment, das sich beim Pkw auf mindestens zwei angetriebene Räder verteilt.

Das erklärt zum Teil, warum Motorradreifen schneller verschleißen als Autoreifen.

Selbst heutzutage stellt eine theoretische Berechnung der Kräfte, die zwischen Reifen und Fahrbahn wirken eines der komplexesten Aspekte der Fahrdynamik eines Motorrads dar..

Das ist verständlich, da der Reifen ein Körper ist, dessen mechanische Eigenschaften schwierig zu berechnen sind. Er ist in der Regel aus Verbundwerkstoffen und Anisotropen aufgebaut.

Das bedeutet, das sein Verhalten von der Richtung der eingeleiteten Kräfte abhängt.

Diese Kräfte lassen sich jedoch auch ohne hochentwickelte Rechenmodelle messtechnisch erfassen. Die folgenden Abschnitte versuchen zu erläutern, welche entscheidende Rolle die Reifen in der Fahrdynamik des Motorrads spielen.

Kraftschlussbeiwert

Die Charakteristik der Fahrbahnoberfläche, der verwendete Reifentyp und eventuelle Medien zwischen den Kontaktflächen von Reifen und Fahrbahn, zum Beispiel Wasser, Öl oder andere Substanzen, bestimmen den Kraftschluss.

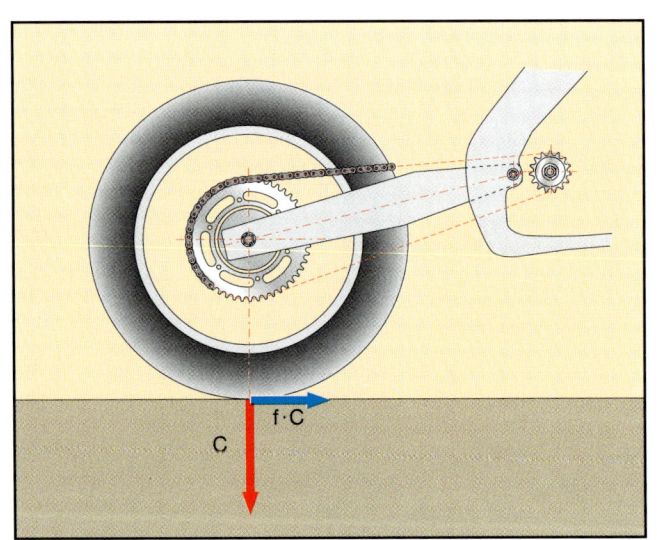

Abbildung 8.1: Kraftschluss zwischen Reifen und Fahrbahn.

Die maximal übertragbaren Antriebskräfte ergeben sich aus der Beziehung:

$$F_K = f \cdot C$$

Wobei:
f der Kraftschlussbeiwert ist, dessen maximaler, theoretischer Wert 1 betragen kann.
C die vertikale Radlast ist.

Um zu verstehen, wie die gesamten Kräfte in Fahrtrichtung y und quer zur Fahrtrichtung x übertragen werden, hilft die Theorie des Kamm'schen Kreises.

Der maximale Krattschlussbeiwert entspricht dem Produkt aus $f \cdot C$. Deshalb bleibt er für sämtliche Radlasten und Reibungsverhältnisse konstant.
Der Ursprung des Vektors der zur Verfügung stehenden Kraft geht vom Reifenaufstandspunkt aus und beschreibt bei der Drehung um diesen Punkt einen Kreis.

Die maximale Kraft, die, egal in welcher Richtung, auf die Fahrbahn, übertragen werden kann, bewegt sich also immer innerhalb des Kamm'schen Kreises mit dem Radius $f \cdot C$.

Wenn der Fahrer zum Beispiel beim Bremsen den gesamten zur Verfügung stehenden Kraftschluss $f \cdot C$ in Längsrichtung ausnützt, kann er nicht zusätzlich lenken, da keine weitere Komponente zur Übertragung der Kräfte quer zum Fahrzeug vorhanden ist.

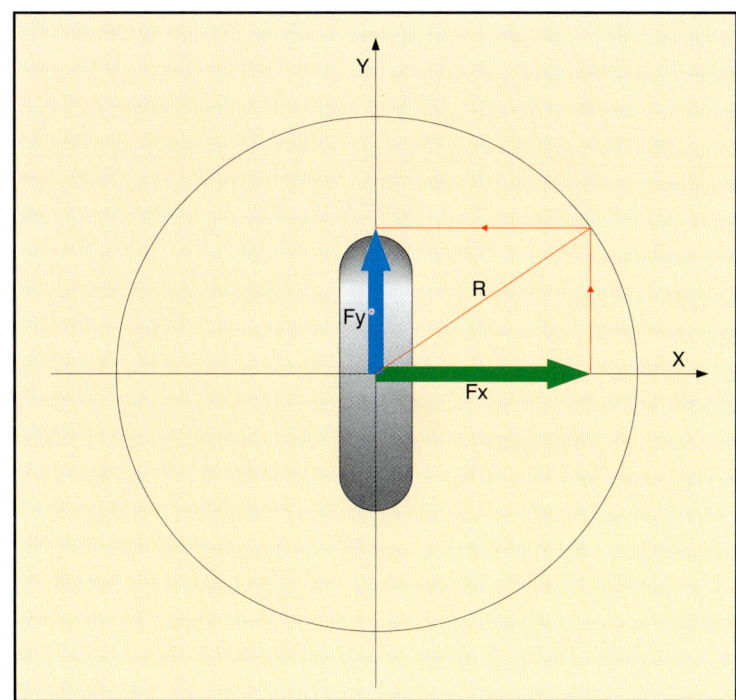

Abbildung 8.2: Kamm´scher Kreis.
Zerlegung der Kraftschlussresultierenden in ihre Komponenten, die Seitenführungskraft F_x und die Kraft F_y in Längsrichtung. In Kurven kann also die Seitenführungskraft F_x die Werte der maximalen Zugkraft beim Beschleunigen erreichen.

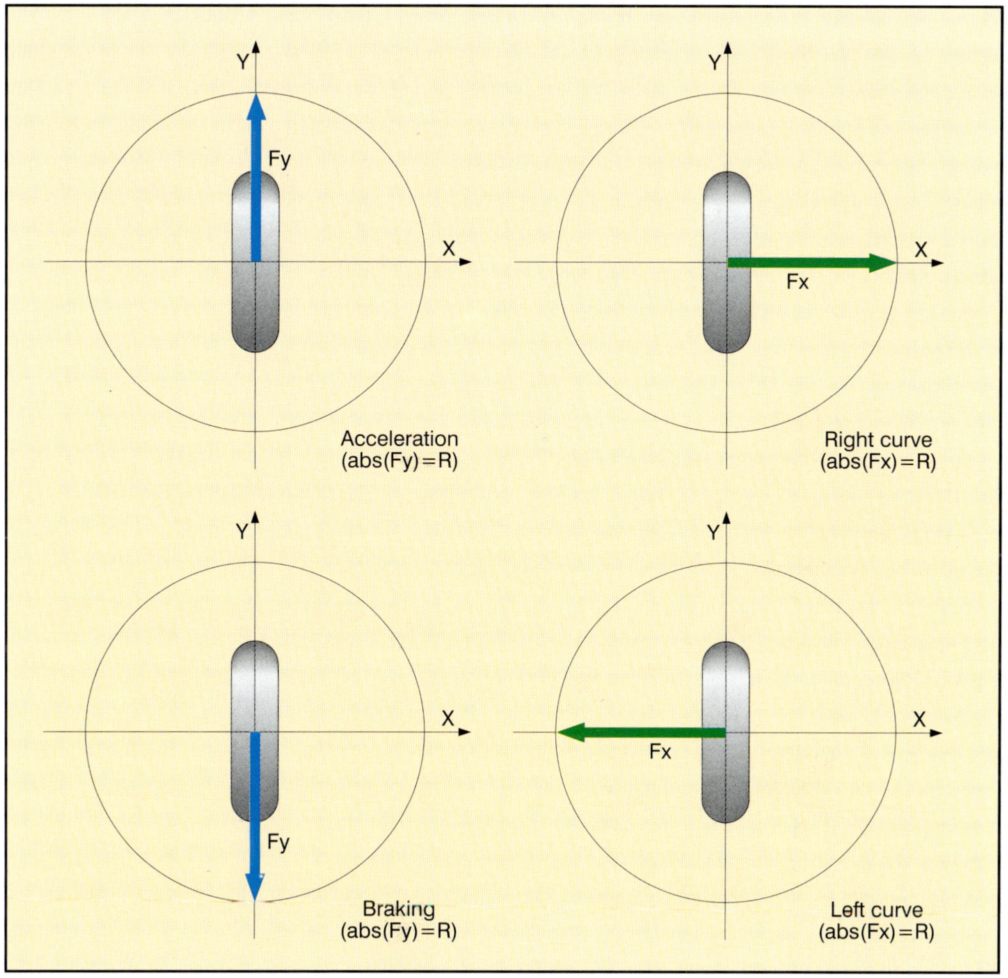

Die Fahrbahn stellt also einen genau definierten Betrag an übertragbaren Kräften, sozusagen einen Kräftebonus, zur Verfügung. Wenn dieser Betrag ausgenützt wird, stehen keine zusätzlichen Kräfte zur Verfügung. Daher kann eine Lenkbewegung nur bei geringerer Beanspruchung der Längskräfte stattfinden.

Mit anderen Worten, um das Motorrad im Gleichgewicht zu halten, müssen die Anforderungen an die Reifen immer auf das Innere des Kamm`schen Kreises beschränkt bleiben.

In der Praxis verhält sich der Reifen aus produktionstechnischen Gründen in Längs- und Querrichtung unterschiedlich. Der theoretische Kamm´sche Kreis verwandelt sich, abhängig vom Reifentyp, in eine Ellipse. Zur Vereinfachung beziehen wir uns aber weiterhin auf das theoretische Modell.

Rennreifen für Straßenrennen überbieten nicht nur den maximal theoretischen Kraftschlussbeiwert von 1, sie erreichen sogar Werte von 1,2 bis 1,3.
Die außergewöhnliche Leistungsfähigkeit der Reifen ermöglicht es heutigen Grand Prix-Fahrern, mehr als 50 Grad Schräglage zu fahren.

Dieses Leistungsniveau erreichen die Hersteller dadurch, dass sie dem Reifen Eigenschaften ähnlich eines Kaugummis mitgeben. Man kann sogar davon spre-

Acceleration
(abs(Fy) = R)

Right curve
(abs(Fx) = R)

Braking
(abs(Fy) = R)

Left curve
(abs(Fx) = R)

Abbildung 8.3: Theorie des Kamm´schen Kreises.
Acceleration = Beschleunigung
Right curve = Rechtskurve
Braking = Bremsen
Left curve = Linkskurve

chen, dass sich der Reifen mit der Fahrbahn verzahnt. Damit gilt das oben beschriebene traditionelle Newton´sche Grundgesetz der Reibung nur noch bedingt.

Nur unter ganz bestimmten Bedingungen ist es möglich, derart hohe Reibwerte zu erreichen.

Zum einen ist der Temperaturbereich, bei dem diese Reifen solche Reibwerte liefern relativ schmal. Bei kalten Reifen ist der Reibungskoeffizient niedrig. Wenn die Temperaturen zu hohe Werte erreichen, bricht er ebenfalls zusammen, während der Verschleiß gleichzeitig schlagartig zunimmt.

Um im Rennsport stets die besten Bedingungen zu erzielen, stehen dem Rennfahrer ein Anzahl unterschiedlicher Reifen zur Verfügung. Sie unterscheiden sich, abhängig vom Straßenbelag und den Temperaturbedingungen, im Aufbau und der Mischung. Fahrbahnbelag und Streckenführung haben starken Einfluss auf die Reifentemperatur.

Temperaturprobleme können das Fahrverhalten beeinträchtigen. In Schräglage wandert die Reifenaufstandsfläche seitlich aus. Da der Reifen Antriebskräfte übertragen muss und gleichzeitig Fliehkräften ausgesetzt ist, heizt er sich beträchtlich auf. Auf einigen Kursen mit überwiegend Rechtskurven erreichen die Reifen die optimalen Temperaturen nur auf der am stärksten beanspruchten Seite des Reifens. Der Rennfahrer muss bei den wenigen Linkskurven also vorsichtig sein, da die Reifen dann weniger Haftung bieten.

Obwohl die Reifen moderner Sportmotorräder weniger empfindlich auf unterschiedliche Temperaturen reagieren, benötigen sogar sie zumindest eine kurze Zeit zum Anwärmen, um die optimale Haftung aufzubauen.

Weiche, profillose Reifen, die nur auf der Rennstrecke zum Einsatz kommen, bezeichnet man als Slicks.

Bei Regen erfordert die Drainage des Wassers mehr oder weniger stark ausgeprägte Profilrillen.

Reifen für Offroad-Motorräder stellen einen besonderen Fall dar, da sie für die maximale Übertragung von Antriebskräften auf Pisten mit geringem Reibwert konstruiert sind.

Stark konturierte Rillen und geringer Luftdruck kennzeichnen solche Reifen.

Für den Straßeneinsatz sind sie allerdings nur bedingt tauglich, wegen:
- Starker Geräuschentwicklung;
- Starken Driftwinkeln;
- Hohem Verschleiß der Lauffläche.

Beim Einsatz auf unbefestigtem, losem Untergrund entfalten Offroad-Reifen ihr volles Potenzial. Da sich die Stollen in die Erde eingraben, lässt sich der Begriff vom Kraftschlussbeiwert hier nicht mehr exakt anwenden. In diesem Fall kann man von einer echten geometrischen Verzahnung oder einer Verbindung von Rad und Fahrbahn ausgehen, bei der das Muster des Profils sowie die Höhe und der Abstand der Stollen über die Traktion entscheiden.

Jedes Gelände, egal ob felsig, schlammig oder sandig, erfordert ein passendes Profil.

Aquaplaning

Dieser Begriff beschreibt ein Phänomen, bei dem eine Wasserschicht zwischen Reifen und Fahrbahn den Fahrbahnkontakt beeinträchtigt.

Ähnlich der hydrodynamischen Schmierung nimmt mit steigender Geschwindigkeit die Radaufstandsfläche progressiv ab, bis eine vollständige Trennung zwischen Rad und Fahrbahnoberfläche eintritt.

Der Kraftschluss geht gegen null und das Fahrverhalten des Motorrads wird problematisch.

Um vollständiges Aufschwimmen zu vermeiden oder zu verzögern, muss das Wasser in der Aufstandsfläche des Reifens schnell ablaufen.

Der Reifen benötigt deshalb geeignete Profilrillen, die das Wasser seitlich ableiten. Aber auch die Beschaffenheit der Fahrbahnoberfläche kann dazu beitragen, Aquaplaning zu vermeiden.

Forschungen namhafter Reifenhersteller haben zur Entwicklung von Reifen geführt, die selbst bei nassen Fahrbahnen hervorragend funktionieren. Aquaplaning tritt dann nur noch bei einem extrem dicken Wasserfilm auf.

Merke: Zunehmender Reifenverschleiß führt zu einer drastischen Abnahme der Wasserdrainage.

Die breiten Reifen von Supersportmotorrädern, besonders in abgefahrenem und abgeplattetem Zustand können selbst bei geringen Geschwindigkeiten und leichter Beschleunigung zur Gefahr werden.

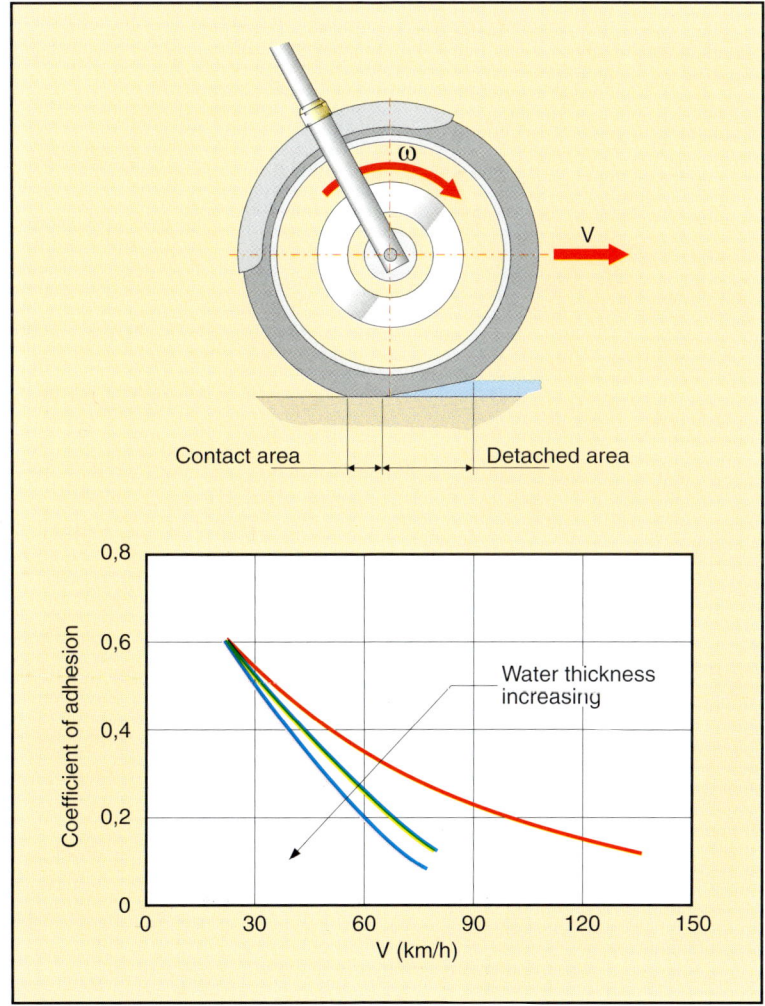

Abbildung 8.4: Aquaplaning.
Contact area = Kontaktfläche Detached area = aufschwimmender Bereich Water thickness increasing = zunehmende Dicke des Wasserfilms Coefficient of adhesion = Kraftschlussbeiwert

Rollwiderstand

Der Rollwiderstand der Reifen hängt hauptsächlich von der Hysterese des Werkstoffs, aus dem die Reifen hergestellt sind und zum Teil vom Widerstand zwischen Reifen und Fahrbahn, der Reibung der Radlager und dem Luftwiderstand der auf den Reifen wirkt, ab.
In der Praxis ergibt folgende Gleichung die Abhängigkeit des Rollwiderstands:

Gleichung 8.1

$$F_R = f \cdot N$$

Dabei bezeichnet **N** erneut die vertikale Radlast. F_R charakterisiert einen Wert, der analog dem Kraftschlussbeiwert ist und von einer Reihe von Parametern abhängt: Zum Beispiel dem Luftdruck, den Abmessungen der Räder, dem Aufbau und Werkstoff der Reifen, der Radlast, der Temperatur, der Beschaffenheit der Fahrbahn und ganz speziell der Geschwindigkeit.

Abbildung 8.5: Rollwiderstand.
Rolling resistance = Rollwiderstand
Velocity = Geschwindigkeit
Conventional tires = Diagonalreifen
Radials = Radialreifen

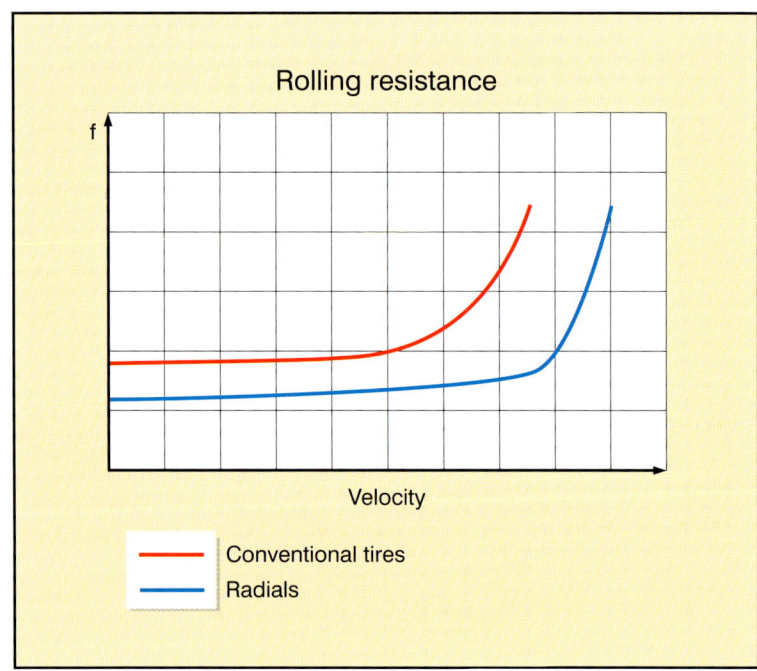

Der Rollwiderstand nimmt, abhängig von der Geschwindigkeit und anderen Parametern, beträchtlich zu.

Die Konstruktion der Reifen spielt eine entscheidende Rolle. Sogenannte Radialreifen haben zum Beispiel einen steiferen Aufbau am Umfang und reagieren dadurch unempfindlicher auf höhere Geschwindigkeiten.

Alle Reifen haben eine kritische Geschwindigkeit. Darüber nimmt der Fahrwiderstand drastisch zu, es treten strukturelle Schwingungsprobleme auf.

Über diesem Limit, das der Fahrer keinesfalls überschreiten darf, tritt eine Überhitzung der Reifen aufgrund der Werkstoffhysterese ein, die schnell zu hohem Reifenverschleiß führt.

Deshalb sind Reifen in unterschiedliche Geschwindigkeitsklassen unterteilt:

V für Reifen über 210 km/h;
H für Reifen bis 210 km/h;
S für Reifen bis 180 km/h und so weiter.

Aus Sicherheitsgründen ist es beim Tausch abgefahrener Reifen nicht erlaubt, Reifen mit geringerem Geschwindigkeitsindex zu verwenden, selbst wenn sich dadurch Geld sparen lässt.

Die Druckverteilung des Reifens in der Aufstandsfläche ist höchst ungewöhnlich und der Schwerpunkt in der Regel gegenüber der Projektion der Radachse auf die Fahrbahn, siehe Abbildung 8.6, verschoben.

Daraus resultiert ein **positiver oder negativer natürlicher Nachlauf**, der ein eigenes **Rückstellmoment** erzeugt.

Dieses geometrische, für jeden Reifen spezifische Maß, addiert oder subtrahiert sich zum geometrischen Nachlauf der Lenkgeometrie des Motorrads.

Obwohl sein Betrag viel geringer ausfällt als der geometrische Nachlauf, sollte er doch berücksichtigt werden.

Selbstverständlich hat jeder Reifen ein unterschiedliches Verformungsverhalten und deshalb eine unterschiedliche Druckverteilung.

Dadurch erklärt sich auch die **Änderung des Fahrverhaltens bei der Montage anderer Reifen**.

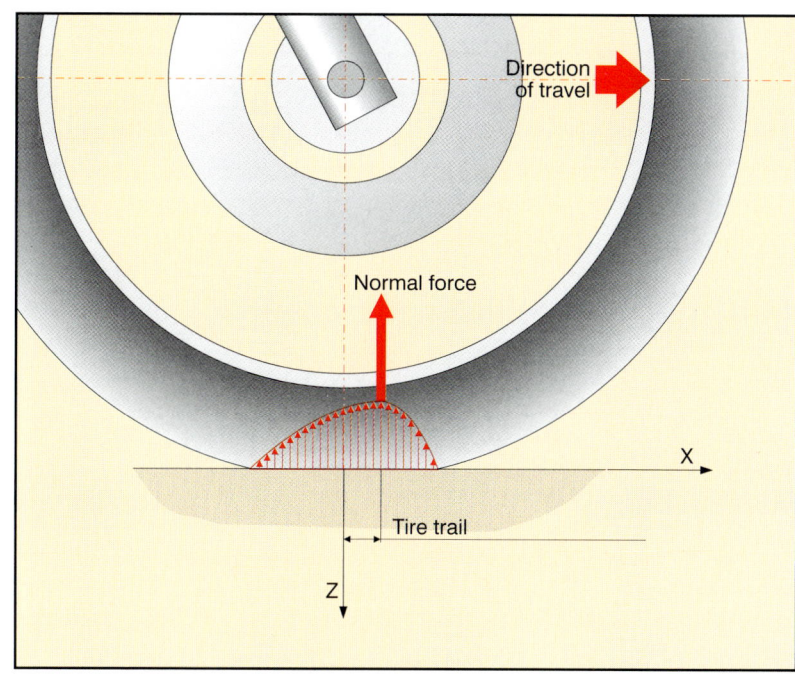

Abbildung 8.6: Reifennachlauf.
Direction of travel = Fahrtrichtung   Normal force = Normalkraft
Tire trail = Reifen-Nachlauf

Vergleich zwischen Schlauch- und Schlauchlosreifen

Schlauchlosreifen werden ohne Schlauch zwischen Rad und Reifen direkt auf der Felge montiert.

Schlauchlosreifen finden immer größere Verbreitung, da sie folgende **Vorteile** bieten:

- Geringes Gewicht, und somit geringere ungefederte Massen, da der Schlauch fehlt;
- Geringere Erwärmung, wegen der fehlenden Reibung zwischen Schlauch und Reifen;
- besserer Wärmeübergang, da die Temperatur nicht durch eine zusätzliche Schicht abgebaut werden muss; Zudem wirkt die Luft zwischen Reifen und Schlauch als Isolator.
- Größere Sicherheit: Wenn der Reifen ein Loch hat entweicht der Luftdruck langsamer, der Fahrer hat Zeit das Problem zu erkennen und kann anhalten bevor der Reifen platt ist.
Wenn ein spitzer Gegenstand den Reifen durchbohrt und im Reifen stecken bleibt ist es manchmal sogar möglich, bis zur Reparatur mit geringer Geschwindigkeit noch ein Stück weit zu fahren.
- Das Problem der Beschädigung des Ventils durch ein Verdrehen des Schlauchs auf der Felge kann nicht mehr auftreten.

Nachteile:

- Höhere Herstellungskosten wegen der Abdichtung des Reifens auf der Felge.

Reifenschlupf

Grundlegend gilt:

Es gibt keine Kraftübertragung ohne Schlupf, sowohl beim Bremsen als auch während der Beschleunigung.

Folgender Ausdruck definiert den Schlupf:

Gleichung 8.2

$$\sigma = \frac{\omega}{\omega_0} - 1$$

wobei ω die Winkelgeschwindigkeit des Rads, siehe Abbildung 8.7 ist.

Gleichung 8.3

$$\omega_0 = \frac{v}{h} - 1$$

bezeichnet die Winkelgeschwindigkeit des Rads, also die Rotation eines Reifens mit der Geschwindigkeit v und dem Abstand der Radachse zur Fahrbahn, also dem Radius h.

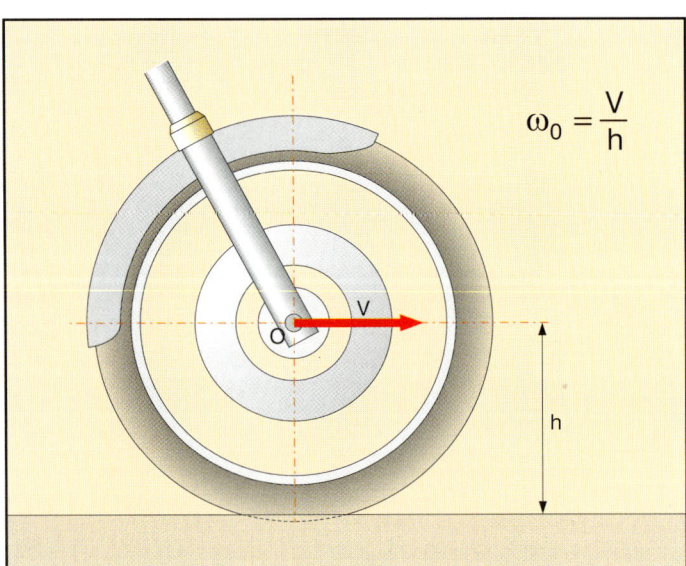

$$\omega_0 = \frac{v}{h}$$

Abbildung 8.7: Winkelgeschwindigkeit des Rads.

Der Betrag des Schlupfs hat beim Beschleunigen ein positives, beim Bremsen ein negatives Vorzeichen.
Die dargestellte Illustration bezieht sich auf "Genta Automobile mechanics".

Betrachten wir ein Rad, an dem ein Bremsmoment angreift:
h sei der Radhalbmesser, v die Geschwindigkeit der Radachse, also die Geschwindigkeit des gebremsten Rads, und ω die Winkelgeschwindigkeit des Rads.

Gleichung 8.4

$$h = \frac{v}{\omega}$$

ist der Rollradius des Rads.

Gleichung 8.5

$$\omega_0 = \frac{v}{h}$$

mit der Winkelgeschwindigkeit eines rotierenden Rads mit dem Radius h, das sich nicht verformt.

Die Bremssättel verzögern oder blockieren im Extremfall die Drehung des Rads vollständig, während die Geschwindigkeit des Fahrzeugs aufgrund der Massenträgheitskraft langsamer abnimmt. Wenn also beim Bremsen ω abrupt sinkt wird v und damit $\dfrac{v}{h}$ nur allmählich kleiner.

Das bedeutet, dass

$$\omega_0 > \omega$$

Abbildung 8.8 kann bei der Veranschaulichung dieses Zustand helfen: **C** bezeichnet den Momentanpol der Drehbewegung des Rads. Aus diesem Grund ist die Länge des Segments **OC** gleich dem Radius **h**. Der Punkt **C** sinkt beim Bremsen unter die Fahrbahn ab und bestimmt den Betrag des Schlupfs, siehe oben.

Gleichung 8.6

$$\sigma = \frac{\omega}{\omega_0} - \boldsymbol{1}$$

Dieser Wert ist **beim Bremsen negativ**.

Im umgekehrten Fall verschiebt sich **beim Beschleunigen** der Momentanpol der Drehbewegung über die Fahrbahn. Die Winkelgeschwindigkeit des Rads nimmt schneller zu als die Fahrgeschwindigkeit, der **Schlupf wird positiv**.

In der Literatur nennt man Diagramme, welche die auf den Reifen wirkenden Kräfte unter verschiedenen Lastzuständen und Haftreibungsbeiwerten zeigen μ-Schlupfkurven.

Abbildung 8.10 zeigt typische μ-Schlupfkurven, bei denen die x-Achse den Schlupf in Prozent angibt, während auf der y-Achse der Kraftschlussbeiwert aufgetragen ist. Offensichtlich verändert sich der Koeffizient abhängig davon, ob die Fahrbahn trocken oder nass ist, ganz erheblich.

Selbstverständlich ist dieses Diagramm nicht sehr umfassend und beinhaltet nicht alle Fahrzustände. Es stellt die Bedingungen bei trockener und feuchter Fahrbahn bis zum sintflutartigen Wolkenbruch dar.
Auf jeden Fall zeigen die Kurven, dass bereits bei beginnender Feuchtigkeit Vorsicht geboten ist.
Die "dramatischen" Bedingungen, die bei Schnee oder Eis auftreten erklären die Schwierigkeiten, das Fahrzeug zu kontrollieren.

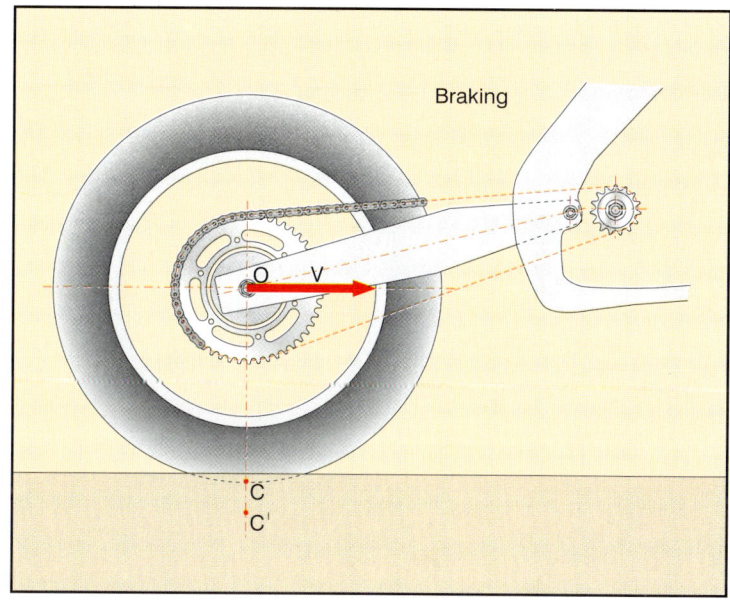

Abbildung 8.8: Bremsen.
Braking = Bremsen

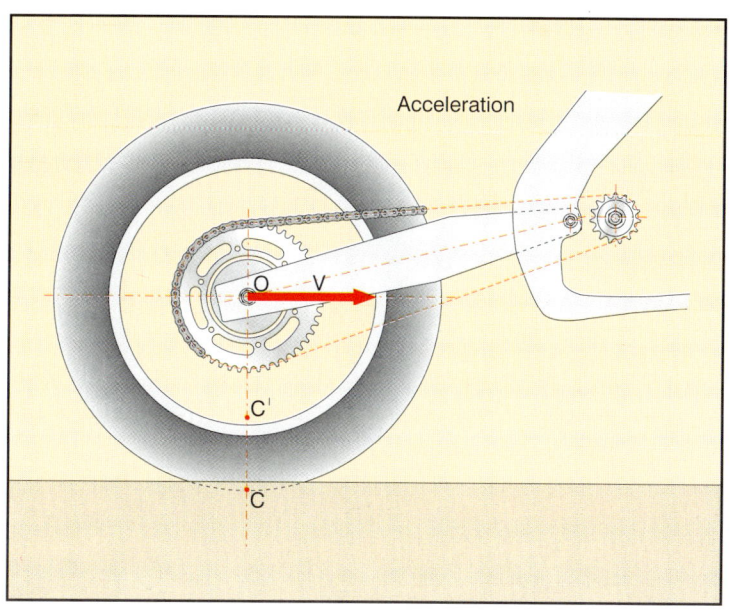

Abbildung 8.9: Beschleunigen.
Acceleration = Beschleunigung

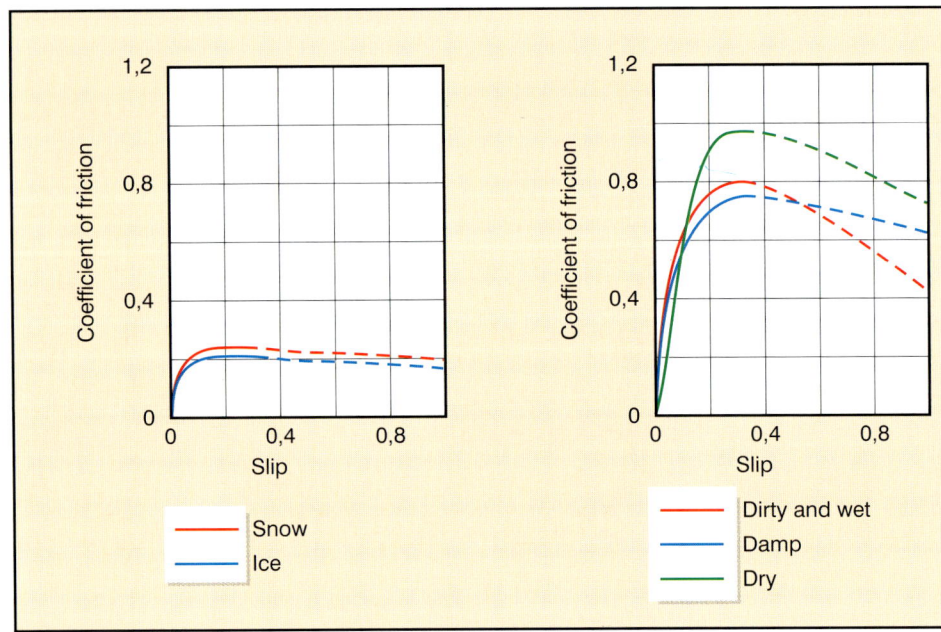

Abbildung 8.10: Kraftschlussbeiwert und Schlupf.
Coefficient of friction = Kraftschlussbeiwert
Slip = Schlupf
Snow = Schnee
Ice = Eis
Dirty and wet = schmierig
Damp = feucht
Dry = trocken

Abbildung 8.11 zeigt, wie der Reibungskoeffizient zunimmt. Deshalb ist es möglich, von dem Punkt wo der Schlupf zunimmt, bis zu seinem maximalen Wert, mehr Drehmoment zu übertragen. Mit zunehmendem Schlupf nimmt der Reibwert dann wieder ab.

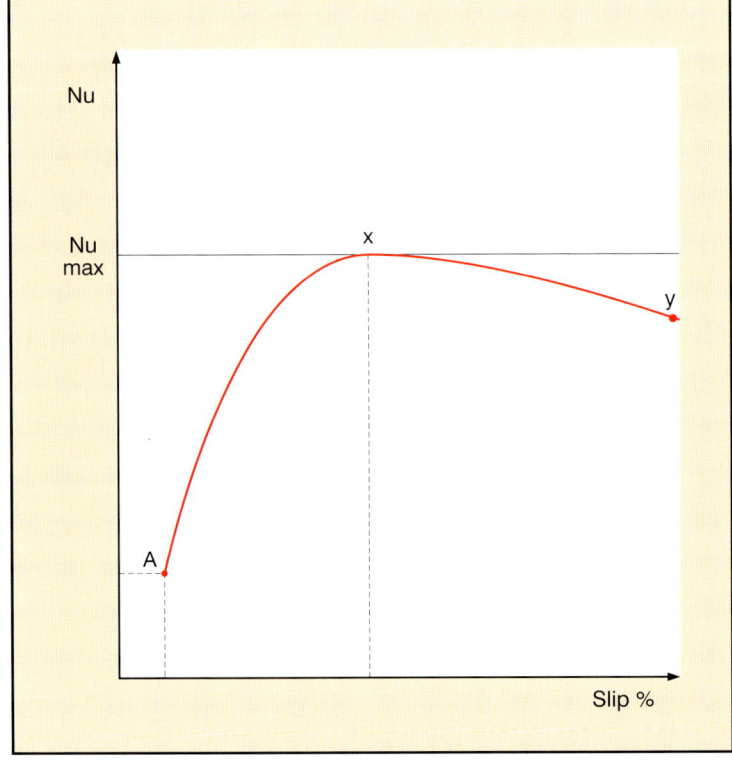

Abbildung 8.11:
Haftreibungsbeiwert
und Schlupf.
Nu = η
Nu max = η_{max}

Hinweise zu Drifts auf Rennstrecken

Nach der Änderung des Haftreibungskoeffizienten betrachten wir uns sogenannte Powerslides. Dabei hält der Fahrer das Hinterrad beim Beschleunigen aus Kurven heraus in hohem Schlupf.

Nur die besten Rennfahrer, die mit dieser Technik vertraut sind, wenden auf Rennstrecken solche virtuosen Manöver an.

Die wichtigste Voraussetzung sind Slicks ohne Profilrillen. Die Hersteller haben im letzten Jahrzehnt sorgfältige Untersuchungen angestellt, die zu erstaunlichen Forschungs- und Entwicklungsergebnissen führten.

Ihre verbesserten Eigenschaften gipfelten in einem höheren Reibwert.

Deswegen wirken sich Änderungen des Reibwerts weniger auf den Schlupf aus. Die μ-Schlupfkurve in Diagramm 8.11 fällt nach dem Erreichen des Maximums relativ flach ab und hat eine deutlich geringere Steigung als vor dem Maximum.

Für optimale Kurvengeschwindigkeiten sollte der Fahrer stets den höchsten verfügbaren Kraftschluss nutzen, also den Bereich bei dem er sich am höchsten Punkt x des Diagramms aufhält.

Dieser Idealzustand verlangt jedoch eine sensible Reaktion des Fahrers, da im Bereich des höchsten Punkts bei Zu- oder Abnahme der übertragbaren Kräfte der Haftreibungskoeffizient und damit die Möglichkeit zum Beschleunigen oder Verzögern beträchtlich abnimmt.

Beim Beschleunigen aus Kurven halten versierte Rennfahrer das Hinterrad dagegen in hohem Schlupf. Es arbeitet dann im flachen Bereich der Kurve zwischen x und y.

Daher verursacht ein plötzlicher Drift des Reifens beim harten Beschleunigen oder der kurzzeitige Verlust des Fahrbahnkontakts bei einer Bodenwelle eine geringere Änderung des Haftreibungsbeiwerts und somit des übertragbaren Antriebsmoments.

Wenn das Hinterrad kontrolliert driftet, will sich das Motorrad zudem in die Kurve eindrehen. Es nimmt daher früher die Richtung des Kurvenverlaufs ein, wodurch der Fahrer die Kurve schneller passiert.

In der Praxis benützt ein Rennwagen mit Heckantrieb, der mit driftendem Heck übersteuernd eine Kurve fährt die selbe Technik.

Auf der Rennstrecke wenden dank der fortschrittlichen Reifentechnologie, dem Fahrverhalten moderner Rennmotorräder und der Radaufhängungen, die sich immer besser für solche Manöver eignen, immer mehr Rennfahrer diese Technik an.

Die Fahrwerksreaktionen während dem Driften bewegen sich jedoch innerhalb eines derartig schmalen Bereichs, den zwar der Rennfahrer wahrnimmt, der Zuschauer aber nicht erkennen kann.

Der Zuschauer registriert nur dann eine deutliche Bewegung, wenn der Rennfahrer durch zu starkes Öffnen des Gasgriffs einen Drift mit dem Hinterrad sichtbar macht.

Selbst wenn die Theorie von den Mechanismen des Driftens einfach und sinnvoll erscheint, sind solche Manöver mit extrem hohem Risiko behaftet. Da das Driften Erfahrung und Geschick erfordert, kommt es für Straßenmotorräder mit Straßenreifen auf öffentlichen Straßen nicht in Frage.

Schräglaufwinkel

Beim Kurvenfahren wirken Seitenführungskräfte auf die Reifen. Da die Reifen jedoch keine starren Körper sind verformen sie sich unter der Einwirkung der Kräfte. Die Richtung der Reifen stimmt dann nicht länger mit der Richtung der Felgen überein. Das Rad nimmt also eine andere Drehebene als der Reifen ein. Diesen Effekt bezeichnet man als **Schräglauf**. Er ist bei vierrädrigen Fahrzeugen ein bekanntes Phänomen.

Abbildung 8.12 zeigt die Auswirkung des Schräglaufs in Kurven unter der Annahme, dass das Fahrzeug absolut senkrecht steht. Der Kurvenradius und die momentane Richtung des Motorrads unterscheiden sich geringfügig von dem durch die Radachse festgelegten Radius.

Abbildung 8.12: Reifenschräglauf in Kurven:

O: **Zentrum der Kreisbahn des Fahrzeugs;**

G: **Fahrzeugschwerpunkt;**

wb: **Radstand;**

b: **Abstand zwischen CG und dem Aufstandspunkt des Hinterrads;**

α_1: **Schräglaufwinkel vorn;**

α_2: **Schräglaufwinkel hinten;**

v_1: **Geschwindigkeit des Vorderrads;**

v_2: **Geschwindigkeit des Hinterrads;**

δ: **Lenkwinkel des Vorderrads;**

β: **Winkel der Bahnkurve des Schwerpunkts.**

α_1 **bezeichnet den Winkel zwischen dem Lenkeinschlag des Vorderrads und der Drehebene, in der es sich bewegt.**

α_2 **gibt den Winkel zwischen der Richtung des Hinterrads und der Drehebene an, in der es sich bewegt.**

Die Gerade zwischen dem Schnittpunkt **O** der beiden Lotrechten der Geschwindigkeiten **v**$_1$ und **v**$_2$ und dem Schwerpunkt **G** bestimmen den Kurvenradius **r**.

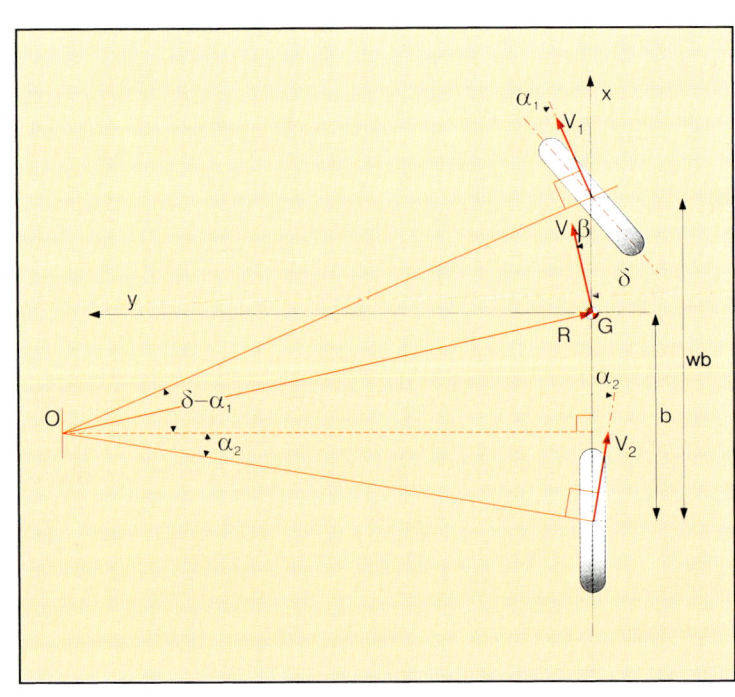

Eine Anzahl von Parametern legt den Schräglaufwinkel fest.

- **Die Radlast:** *Je höher die Radlast ist, umso größer ist der Schräglaufwinkel.*

- **Der Luftdruck der Reifen:** *Mit steigendem Luftdruck im Betrieb nimmt der Schräglaufwinkel ab.* Der Luftdruck darf jedoch nicht die für den Reifen festgelegten Werte übersteigen.
Das mag überraschend erscheinen, wenn man annimmt, dass Reifen mit niedrigem Luftdruck eine bessere Straßenlage haben.

Um diese Feststellung zu demonstrieren, sollte man ein Experiment mit dem Pkw durchführen, nicht jedoch mit dem Motorrad.
Dazu verringert man den Luftdruck in den Vorderreifen auf den niedrigsten, zulässigen Wert. Die Herstellerangaben zu unterschreiten kann gefährlich werden. An den Hinterreifen geht man genau umgekehrt vor und erhöht den Druck auf das Maximum. Nun kann der Fahrer feststellen, dass das Fahrzeug zum Untersteuern neigt. Wenn man diesen Prozess umdreht, indem man den Luftdruck in den Vorderreifen erhöht und in den Hinterreifen absenkt, neigt das Fahrzeug zum Übersteuern.

- **Auswirkung von Längskräften, wie Antriebs- und Bremskräften:** Wenn eine Zug- oder Bremskraft wirkt, der Fahrer in Kurven also bremst oder beschleunigt, nehmen die Schräglaufwinkel zu. Diese Reaktion lässt sich beim Fahrverhalten von Motorrädern täglich beobachten.

- **Der Reifentyp und seine Konstruktion**: Zum Beispiel Radial- oder Diagonalreifen, Sport- oder Tourenpneus mit wenig Profil oder einem Profil für gute Wasserdrainage, Slicks oder Reifen mit vielen, tiefen Profilrillen.

Neutrales Fahrverhalten, Über- oder Untersteuern

Wie wirkt sich der Schräglauf bei einem Motorrad mit konstanter Kurvengeschwindigkeit aus?

Abbildung 8.13 zeigt, was unter geometrischen Gesichtspunkten passiert:

wobei:
wb der Radstand;
A der Mittelpunkt des Vorderrads;
B der Mittelpunkt des Hinterrads;
α_1 der Schräglaufwinkel des Vorderrads und
α_2 der Schräglaufwinkel des Hinterrads ist.

Das Fahrzeug kann dabei folgende Bedingungen erfüllen:

1. Die Schräglaufwinkel an Vorder- und Hinterrad sind gleich $\alpha_1 = \alpha_2$

Bei geringen Geschwindigkeiten gehen die Schräglaufwinkel gegen null. Die Lenkung arbeitet kinematisch exakt. Der Kurvenmittelpunkt liegt im Punkt O und der Kurvenradius entspricht der Strecke zwischen O und dem Schwerpunkt G des Motorrads.

Der Winkel δ den die Lotrechten zu der Bahnkurve der Räder bilden entspricht annähernd dem Winkel der Lotrechten der Räder.

Gleichung 8.7

$$\delta \approx tan\ \delta = \frac{l}{r}$$

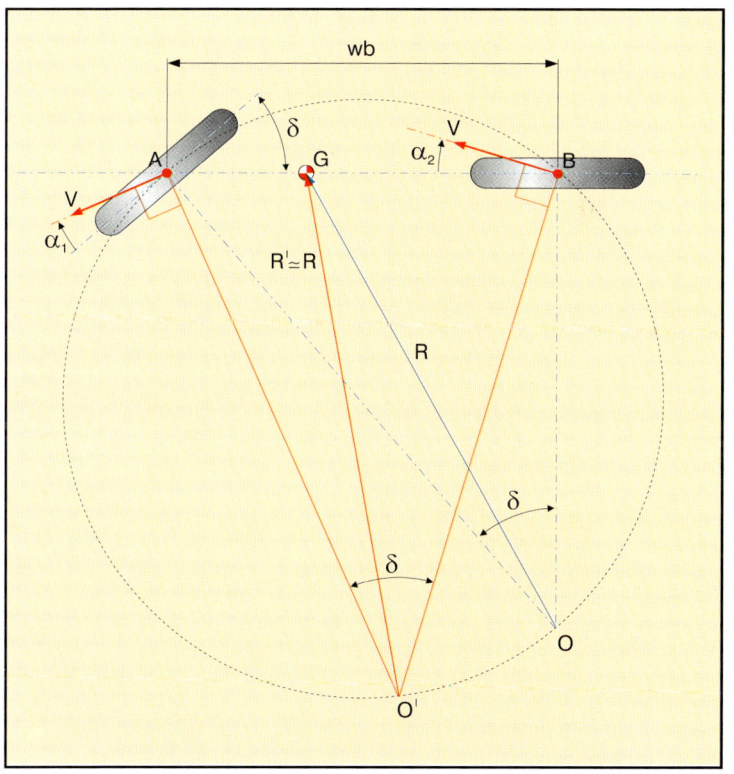

Abbildung 8.13: Neutrales Fahrverhalten.

Wenn die Geschwindigkeit zunimmt ist der Schräglaufwinkel jeden Rads nicht mehr gleich null. Wenn die Schräglaufwinkel an Vorder- und Hinterrad identisch sind, behält der Winkel RO'A zwischen den Lotrechten zu den Radgeschwindigkeiten den gleichen Wert δ wie für den Schräglaufwinkel null Grad. Deshalb befindet sich das neue Zentrum O' auf einem Kreis, der durch A,R und O geht.
Da r grundsätzlich viel größer als der Radstand des Motorrads ist, können wir für diesen Fall r' und r gleichsetzten.
Der Kurvenradius bleibt deshalb hinsichtlich der Lenkkinematik unverändert, **das Fahrzeug wird als neutral bezeichnet**.

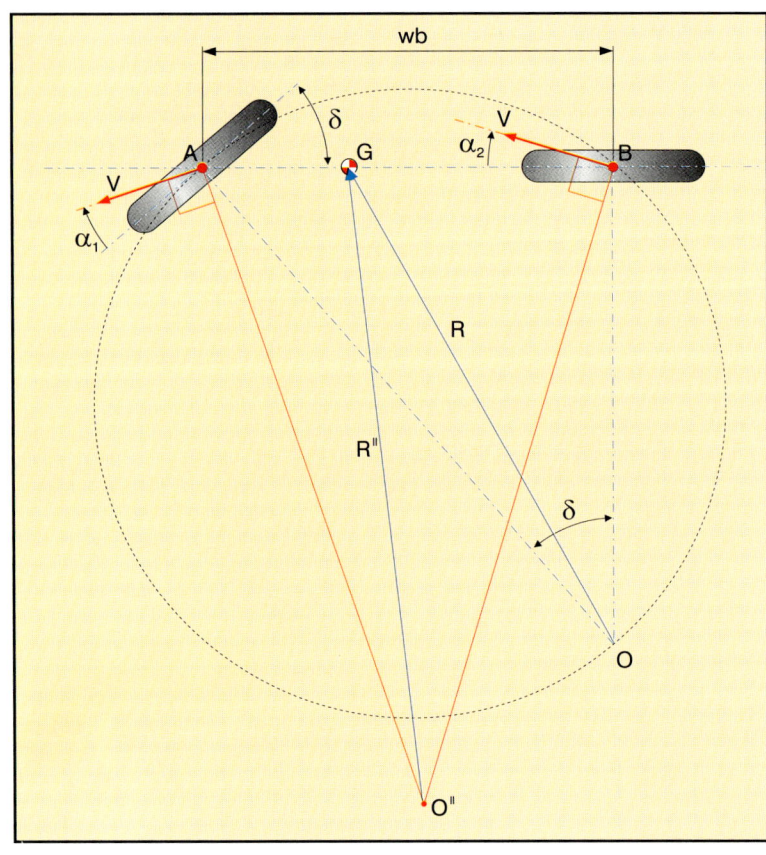

Abbildung: 8.14: Untersteuern.

Wenn man für das Vorder- und Hinterrad gleiche Steifigkeiten annimmt, hätte ein neutrales Motorrad mit einem optimalen Fahrverhalten eine Radlastverteilung von jeweils 50 Prozent auf Vorder- und Hinterrad, wodurch die Schräglaufwinkel an beiden Rädern übereinstimmen würden.

In der Praxis unterscheiden sich die Steifigkeiten und Abmessungen an Vorder- und Hinterrad jedoch ganz erheblich, ganz abgesehen von anderen Parametern, welche die Schräglaufwinkel beeinflussen.

Erfahrene Motorradfahrer wissen, dass die Zeitspanne beim Kurvenfahren mit geschlossenem Gasgriff und konstanter Geschwindigkeit sehr kurz ist. Grundsätzlich ist es zwar wichtig, in diesem Moment die optimale Geschwindigkeit zu erreichen. Es ergibt sich deshalb aber kein wesentlicher Zeitgewinn in bestimmten Streckenabschnitten oder in den Rundenzeiten.

Der Schräglaufwinkel am Vorderrad ist größer als am Hinterrad, α_1 ist größer als α_2.

Das Motorrad beginnt zu Untersteuern. Es versucht einen größeren Kurvenradius zu fahren, so als ob es geradeaus schiebt.

Der Kurvenmittelpunkt bewegt sich in Richtung O", der Radius r" wird größer als r.

3. Der Schräglaufwinkel am Hinterrad ist größer als am Vorderrad, α_2 ist größer als α_1.

Der Kurvenmittelpunkt liegt in O". r" ist kleiner als r.

Das Motorrad übersteuert
Es will eine engere Kurve fahren. Dadurch steigen die Zentrifugalkräfte und versuchen, das Heck radial zur Kurvenaußenseite zu drängen.

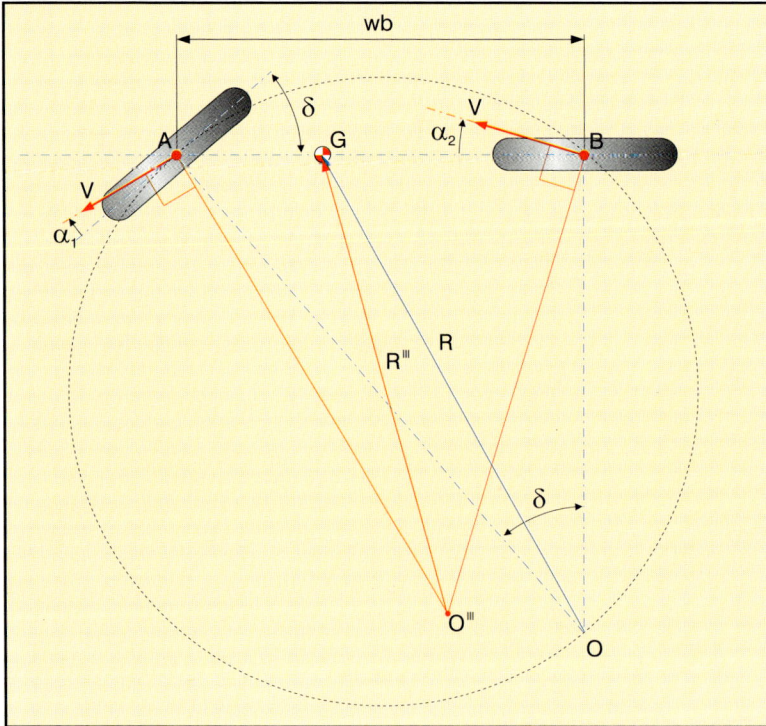

Abbildung 8.15: Übersteuern.

Vergleich zwischen Unter- und Übersteuern bei Autos und Motorrädern.

Die selben Erscheinungen treten auch bei vierrädrigen Fahrzeugen, speziell mit Frontantrieb auf. Deren Anzahl nimmt ständig zu.

Autos mit Frontmotor und Vorderradantrieb zeichnen sich durch große Schräglaufwinkel aus, da die Vorderachse

- eine höhere Achslast trägt und

- die Antriebskräfte und einen großen Teil der Bremskräfte überträgt.

Beim Durchfahren einer Kurve mit zu hoher Geschwindigkeit oder unter extremer Beschleunigung neigen alle Autos mit Frontantrieb dazu, über die Vorderräder zu schieben und einen größeren Kurvenradius einzuschlagen.

Der Fahrer kann das Problem durch Verzögern und das Vertrauen in die eigenen Reflexe meistern. Wenn er den Fuß vom Gaspedal nimmt und somit die Antriebskräfte aufhebt verringern sich die Schräglaufwinkel, das Fahrzeug lässt sich leichter auf Kurs halten.

Deshalb gelten untersteuernde Autos als sicherer, da sie intuitiv leichter beherrschbar sind.

Pkws mit Hinterradantrieb, die zudem die meiste Last auf der Hinterachse haben, neigen aufgrund der großen Schräglaufwinkel an den Hinterrädern zum Übersteuern.

In Kurven mit hoher Geschwindigkeit oder starker Beschleunigung drängt das Heck nach außen und versucht, das Fahrzeug in die Kurve einzudrehen.

Der Fahrer muss nun das Lenkrad entgegen der Kurve einschlagen, also **Gegenlenken**. Beschleunigt er weiterhin, gestaltet sich dieses Manöver immer schwieriger.

Deshalb wenden ausschließlich Profis diese spektakuläre Technik auf Rennstrecken an, die einen größeren Spielraum erlauben.

Übersteuernde Autos gelten als besonders fahraktiv. Sie lassen sich jedoch nur von Experten unter bestimmten Bedingungen beherrschen.

Kraftfahrzeugingenieure nehmen durch verschiedene Parameter Einfluss auf das Fahrverhalten, um Schräglaufwinkel zu korrigieren oder beherrschbar zu machen. Sie ändern zum Beispiel die Geometrie der Radaufhängung, deren Abstimmung und so weiter.

Im Motorradbereich ist die Situation schwieriger:

- In der Praxis haben alle Motorräder mit Fahrer eine höhere Hinterradlast.

- Der Antrieb erfolgt immer über das Hinterrad.

- Beim Bremsen tritt aufgrund der großen Radlastverlagerung am Hinterrad eine starke Reaktion auf.

- Deshalb ruht beim Motorrad **im Kurveneingang** aufgrund der hohen dynamischen Radlastverlagerung ein hoher Teil der Last auf dem Vorderrad. Beim Bremsen treten am Vorderrad hohe Schräglaufwinkel auf, es entsteht Untersteuern.

- **Während der Kurvenfahrt** mit geschlossenem Gasgriff bestimmt allein die Radlastverteilung die Schräglaufwinkel. Deshalb tritt leichtes Übersteuern auf.

- **Am Kurvenausgang** verursachen die dynamische Radlastverlagerung und die Antriebskraft beim Beschleunigen einen stärkeren Schräglaufwinkel am Hinterrad. Deshalb tritt dann Übersteuern ein.

Beim Untersteuern also größerem Schräglaufwinkel am Vorderrad gilt:

Es entsteht eine äußerst gefährliche Situation, da der Fahrer versucht den Lenker weiter in Kurvenrichtung einzuschlagen. Die beinahe automatische Folge der "blockierten Lenkung" ist, dass das Hinterrad durch die Zentrifugalkraft nicht länger nach außen schiebt.

Wie wir aus den ersten Kapiteln wissen, *ist die Haftung am Hinterrad von fundamentaler Bedeutung für das Gleichgewicht und das Fahrverhalten des Motorrads.* Bei geringerer Haftung am Vorderrad nimmt das vom Nachlauf verursachte Rückstellmoment abrupt ab. Durch den Verlust der Haftung des Vorderrads endet die Kurvenfahrt höchst wahrscheinlich in einem Rutscher.

Nur ganz wenige Motorradfahrer haben Untersteuern erlebt, ohne erschrocken oder gar gestürzt zu sein.
Rennfahrer können bezeugen, dass der Verlust der Haftung am Vorderrad im günstigsten Fall zumindest Rutscher nach sich zieht.

Beim **Übersteuern**, also größerem Schräglaufwinkel am Hinterrad gilt:

Es ist ebenfalls ein gefährliches Phänomen. In der Praxis stellt sich jedoch heraus, dass sich ein Rutscher am Hinterrad leichter abfangen lässt. Ein erfahrener Motorradfahrer kann das Motorrad durch Gewichtsverlagerung des Körpers nach innen und nach vorn wieder ins Gleichgewicht bringen und gleichzeitig gegenlenken.

Eine derartige Situation kann ziemlich oft, speziell beim harten Beschleunigen auftreten. Die dynamische Radlast verlagert sich auf das Hinterrad, der Schräglaufwinkel am Hinterrad nimmt zu. Solche Situationen lösen oft eine "befriedigende Erfahrung" aus.

Off-Road-Fahrer wenden in der Regel extremes Übersteuern an. Sie können dadurch Kurven oft schneller nehmen.

Das Gewicht des Motorradfahrers spielt bei der Gewichtsverteilung des Motorrads eine entscheidende Rolle. Die vorhergehende Betrachtung zeigt erneut die Bedeutung der Fähigkeiten und der Erfahrung des Fahrers.

Durch Verlagern des Gewichts nach vorn oder hinten kann er nicht nur das Fahrverhalten des Motorrads, sondern auch die Schräglaufwinkel der Reifen beeinflussen und somit große Unterschiede im Fahrverhalten erzielen.

Abbildung 8.16: Übersteuern beim Motorrad.

Vorderreifen

Kapitel 3 hat die Auswirkungen des Nachlaufs auf das stabilisierende Lenkmoment untersucht, das die Stabilität und Manövrierfähigkeit des Motorrad bestimmt. Dieses Kapitel analysiert, wie die Eigenschaften des Reifens den Nachlauf und somit das Fahrverhalten, sowohl bei Geradeausfahrt als auch in Kurven beeinflussen.

-Geradeausfahrt
Die Verformung des Reifens in der Aufstandsfläche bewirkt abhängig von Radlast und Geschwindigkeit eine Veränderung des theoretischen Nachlaufs.

Das erklärt, warum Reifen mit unterschiedlicher Steifigkeit bei starker Zunahme der Vorderradlast zum Beispiel am Kurveneingang mit völlig unterschiedlicher Fahrstabilität reagieren.

- Kurvenfahren
Wie ändert sich nun der Betrag des Rückstellmoments, wenn der Fahrer das Motorrad in die Kurve neigt? Dabei spielt vor allem die Kontur des Reifens eine Rolle.

Zur Vereinfachung geht man von einem Reifen mit kreisförmigem Querschnitt aus.

In diesem Fall rückt, wie in Abbildung 8.17 gezeigt, der Reifenaufstandspunkt im Vergleich zur theoretischen Annahme, bei welcher der Reifen eine Scheibe mit ver-

Einfluss der Reifenkontur auf das Rückstellmoment.

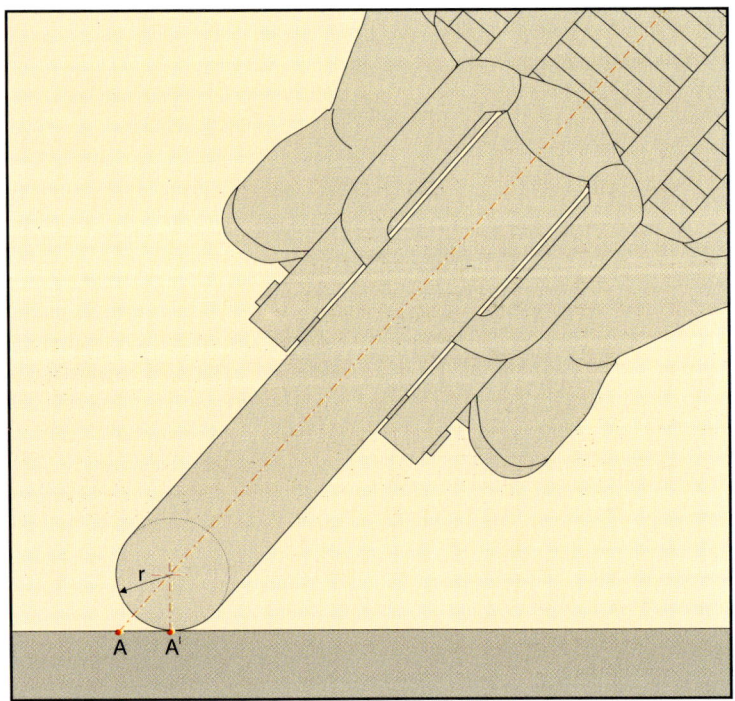

Abbildung 8.17: Auswirkung der Reifenkontur auf das Rückstellmoment.

nachlässigbarer Dicke ist, näher zur Kurveninnenseite. Dieses Verhalten hängt vom Radius, und somit von der Kontur des Reifenquerschnitts ab.

Das rückstellende Moment hängt also im realen Fahrbetrieb in erster Linie von der **Kontur** *des Reifens ab.*

Zudem hängt die Reifenaufstandsfläche von der Steifigkeit des Reifens ab. Durch Änderung der Steifigkeit lässt sich also der Angriffspunkt der wirksamen Kraft verschieben.

Da das Rückstellmoment einen erheblichen Einfluss auf das Fahrverhalten des Motorrads hat, lässt sich festhalten:

Sowohl die Kontur, als auch die Steifigkeit verschiedener Reifen können das Fahrverhalten bei Geradeausfahrt und in Kurven grundlegend verändern.

Im allgemeinen gilt, dass sehr breite Reifen mit flacher Kontur sich auf den Geradeauslauf weniger stabilisierend auswirken, in Kurvenkombinationen aber einen gleichmäßigen Schräglagenwechsel unterstützen.

Schmälere Reifen mit einer v-förmig ausgebildeten Kontur erzeugen eine größere Geradeauslaufstabilität und nähern sich stärker dem theoretischen Modell eines unendlich dünnen Reifens an. Der hat einen einzigen Aufstandspunkt auf der Fahrbahn und bietet eine klarere Rückmeldung in Kurven.

Andererseits ist die Kombination von Reifen und Motorrad derart komplex, dass ein Reifen, der sich auf dem einen Motorrad perfekt verhält auf einem anderen Motorrad ähnlicher Konstruktion noch lange nicht funktionieren muss.
Es kann daher in die falsche Richtung führen, bei der Reifenwahl für das eigene Motorrad nur nach der Reifenkontur zu schauen, da sich die Steifigkeit, die der Reifenunterbau bestimmt, nicht von außen erkennen lässt.

Wie Abbildung 8.17 zeigt, geht die Lenkachse nicht durch die Reifenaufstandsfläche. Wenn also ein Moment auf den Reifen wirkt, will er sich um die Lenkachse drehen. Damit entsteht ein zusätzlicher Einfluss auf den Schräglaufwinkel des Reifens. Die Kontur und die Steifigkeit des Reifens üben damit einen starken Einfluss auf Fahrwerkschwingungen wie Flattern oder Pendeln aus.

Hinterreifen

Der Hinterreifen hat keine große Auswirkung auf das Rückstellmoment der Lenkung.

Ein Hinterreifen hat aus folgenden Gründen einen größeren Querschnitt als ein Vorderreifen:

- Er ist, speziell mit Beifahrer und Gepäck, für höhere Radlasten konzipiert als der Vorderreifen.

- Er erlaubt die Verwendung weicherer Mischungen, ohne übermäßig starken Reifenverschleiß. Im Alltag bedeutet ein größerer Querschnitt ein größeres Verschleißvolumen. Der Einsatz weicherer Mischungen garantiert bessere Haftung.

- Eine breitere Lauffläche bietet mehr Fläche zur Verzahnung mit der Rauhigkeit der Fahrbahn.

Wenn sich der Reifen im Betrieb aufheizt, bekommt er den sogenannten "Kaugummieffekt" und verbindet sich mit der Körnung der Fahrbahn. Daher ist die Haftung umso höher, je größer die Kontaktfläche ausfällt.

Wegen der großen Nachlaufänderungen ist es nicht möglich, einen gleich breiten Reifen auf dem Vorderrad zu montieren, der wegen dem höheren Gewicht und Massenträgheitsmoment zudem einen beträchtlichen Verlust an Handlichkeit verursachen würde.

Die Breite des Hinterreifens beeinflusst das Fahrverhalten folgendermaßen:

- *Wenn die Breite zunimmt, vergrößert sich auch der Kurvenradius.*

Wenn der Fahrer das Motorrad in Schräglage neigt, verschiebt sich die Reifenaufstandsfläche zur Kurveninnenseite. Wie man aus Abbildung 8.18 erkennen kann, versetzt der unterschiedliche Reifenquerschnitt das Motorrad entgegen der Kurvenrichtung. Der Fahrer muss die Lenkung also stärker einschlagen um das Motorrad auf der gewünschten Linie zu halten.

Deshalb hat ein breiterer Reifen Nachteile bei der Handlichkeit.

- *Breitere Reifen reagieren empfindlicher auf Fahrbahnunebenheiten.*

Das klingt im ersten Moment seltsam. Wie Abbildung 8.18 zeigt, verschiebt sich der momentane Reifenaufstandspunkt mit breiten Reifen auf unebener Fahrbahnoberfläche erheblich zur Seite. Somit übt er in der Fahrzeugebene einen Impuls zum Richtungswechsel aus.
Um diese Störgröße zu korrigieren, muss der Fahrer den Lenker einschlagen . Das kann lästige Schwingungen des Lenksystems um die Lenkachse hervorrufen.

Dieses Phänomen nimmt bei abgefahrenen Reifen oder falschem Luftdruck zu.

Rear contact point = Aufstandspunkt des Hinterrads
Front contact point = Aufstandspunkt des Vorderrads
Direction of travel = Fahrtrichtung
Line joining contact points veers to the left =
Die Verbindungslinie der Reifenaufstandspunkte zeigt nach links
Motorcycle leaned towards the right = Das Motorrad neigt sich nach links

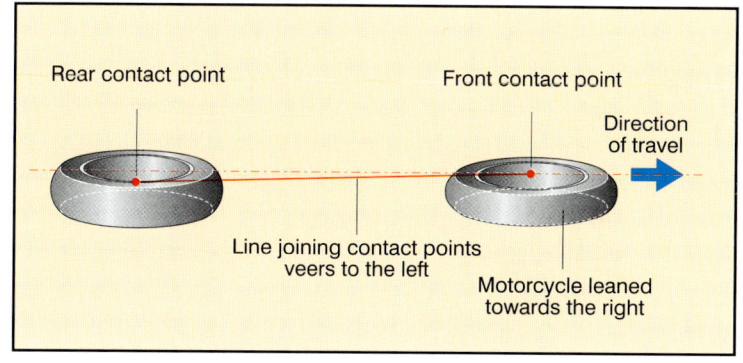

Abbildung 8.18: Rechtsschräglage in Rechtskurven: Die Gerade, welche die beiden Reifenaufstandspunkte verbindet, zeigt leicht nach links.

Änderung des Rollradius in Schräglage

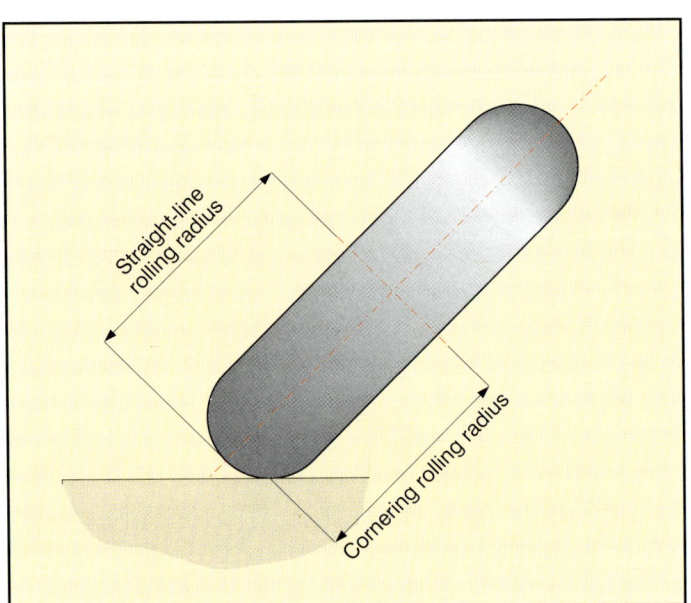

Abbildung 8.19: Der Rollradius der Reifen nimmt in Kurven ab.
Straight-line rolling radius = Radhalbmesser bei Geradeausfahrt
Cornering rolling radius = Radhalbmesser bei Kurvenfahrt

Diese Erscheinungen erinnern daran, dass der Reifen keine schmale Scheibe ist, sondern eine definierte Breite und eine bestimmte Kontur hat.

Bei einem Reifen mit kreisförmigem Querschnitt **nimmt der Rollradius ab**, *wenn sich das Motorrad in Schräglage neigt*, siehe Abbildung 8.19.

Diese Erscheinung tritt zum Beispiel in weiten Kurven auf. Bei gleichem Leistungseinsatz dreht der Motor in Schräglage gegenüber der Geradeausfahrt plötzlich höher. Umgekehrt fällt die Drehzahl beim Aufrichten des Motorrads am Kurvenausgang.

Der Reifenhalbmesser ändert sich nicht nur mit dem Luftdruck und der Radlast und damit der Verformung im Reifenaufstandspunkt, er variiert auch abhängig von der Geschwindigkeit, bei der Zentrifugalkräfte auf den Reifen wirken.

Fahrkomfort

Der Reifen verfügt auch über **Dämpfungseigenschaften**. Sie sind jedoch schwierig zu berechnen und hängen vom Aufbau, ob Diagonal oder Radial, vom Luftdruck, von der Höhe der Seitenwände und der verwendeten Mischung ab.

Auf jeden Fall kann man sich den Reifen als Stoßdämpfer zwischen Felge und Fahrbahn vorstellen. Deshalb wirkt sich der Wechsel auf einen anderen Reifentyp auch auf den Komfort aus.

Kapitel 9

Schwingungsformen
des Motorrads

Nehmen wir an, die Masse **m** ist an einer Feder an der Decke aufgehängt. Ohne Fremdanregung nimmt das System eine bestimmte Gleichgewichtslage, die Position **O** in Abbildung 9.1, ein. Wenn die Masse um den Betrag Δx aus der Ruhelage ausgelenkt wird, beginnt das System mit der Amplitude $2\Delta x$ und der Frequenz **f** pro Sekunde um die Ausgangslage **O** zu schwingen.

Wiederholt man das Experiment und lenkt das System nun um den Betrag $\Delta x'$ aus, nimmt die Amplitude den Wert $2\Delta x'$ an. Überraschenderweise bleibt die Frequenz gleich. Die Ruhelage wird f mal pro Sekunde, siehe Abbildung 9.2, gekreuzt.

Diese Schwingung heißt in der Literatur ω_n. Ihre Frequenz hängt von der Masse und der Federsteifigkeit auch Federrate genannt ab und wird als **Eigen-** oder **Resonanzfrequenz** bezeichnet.

Das bedeutet, die Masse eines Feder-Masse-Systems schwingt immer dann mit der Frequenz ω_n um die Ruhelage, wenn sie aus ihrer Gleichgewichtslage ausgelenkt wird.

Die Schwingungslehre besagt, wenn eine, sich mit der Eigenfrequenz eines Feder-Masse-Systems ändernde Kraft auf eine Masse wirkt, kann die Amplitude der daraus resultierenden Schwingung, zumindest theoretisch, unendlich groß werden.

Schwingungsformen: Eine kleine Einführung in die Schwingungslehre

Abbildung 9.1: Wenn eine, an einer Schraubenfeder aufgehängte Masse aus ihrer Ruhelage um Δx ausgelenkt wird schwingt sie um ihre Ausgangspsosition.

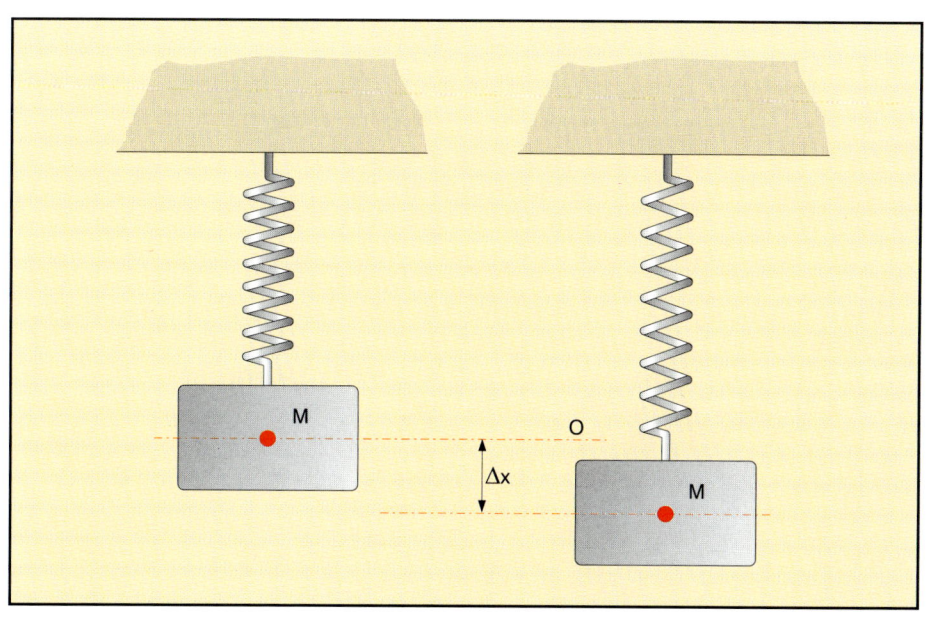

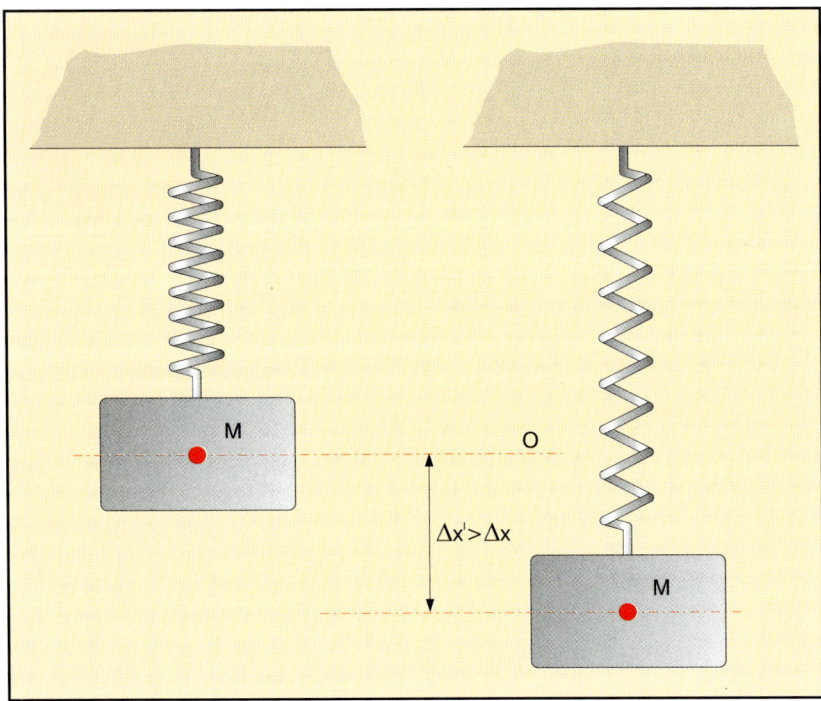

Abbildung 9.2: Je größer die Auslenkung aus der Ruhelage ist, umso größer fällt die Schwingamplitude aus.

Abbildung 9.3: Resonanz.

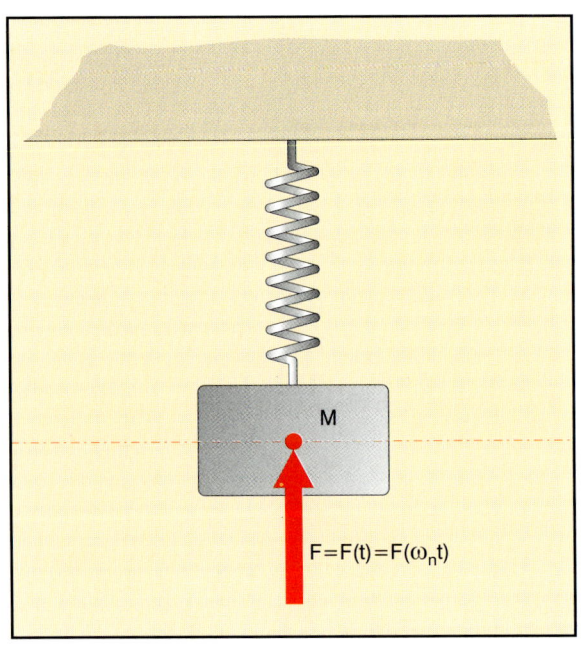

Um zu verhindern, dass die Resonanzschwingung eines mechanischen Systems unkontrolliert mit verheerenden Konsequenzen ansteigt, baut man parallel zum Schwingungssystem Dämpfungselemente ein, um die Schwingungsenergie in andere Energieformen, siehe Abbildung 9.4, umzuwandeln.

Freie Schwingungen eines mechanischen Systems, wie im vorigen Beispiel beschrieben, klingen, wie in Abbildung 9.5 dargestellt, über der Zeit ab.

Um auf jeden Fall sicherzustellen, dass sich die Schwingungen eines Feder-Masse-Systems in Grenzen halten, dürfen die Erregerfrequenzen niemals mit der Eigenfrequenz übereinstimmen.

Beim hochkomplexen mechanischen System des Motorrads führt eine beachtliche Anzahl von Bauteilen Relativbewegungen zueinander aus.

Da die Frequenz der unterschiedlichen Bauteile jeder anderen in einem bestimmten Verhältnis unterschiedlicher Schwingungsformen zugeordnet ist, besteht das Motorradsystem aus zahlreichen, unterschiedlichen Schwingungsformen.

Die vertikalen Schwingungen des Fahrwerks, bei denen der Rahmen als eine zwischen der Vorder- und Hinterradaufhängung eingespannte Masse betrachtet wird, beschreibt das Kapitel über Radaufhängungen.

Die dynamischen Aspekte verlaufen vollständig analog zu denen von Automobilen und sind auf dem Vierradsektor akribisch untersucht.

Der nächste Abschnitt zeigt einige spezielle, für das Motorrad charakteristische Schwingungsformen.

Für räumliche Schwingungsformen verwendet man folgendes vereinfachte Modell:

Wenn man sich die Räder als starre Körper und die Radaufhängungen blockiert vorstellt, dann setzt sich das Motorrad im wesentlichen aus zwei Komponenten zusammen: Der Front und dem Heck, die sich zueinander um den Lenkkopf verdrehen können.

Die Funktion der Federn übernehmen die Reifen.

Die Achsen um die sich das Motorrad bewegt zeigt Abbildung 9.7:

- Die Achse auf der Fahrbahn, um die das Motorrad rollt, die sogenannte **Rollachse**;

- Die senkrechte Achse um die sich das Motorrad dreht, die sogenannte **Hoch- oder Gierachse**;

- Die **Quer- oder Nickachse**, um die sich das Motorrad beim Bremsen oder Beschleunigen neigt.

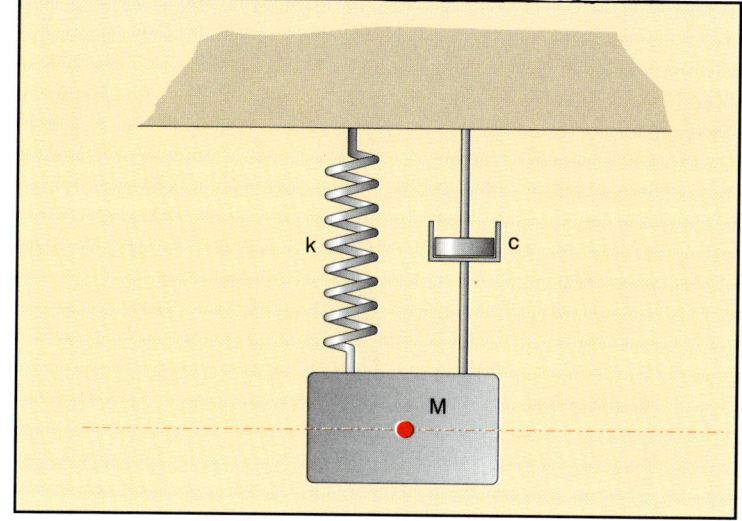

Dank seiner Erfahrung kann der Motorradfahrer die wichtigsten Schwingungsformen identifizieren. Zur Untersuchung der mathematischen Zusammenhänge verwendet man die gleichen Modelle, siehe Abbildung 9.6, und Berechnungsverfahren, die auch zur Untersuchung von Schwingungsmodellen anderer Konstruktionen dienen.

Die Ergebnisse sind nicht nur von wissenschaftlicher Bedeutung, sondern auch wichtig für die praktische Anwendung.

Die Reaktion eines Motorrads auf unterschiedliche Schwingungsformen sind für das Fahrverhalten extrem wichtig.

Die drei wichtigsten Schwingungsformen beziehen sich auf mathematische Modelle. Man darf dabei aber nicht die Erfahrungen im täglichen Einsatz aus den Augen verlieren.

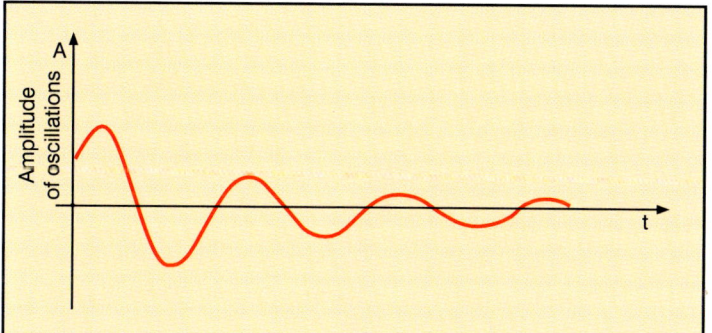

**Abbildung 9.4:
Feder-Dämpfer-System.**

**Abbildung 9.7:
Achsen, um die sich das Fahrzeug bewegt.**
Yaw axis = Gierachse
Pitch axis = Nickachse
Roll axis = Rollachse

**Abbildung 9.5:
Schwingungen eines Feder-Dämpfer-Systems.**
Amplitude of oscillations = Schwingamplitude

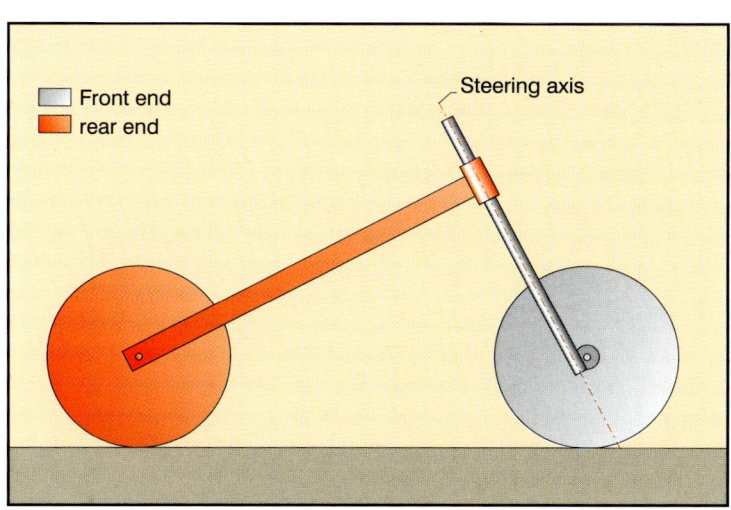

**Abbildung 9.6:
Front und Heck bewegen sich relativ zueinander um die Lenkachse.**
Front end = Front
Rear end = Heck
Steering axis = Lenkachse

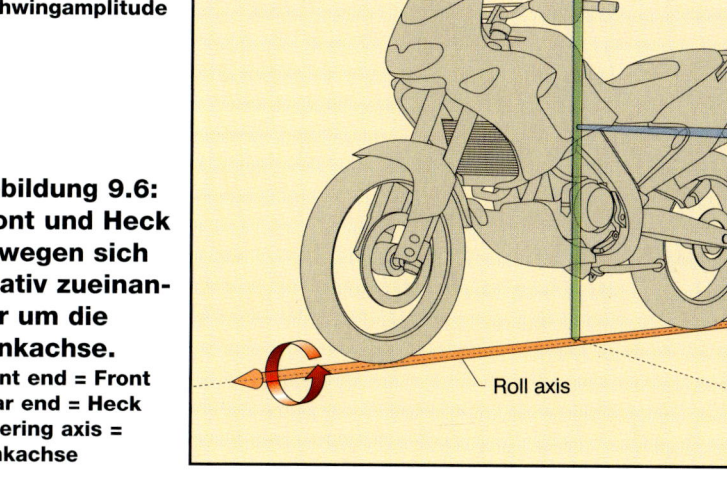

Die bekannten Schwingungsformen sind:

- Lenkerflattern auch Shimmy genannt;
- Pendeln;
- Kippen bei geringen Geschwindigkeiten.

Flattern und Lenkerschlagen

Wenn man einen Servier- oder Einkaufswagen mit lenkbaren, vorderen Rollen schiebt, fängt ab einer bestimmten Geschwindigkeit oder beim Überfahren von Bodenunebenheiten eine der Rollen plötzlich an, sich um ihre Lenkachse hin und herzudrehen.

Die Literatur bezeichnet diesen Effekt als Lenkerflattern oder Shimmy.

Interessanterweise kommt dieser Ausdruck von einem amerikanischen Tanzstil, der in den 20er Jahren populär war. Er ist dem Foxtrott ähnlich und wird durch einen Rhythmus charakterisiert, dessen Takte perfekt an das beschriebene Phänomen erinnern.

Jeder, der sich für Straßenrennen interessiert, wird bei Rennmotorrädern schon einmal ähnliche Erscheinungen wahrgenommen haben.
Bei einem Rennmotorrad kann unter bestimmten Bedingungen, beim Beschleunigen aus Kurven oder nach dem Berühren der Curbs der Lenker und die gesamte Vorderradaufhängung plötzlich anfangen, für einen kurzen Augenblick wild und spektakulär um die Lenkachse hin und her zu schwingen. Es handelt sich dabei um die extremste Form des Shimmy, das Lenkerschlagen.

Diese Schwingung des Lenksystems kann gefährliche Ausmaße annehmen. Viele Sportfahrer haben sie beim Überfahren von Eisenbahnschienen oder Schlaglöchern im Alltag bereits erlebt.

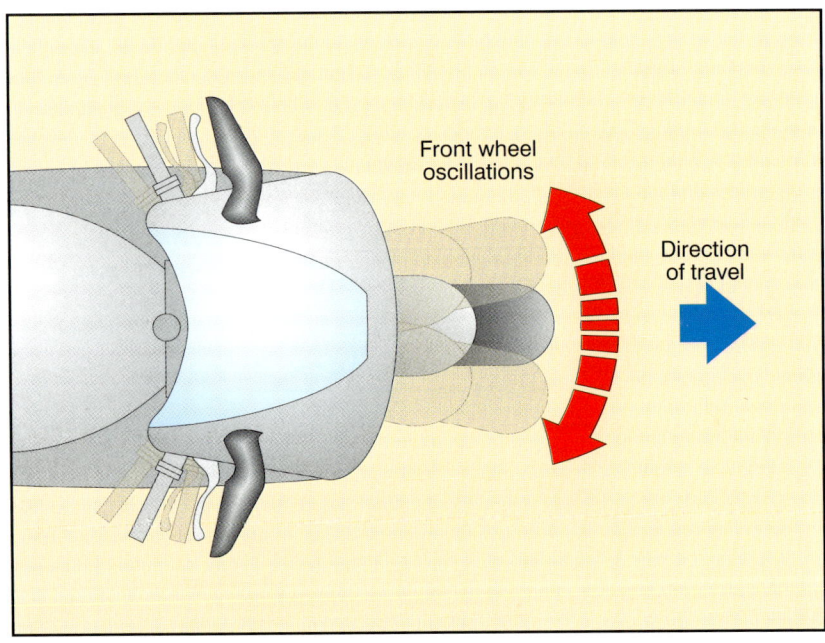

Front wheel oscillations

Direction of travel

Abbildung 9.8: Flattern.
Front wheel oscillations = Das Vorderrad schwingt um die Lenkachse
Direction of travel = Fahrtrichtung

Die Lenkung kommt dann plötzlich in Bewegung. Sie schlägt für wenige Sekunden mit Gewalt um sich, während das Motorrad seine Bahn fortsetzt, ohne dass der Fahrer in irgendeiner Weise eingreifen kann.
Glücklicherweise klingt diese Erscheinung schnell ab. Dadurch kann der Fahrer die Kontrolle über das Fahrzeug zurückgewinnen bevor es vollständig instabil wird. In der Regel schüttelt ein solches Ereignis den Fahrer derart durch, dass er beim nächsten mal Eisenbahnschienen oder Schlaglöcher vorsichtiger überfährt.

Bei geringer Geschwindigkeit ist Lenkerflattern eher unwahrscheinlich. Es tritt vielmehr bei höheren Geschwindigkeiten von über 60 bis 70 km/h auf.

Flattern oder Lenkerschlagen haben eine Frequenz von vier bis zehn Hertz, also vier bis zehn Schwingungen pro Sekunde und große Kräfte und Amplituden. Es treten dabei Lenkwinkel von acht bis 14 Grad auf, also weit größere Lenkeinschläge als im normalen Fahrbetrieb über 50 km/h.

Die großen Amplituden erklären, warum die Lenkung unter solchen Umständen absolut unkontrollierbar wird.

Lenkerflattern ist eine periodische Schwingungsform, die sowohl experimentell als auch theoretisch ziemlich eingehend untersucht wurde, da sie gleichermaßen bei Pkw-, als auch Flugzeugrädern während der Landung auftritt.

Mathematische Erklärung

Es gibt mehrere mathematische Näherungsverfahren. Folgende Faktoren spielen dabei eine Rolle:

I_a = Massenträgheitsmoment der um die Lenkachse bewegten Massen;
δ = Lenkwinkel;
δ' = Winkelbeschleunigung der Lenkung;
k_d = Schräglaufsteifigkeit des Reifens;
t = Nachlauf;
ϵ = Lenkkopfwinkel;
k_m = Steifigkeit des Reifens.

Die lineare Differenzialgleichung zweiten Grades mit konstanten Koeffizienten basiert auf dem Gleichgewicht der um die Lenkachse wirkenden Momente.

Gleichung 9.1

$$I_a \cdot \delta' = (k_d \cdot t \cdot \sin \epsilon + k_m \cdot \sin \epsilon) \, \delta$$

Daraus lässt sich die Frequenz der destabilisierenden Schwingung herleiten, die Lenkerflattern oder Lenkerschlagen verursacht.

Gleichung 9.2

$$\omega_{Flattern} = \sqrt{\left(\frac{\sin \epsilon}{I_a} \right) \cdot (k_d \cdot t + k_m)}$$

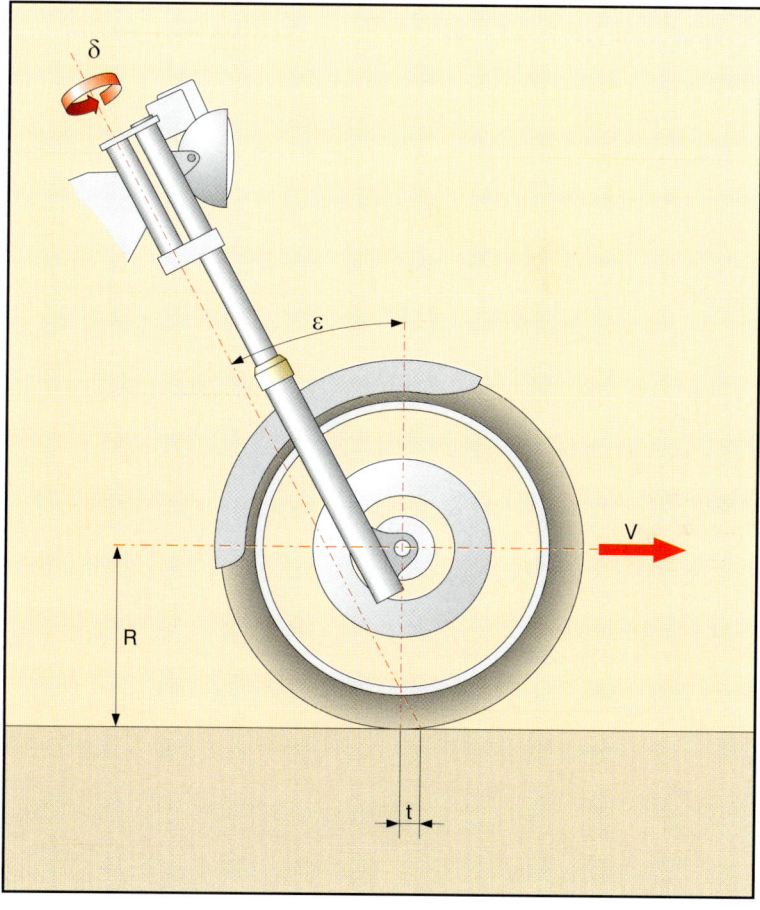

Abbildung 9.9: Mathematische Größen beim Flattern.

Ursachen die Lenkerflattern auslösen:

Flattern oder Lenkerschlagen des Vorderrads wird meist durch äußere Anregungen wie zum Beispiel Schlaglöcher oder Fahrbahnunebenheiten ausgelöst, die mit hohen Kräften seitlich gegen den Reifen "stoßen".
Unwuchten und Rundlauffehler der Reifen oder Felgen, die sich mit der Frequenz des sich drehenden Rads wiederholen, können ebenfalls dynamische Kraftschwankungen hervorrufen, die Lenkerflattern erzeugen. Reifen mit Bremsplatten oder Felgen, die durch einen Aufprall deformiert wurden oder eine statische Unwucht haben, können ebenfalls solche Schwingungen verursachen.

Derartige Bedingungen fördern Schwingungen der Räder, die eine oszillierende Drehbewegung um die Lenkachse erzeugen können.

Die wichtigsten Parameter, die das Lenkerflattern beeinflussen.

- Nachlauf:
Motorräder mit großem Lenkkopfwinkel und großem Nachlauf tendieren zu hoher Fahrstabilität bis in den Bereich der Höchstgeschwindigkeit. Wenn aber Lenkerschlagen auftritt, geschieht es mit enorm hohen Amplituden und ist schwierig zu kontrollieren.

- Massenträgheitsmoment der um den Lenkkopf bewegten Massen:
Große Massenträgheitsmomente um den Lenkkopf verringern dagegen die Frequenz des Lenkerflatterns, die Schwingungen nehmen ab.

- Vorderreifen:
Der Tausch des Vorderreifens wirkt sich auf die Steifigkeit und die Dämpfungseigenschaften aus. Damit kann sich auch das Fahrverhalten ganz wesentlich verändern.
Die aktuelle Reifengeneration nutzt die neuesten Entwicklungen und bietet dadurch verbesserte Fahrsicherheit.

- Steifigkeit der Gabel:
Die hohe Steifigkeit aktueller Gabeln erschwert gegenüber älteren flexibleren Bauteilen das Bedämpfen von Stößen, die Schlaglöcher oder Radunwuchten verursachen.

Ein **Lenkungsdämpfer** bedämpft Lenkerflattern und Lenkerschlagen äußerst wirkungsvoll. Er nimmt die Bewegungsenergie um die Lenkachse auf und stabilisiert damit das Motorrad.

Rennmotorräder mit steifen Gabeln, geringen Massenträgheitsmomenten um die Lenkachse und kleinen Lenkkopfwinkeln, sowie geringen Nachläufen sollten grundsätzlich mit einem Lenkungsdämpfer ausgerüstet sein. Selbst damit beginnt das Lenksystem beim Beschleunigen aus Kurven immer noch sichtbar mit dem Lenker zu schlagen.

Die mathematische Abhandlung berücksichtigt allerdings Elastizitäten der Bauteile oder Spiel im Lenksystem nicht.

Diese Parameter spielen beim Entstehen des Lenkerflatterns eine wichtige Rolle. Selbst Strukturen ohne jegliche Federung, wie der Einkaufswagen haben aufgrund von Spiel oder Elastizität im Lenksystem solche Schwingungserscheinungen.

Deshalb ist es wichtig, permanent die Einstellung der Lenkkopflager zu überprüfen.

Pendeln

Pendeln ist die komplexeste Schwingungsform, da das Fahrzeug in einer oszillierenden Bewegung um die Längsachse schwingt und gleichzeitig eine Drehbewegung um die Hochachse ausführt.

Technisch gesehen unterscheidet es sich völlig vom Lenkerflattern, selbst wenn der Fahrer es rein gefühlsmäßig bisweilen damit verwechselt.

Da das Lenksystem gegenüber dem Rest des Motorrads ein weit geringeres Massenträgheitsmoment hat ist die Frequenz beim Pendeln deutlich niedriger und weniger augenscheinlich.

Die aus der Literatur stammende mathematische Beschreibung bestätigt, dass diese Schwingungsform nicht bei geringen Geschwindigkeiten

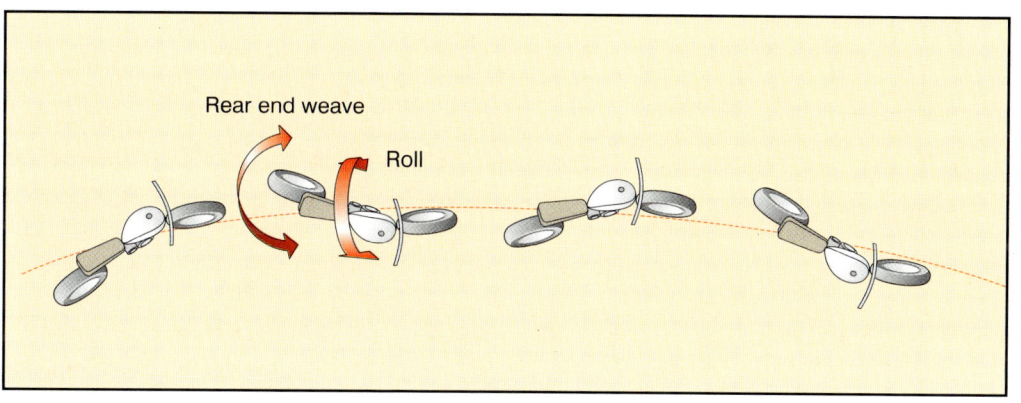

Abbildung 9.10: Pendeln.
Rear end weave = Pendeln
Roll = Rollen

auftritt und die Eigenfrequenz null ist, wenn das Fahrzeug anhält. Bei zunehmender Geschwindigkeit beträgt die Frequenz zwei bis drei Hertz. Durch die geringe Dämpfung kann diese Schwingungsform extrem gefährliche Ausmaße annehmen. Bei hohen Geschwindigkeiten können die Schwingungsamplituden so groß werden, dass der Fahrer die Kontrolle über das Fahrzeug verliert.

Die wichtigsten Parameter, die Pendeln beeinflussen sind die gleichen wie beim Lenkerflattern. Auch beim Kippen spielen sie eine Rolle, allerdings mit unterschiedlicher Bedeutung.

Einige dieser Parameter beeinflussen das Pendeln qualitativ:

- *Die Schwerpunktshöhe:* Sie versucht diese Schwingungsform zu stabilisieren. Durch Anheben des Schwerpunkts nimmt das Massenträgheitsmoment um die Längsachse zu, die Frequenz nimmt also ab.

- *Der Radstand:* Je größer der Abstand der Radachsen ist, umso stabiler verhält sich das Fahrzeug.

- *Hohes Gewicht,* zum Beispiel Gepäck, das im Bereich des Hecks befestigt ist, beeinflusst das Massenträgheitsmoment des Motorrads beträchtlich. Es kann das Pendeln insbesondere dann verstärken, wenn die Last nicht starr mit dem Motorrad verbunden ist.

- *Verkleidung:* Bei Motorrädern verringert eine günstig gestaltete Verkleidung den bei höheren Geschwindigkeiten durch den Oberkörper des Fahrers verursachten Auftrieb. Sie sind dadurch bei höheren Geschwindigkeiten stabiler.
Beim klassischen Beispiel, der Enduro erzeugt der aufrecht sitzende Fahrer einen beachtlichen Auftrieb. Er entlastet die Front stark und bietet ideale Voraussetzungen fürs Pendeln.

Durch Verringern der Geschwindigkeit verändert sich der Auftrieb. Der Fahrer kann Pendeln deutlich reduzieren. Um das Problem zu beseitigen, haben diverse, leistungsstarke Enduros kleine aber wirkungsvolle Verkleidungskuppeln.

Viele Motorräder haben Fahrwerksgeometrien, die bereits bei Geschwindigkeiten über 60 km/h Pendeln anregen. Trotzdem kennen nur wenige Fahrer Probleme.

Es gibt also große Unterschiede zwischen Theorie und Praxis. In den meisten Fällen treten Schwingungsprobleme mit Frequenzen etwas größer einem Hertz auf, die nur moderate Amplituden haben. Der Fahrer nimmt sie nicht einmal wahr und passt sich unbewusst dem Fahrverhalten des Motorrads an.
Zudem bleiben die Schwingungsprobleme über längere Zeit nur dann bestehen, wenn sich die Bedingungen nicht verändern.
Normalerweise ist die Straßenoberfläche jedoch niemals vollständig eben, selbst wenn Schlaglöcher und Seitenwind die Fahrtrichtung des Motorrads nicht verändern wollen.

Da die Fahrbahn grundsätzlich leichte Unebenheiten und unterschiedliche Neigungen, wie eine leichte Überhöhung in der Straßenmitte aufweist, werden Schwingungserscheinungen schnell gedämpft und treten dadurch weniger in Erscheinung.

Zudem reagiert der menschliche Körper auf manche Frequenzen weniger empfindlich als auf andere.

So kontrolliert zum Beispiel das menschliche Gehirn Frequenzen im Bereich von einem Hertz, die mit der normalen Schrittfrequenz übereinstimmen fast automatisch, so dass sie so gut wie nicht wahrgenommen werden.

Kippneigung

Im Gegensatz zu den vorhergehenden Schwingungsformen ist sie nicht periodisch, wiederholt sich während einer gewissen Zeitspanne also nicht regelmäßig. Deswegen ist der Fahrer nicht darauf vorbereitet.
Man kann erkennen, wie das Motorrad ohne Zutun des Fahrers zur Seite kippt.

In der Praxis lässt sich *diese Kippbewegung als "in die Kurve fallen" interpretieren.* Diesen Effekt haben alle Motorräder bei geringen Geschwindigkeiten in engen Kurven oder beim Umdrehen bis zu einem gewissen Grad.

Wie im Kapitel über die geradlinige Bewegung erläutert, hat jedes Motorrad eine Minimalgeschwindigkeit, unter der es instabil wird. Allein der Fahrer ist in der Lage, es durch ständige Lenkkorrekturen und Körperverlagerung im Gleichgewicht zu halten.

Mit zunehmender Geschwindigkeit stabilisiert sich das Motorrad. Es verhält sich dann so stabil, dass der Fahrer das Fahrzeug automatisch lenkt und unter Kontrolle hält.

Folgende Parameter beeinflussen die Stabilität auf unterschiedliche Art:

- Die Fahrgeschwindigkeit;
- Das Massenträgheitsmoment der Räder;
- Das Massenträgheitsmoment, bezogen auf die Fahrzeuglängsachse;
- Die Fahrzeugmasse;
- Die Lage des Schwerpunkts;
- Der Lenkkopfwinkel;
- Der Nachlauf;
- Die Reifenabmessungen.

Aufgrund der Multiplikation der einzelnen Faktoren, die das Kippen beeinflussen, ist es schwierig, eine quantitative Einschätzung abzugeben.
Auf jeden Fall wird das Kippen nach seinem zeitlichen Ablauf bewertet: *Je kürzer dessen Dauer, umso instabiler ist das Motorrad.*

Diese Instabilität muss nicht zwangsläufig ein Nachteil sein. Beim Kurvenfahren ist die Handlichkeit eines Rennmotorrads auf der Rennstrecke dank schneller Richtungswechsel mit geringer Zeit für den Schräglagenwechsel logischerweise von großem Nutzen. Das Motorrad fällt sozusagen ohne große Anstrengung von selbst in die Kurve.
Geschickte Rennfahrer mit schnellen Reaktionen sind in der Lage diese Eigenschaft gewinnbringend zu nutzen, um mit einem technisch gesehen instabilen Fahrzeug optimale Rundenzeiten zu erreichen.

Gleichzeitig beweisen erzwungene, abrupte Schräglagenwechsel, warum selbst Champions stürzen oder Fehler begehen, wenn ihre Konzentration für einen Augenblick nachlässt. Wie oft hat man selbst von Experten gehört: "Ich war eigentlich ganz langsam unterwegs, als ich mich plötzlich am Boden wiederfand".

Tourenfahrer ziehen dagegen eine trägere und somit besser beherrschbare Reaktion des Fahrzeugs in Kurven vor. Daher neigen sich Tourenmotorräder etwas schwerfälliger in Schräglage.

Zusammenfassung

Im täglichen Einsatz des Motorrads treten die beschriebenen oszillierenden Bewegungen ständig auf. Deshalb ist eine mathematische Analyse wichtig, um die Probleme zu meistern.

Verallgemeinernd, mathematisch allerdings nicht ganz korrekt, stehen die drei obengenannten Bewegungsformen mit drei grundsätzlichen Forderungen in Zusammenhang:
1) Leichtes Einlenken in Kurven - Kippneigung;
2) Lenkpräzision - Lenkerflattern;
3) Fahrstabilität - Pendeln.

Zudem treten die beiden, völlig unterschiedlichen Schwingungsformen Pendeln und Lenkerflattern in der Praxis oft zusammen auf : Sie hängen eng miteinander zusammen.

Das Pendeln begleitet fast immer eine Schwingung des Lenksystems, also irgendeine Form des Lenkerflatterns. Es lässt sich dann nur schwer feststellen, von welcher Schwingungsform das grundsätzliche Problem herrührt.

Durch allmählichen Abbau hoher Geschwindigkeit mit geschlossenem Gasgriff in einem leichten Gefälle haben erfahrene Testfahrer herausgefunden, dass das Motorrad bei losgelassenem Lenker in einem bestimmten Geschwindigkeitsbereich "lebendig wird". Es treten dann die beschriebenen Symptome auf und versetzen das Lenksystem oder das Fahrzeug in Schwingungen um die Längs- und oder Hochachse. Aktuelle Entwicklungen von Reifen und Radaufhängungen moderner Motorräder berücksichtigen diese Schwingungsformen. Deshalb treten sie heute weniger auf und sind nur selten die Ursache gefährlicher Instabilität.

Eine genaue Analyse von Schwingungsformen erfordert äußerst komplexe Berechnungsmethoden. Die Hersteller berechnen die entsprechenden mathematischen Modelle in ihren Entwicklungsabteilungen. Die Ergebnisse bleiben daher der Öffentlichkeit verschlossen.

Für die, die mehr zu diesem Thema wissen wollen, hält die Literatur von Sharp und aktueller von Professor Cossalter mathematische Näherungsverfahren bereit.

Kapitel 10

Verkleidung und Aerodynamik

Funktion der Verkleidung

Ursprünglich entwickelte sich das Motorrad aus dem Fahrrad weiter. Erst viel später entwarfen die Hersteller verschiedene Verkleidungen zu unterschiedlichen Zwecken.

Die erste, äußerst einfache Verkleidung entstand für City-Bikes mit geringer Leistung. Sie bestand aus einer Scheibe, die sich in der Höhe und Lage unterschied, um den Passagier vor Wettereinflüssen wie Regen und Kälte oder unter heutigen Gesichtspunkten vor Luftverschmutzung durch die Auspuffgase großer Lkws zu schützen.

Die nächste Variante für Sportmotorräder entstand, um sowohl die aerodynamischen Eigenschaften, als auch das Fahrverhalten des Motorrads zu verbessern und den Winddruck auf den Fahrer bei hohen Geschwindigkeiten einzuschränken.
Diese aufwändige Art der Verkleidung bezieht die gesamte Struktur des Motorrads mit ein.

Schließlich wurde ein weiterer Typ für große Tourenmotorräder entwickelt, der die Anforderungen der beiden ersten Ausführungen in sich vereinte. Die Idee war es, selbst aufrecht sitzenden Fahrern Fahrkomfort und Schutz vor äußeren Einflüssen zu bieten und gleichzeitig hohe Geschwindigkeiten zu ermöglichen, ohne Kompromisse im Fahrverhalten einzugehen.
Dadurch kann der Fahrer selbst bei höheren Geschwindigkeiten Wind- und Wetterschutz nutzen ohne sich verzweifelt am Lenker festklammern zu müssen.

Durch die rasante Leistungsentwicklung moderner Motorräder kommen Verkleidungen zunehmend bereits bei Mittelklassemotorrädern zum Einsatz.

Aerodynamik Die Fahrwiderstände eines Motorrads hängen bei Geradeausfahrt vom Rollwiderstand der Reifen und dem Luftwiderstand ab, der mit der Geschwindigkeit überproportional zunimmt.

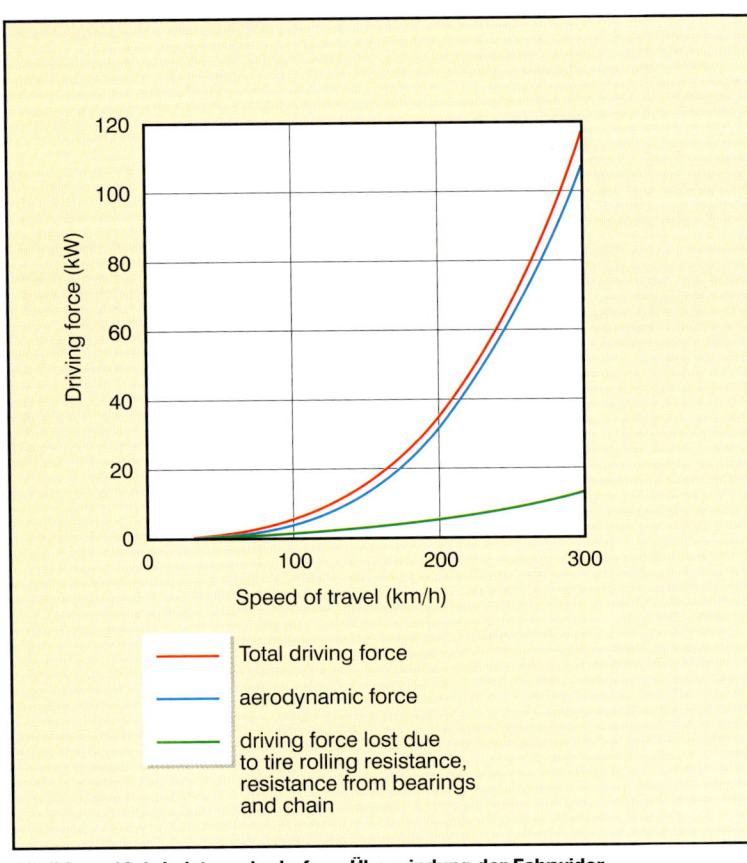

Abbildung 10.1: Leistungsbedarf zur Überwindung der Fahrwiderstände beim Motorrad.
Driving force = Antriebsleistung
Speed of travel = Geschwindigkeit
Total driving force = Gesamtleistung
aerodynamic force = Leistung zur Überwindung des Luftwiderstands
driving force lost due to tire rolling resistance, resistance from bearings and chain = Rollwiderstandsleistung

Abbildung 10.2: Vom Luftwiderstand abhängige Höchstgeschwindigkeit eines Motorrads mit 74 kW.
Cx·s (m²) = c_w·A (m²)

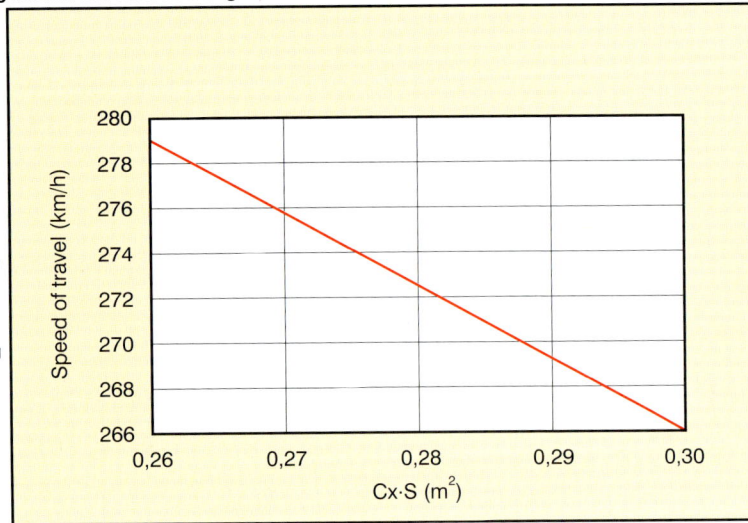

Die zur Überwindung des Luftwiderstands notwendige, von der Geschwindigkeit abhängige Leistung gibt folgende Gleichung wieder:

Gleichung 10.1

$$P_A = v \cdot \frac{\rho_o \cdot v^2 \cdot c_w \cdot A}{2}$$

dabei ist:

ρ_o die Luftdichte;
v die Geschwindigkeit;
A die Frontfläche und
c_w der Luftwiderstands-Beiwert.

Das Diagramm zeigt, dass die zur Überwindung des Luftwiderstands benötigte Leistung vor allem bei höheren Geschwindigkeiten ganz beachtlich ist.

Selbst bei langsamen Fahrzeugen wirkt sich der Luftwiderstand stark aus. Man denke nur an die aerodynamisch günstigste Position, die Radrennfahrer zum Beispiel beim Zeitfahren heutzutage einnehmen. Ihre Fahrräder sind so konstruiert, dass die Frontfläche klein bleibt und der Fahrer eine stromlinienförmige Haltung einnimmt.

Abbildung 10. 2 zeigt, dass ein Motorrad mit 74 kW (100 PS) Leistung völlig unterschiedliche Höchstgeschwindigkeiten erreicht, wenn der Luftwiderstand $c_w \cdot A$ zwischen 0,30 und 0,26 variiert. *Der Unterschied beträgt mehr als 12 km/h und ist daher nicht zu vernachlässigen.*

Diese Ergebnisse belegen, warum exakte Windkanal-Untersuchungen für Rennmotorräder so wichtig und aerodynamische Aspekte bei der gesamten Konstruktion zu berücksichtigen sind. Die Leistung eines starken Motorrads kann durch die Vernachlässigung aerodynamischer Grundlagen wirkungslos verpuffen.

Hohe Fahrleistungen sind deshalb nur durch die richtige Kombination verschiedener Parameter zu erreichen, die alle voneinander abhängen.

Stirnfläche

Die projizierte Frontfläche entspricht der Fläche, die innerhalb der direkt von vorn sichtbaren Kontur liegt.

Die Stirnfläche eines Motorrads ist generell kleiner als die eines Pkws.

Aufgrund der gewaltigen Unterschiede zwischen den einzelnen Motorradtypen variieren die Werte für den Luftwiderstand ganz erheblich.
Erstens ist die Haltung des Fahrers von entscheidender Bedeutung: Wenn sich der Fahrer flach macht, ist die dem Luftstrom ausgesetzte Fläche deutlich kleiner, als in sitzender Position oder gar mit in den Fußrasten stehendem Fahrer im Offroad-Einsatz.
Zweitens ist die Stirnfläche eines Straßenrennmotorrads viel kleiner als die eines Supertourers, der eine ausladende Verkleidung benötigt, um den Fahrer vor Winddruck und anderen Wettereinflüssen zu schützen.

Die Stirnfläche variiert abhängig vom Motorradtyp zwischen 0,4 und 0,9 Quadratmetern. Folgende Faktoren beeinflussen sie:
Die Form des Körpers des Fahrers ist wichtig, da sie dem Luftstrom ausgesetzt ist.
Die projizierte Fläche ist abhängig von:

- Der Größe des Fahrers; Es besteht ein gewaltiger Unterschied zwischen einem zwei Meter großen Fahrer und einem Piloten mit 1,70 Meter, der sich hinter die Verkleidung falten kann.

- Dem Körperumfang (mehr oder weniger schlank);

Das gleiche Motorrad erreicht mit unterschiedlichen Fahrern unterschiedliche Höchstgeschwindigkeiten.

Zudem sind Körperhaltung und Position des Fahrers auf dem Motorrad unter aerodynamischen Gesichtspunkten ausschlaggebend.

Für eine optimale Aerodynamik speziell bei Rennmotorrädern müssen die Fahrer auf Körperpositionen achten, die dazu beitragen, die Stirnfläche zu verringern.
Es ist wichtig, die Ellbogen vor den Knien zu platzieren und nicht seitlich abzuspreizen. Die Fußballen sollten auf den Fußrasten stehen, um sicherzustellen, dass sie Füße nicht zu Flügeln mutieren. Der Helm sollte von der Verkleidungsscheibe geschützt auf den Tank gepresst werden.
Diese Maßnahmen verringern die Fläche mit welcher der Fahrer über die Kontur des Motorrads hinausragt.

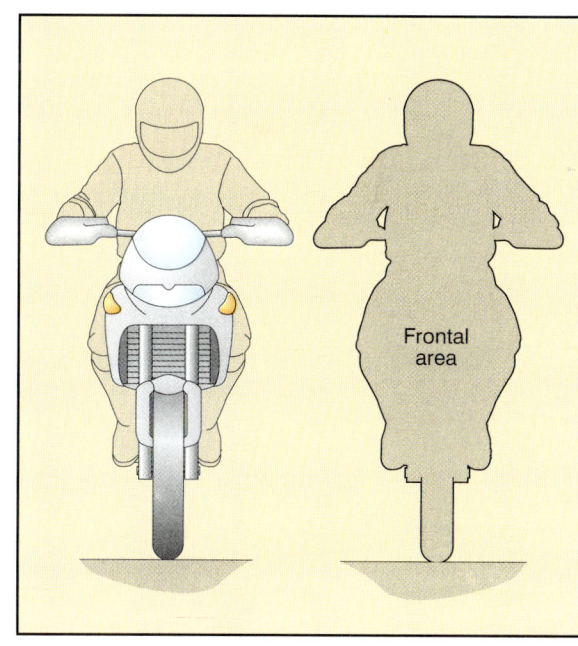

Abbildung 10.3: Die Frontfläche schließt Motorrad und Fahrer ein.
Frontal area = Stirnfläche

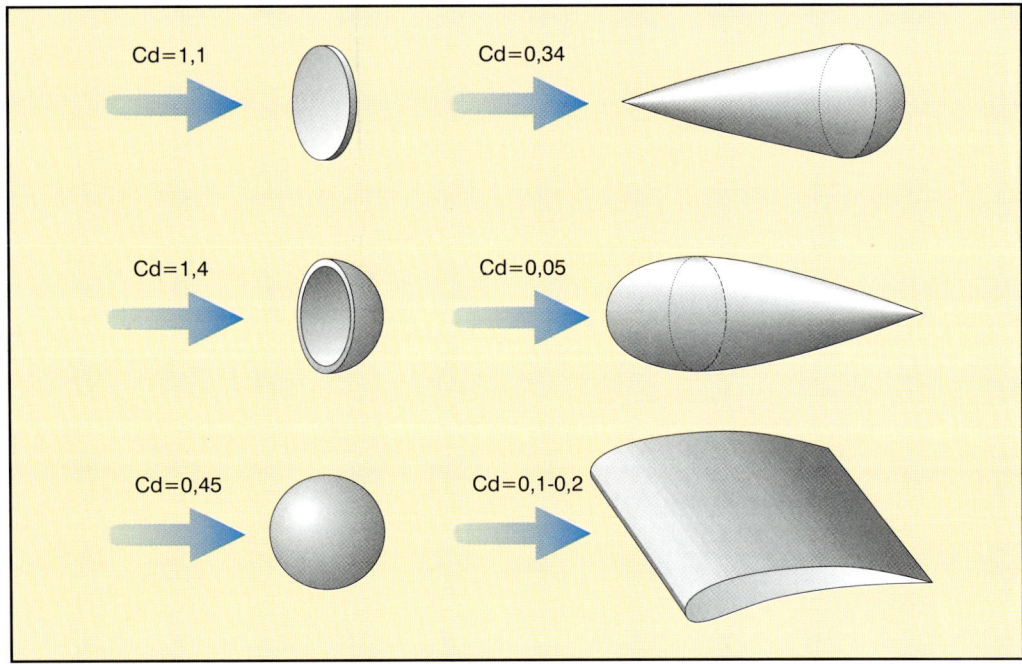

Abbildung 10.4: Luftwiderstandsbeiwert verschiedener Körper.

cd = c$_w$

Abbildung 10.5: Die ideale Motorradsilhouette in Tropfenform.

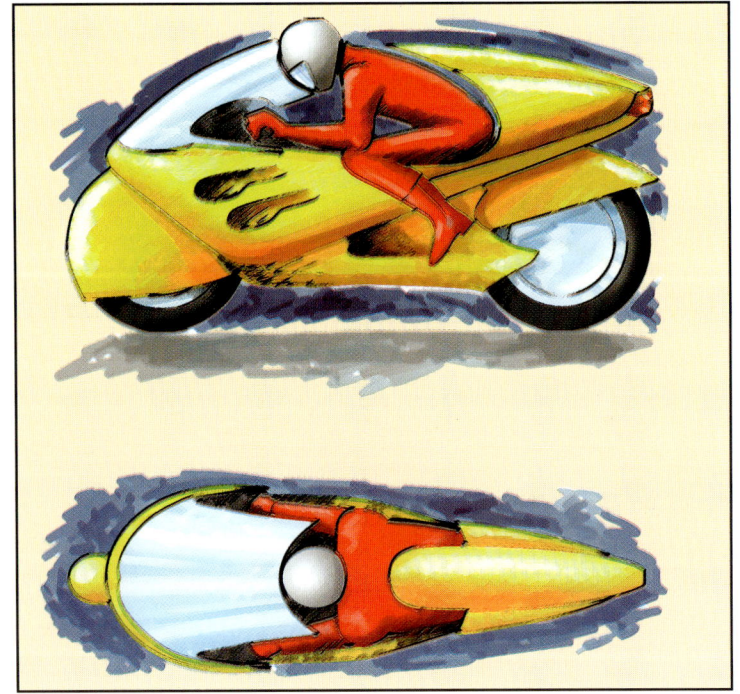

Außerdem ist es wichtig, eine möglichst glatte Oberfläche zu bilden um scharfe Einbuchtungen zu vermeiden, die störende Turbulenzen verursachen können.

Tests in Windkanälen haben bewiesen, dass der Fahrer nicht nur großen Einfluss auf die Stirnfläche sondern auch auf den c$_w$-Wert ausübt. Die Fähigkeit eines Rennfahrers, eine aerodynamisch besonders günstige Position einzunehmen kann bei einem Grand Prix-Motorrad einen Unterschied von drei bis vier km/h ausmachen.

Die Kleidung hat einen weiteren großen Einfluss. Zur Demonstration ist nicht einmal die Leistung eines Motorrads notwendig. Man setze sich auf ein Fahrrad und lasse es ohne zu treten einen leichten Abhang hinunterrollen:

- Das erste mal mit einer Lederkombi;
- Das zweite mal mit einem Fahreranzug für den Winter.

Der Unterschied fällt so gravierend aus, dass schnell klar wird, was bei Geschwindigkeiten über 200 km/h passiert.

Luftwiderstandsbeiwert c$_w$

Der c$_w$ genannte **Luftwiderstandsbeiwert** ist eine dimensionslose Größe, die in den für Pkws und Motorrädern typischen Geschwindigkeitsbereichen als Konstante betrachtet werden kann.

Abbildung 10.4 zeigt charakteristische c$_w$-Werte für verschiedene Körper im Luftstrom.

Offensichtlich unterscheiden sich die Werte von Objekt zu Objekt ganz erheblich. Dabei haben Regentropfen den besten c$_w$-Wert. Deshalb ist es kein Zufall, dass Wassertropfen im freien Fall automatisch die günstigste Form einnehmen.

Die Tropfenform ist, siehe Abbildung 10.5, demnach sowohl von oben als auch von der Seite gesehen die günstigste Silhouette für ein Motorrad.

In der Praxis gibt es jedoch eine Menge Probleme, ein Motorrad mit einer solchen Form zu konstruieren.

Der aerodynamische Widerstand eines Körpers hängt von drei Komponenten ab:

Verschiedene Formen des Luftwiderstands

- **Dem Reibungswiderstand;**
- **Dem induzierten Widerstand und**
- **dem Formwiderstand.**

Reibungswiderstand

Der Reibungswiderstand ist der Teil des Widerstands, der allein mit dem Fließverhalten des Mediums in der Grenzschicht zusammenhängt, in dem sich ein Körper bewegt.

Die Grenzschicht ist die Kontaktfläche, die innerhalb eines Mediums, in unserem Fall der Luft, den Übergang zwischen der Geschwindigkeit des bewegten Objekts und der Geschwindigkeit des umgebenden Mediums herstellt. Sie ist im Idealfall von Windstille gleich null.

Zwei Arten der Strömung charakterisieren die Grenzschicht:

- **laminar**, wenn die Bewegung ohne Verwirbelung abläuft und der Luftstrom sich nicht vermischt.
- **turbulent**, wenn sich Verwirbelungen bilden und der Luftstrom sich innerhalb der Grenzschicht vermischt, selbst wenn die Wirbelbildung mikroskopisch klein ist.

Induzierter Widerstand

Die resultierende Kraft der Reibung zwischen Medium und Fahrzeug und die Druckunterschiede, die auf ein Fahrzeug wirken das sich durch die Luft bewegt, hat eine Komponente in Fahrtrichtung. Zusätzlich gibt es aber eine weitere Komponente, die senkrecht zur Fahrtrichtung verläuft.

Dabei handelt es sich um den *Auf-* oder *Abtrieb*, der zum Beispiel die Basis für die Konstruktion von Flugzeugflügeln bildet.

Um ausreichend Auftrieb zu liefern, müssen Flügel einen Energieverlust an induziertem Widerstand erzeugen.

Im Fall von symmetrischen Profilen, deren Mittelachse sich nach dem Luftstrom ausrichtet ist der induzierte Widerstand konsequenterweise gleich null.

Motorräder haben in der Regel Auftrieb. Tatsächlich kann man sich das seitliche Profil eines Motorrads als Flügel mit einem stärker gekrümmten oberen Teil vorstellen.

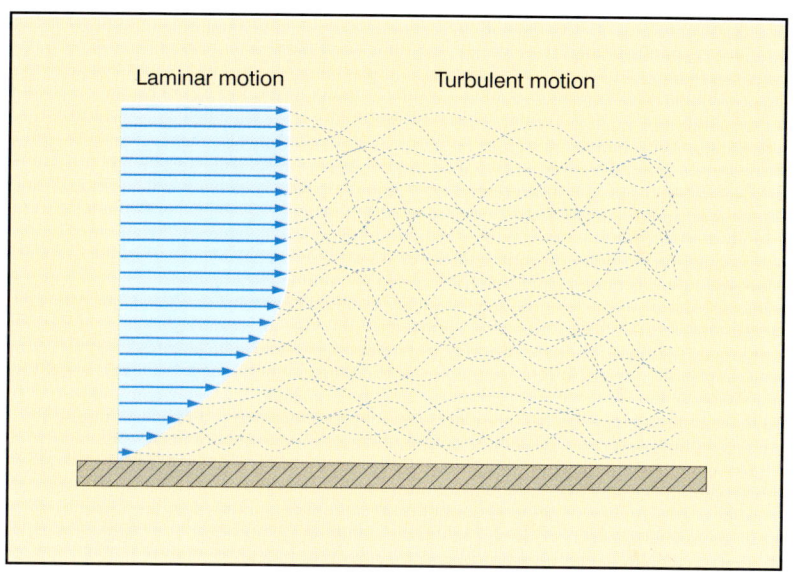

Abbildung 10.6: Laminare und turbulente Strömung.
Laminar motion = Laminare Strömung
Turbulent motion = Turbulente Strömung

Formwiderstand

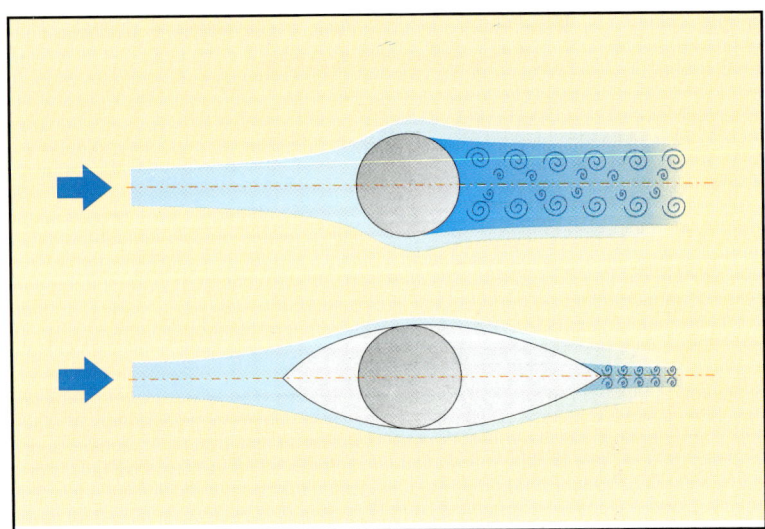

Abbildung 10.7: Auswirkung der Form eines Körpers auf den Luftwiderstand.

Der Formwiderstand bildet *den größten Teil des gesamten Luftwiderstands* und erzeugt partiell Unterdruck.

Scharfe Kanten der Verkleidung oder jedes Bauteil, das die glatte Strömung der Grenzschicht durch eine Ausbuchtung oder scharfe Einkerbung stört, kann die Ablösung des Luftstroms bewirken.

Unterdruck entsteht am ehesten in Bereichen, in denen die Luft abgebremst wird, im allgemeinen am Heck des Fahrzeugs.

Unterdruckbereiche sind bei Regen sowohl beim Auto als auch beim Motorrad leicht zu erkennen. Man beobachte das Verhalten der Wassergischt, die schnelle Fahrzeuge hinter sich her ziehen.
Wenn man das von den Rädern aufgewirbelte Wasser außer Acht lässt, kann man eindeutig die unterschiedliche Form und Dichte der Wirbelschleppe erkennen, die von der Formgebung des Fahrzeugs abhängt.

Die aerodynamischen Eigenschaften eines Motorrads sind nicht besonders gut. Seine Oberfläche ist zerklüftet. Genau das erzeugt eine Reihe von Über- und Unterdruckzonen, die aerodynamisch äußerst ungünstig sind.
Die aerodynamische Analyse lässt sich in zwei Bereiche unterteilen:

- **Die äußere Strömung;**
- **Die innere Durchströmung.**

Äußere Strömung

Aerodynamischen Analyse der unterschiedlichen Bereiche der Front:

- Das Vorderrad wird von der Verkleidung nicht geschützt. Um Verluste zu eliminieren, die durch die von den Speichen verursachte Verwirbelung entstehen, haben Studien gezeigt, dass vollständig abgedeckte Scheibenräder wie bei Rennrädern den c_w-Wert verbessern. Dadurch entsteht jedoch ein echter Nachteil für die Stabilität, da das Fahrzeug viel empfindlicher auf Seitenwind reagiert.

Zudem dürfen die Bremsscheiben nicht abgedeckt sein, um gute Kühlung durch den Fahrtwind zu garantieren. Die Scheibenbremsen von Pkws liegen vollständig innerhalb der Räder und bekommen nur einen geringen Teil das Fahrtwinds ab. Deshalb sind sie auch stärker dimensioniert und in einigen Fällen sogar innenbelüftet, um die Wärme besser aufnehmen, beziehungsweise ableiten zu können.

Derartige Lösungen würden beim Motorrad nicht nur das Gewicht, sondern auch die Kreiselkräfte in die Höhe treiben.

Zum Glück fällt der Luftwiderstand des Vorderrads relativ gering aus, da Motorradreifen schmäler sind und eine runde Kontur aufweisen. Dadurch haben sie aus aerodynamischer Sicht eine günstige Form.

Die Auftriebskomponente aufgrund des Magnus-Effekts ist nur von geringer Bedeutung.

Abbildung 10.8 zeigt die Umströmung eines Pkw-Reifens mit großer Querschnittsfläche und flacher Kontur, der den Magnus-Effekt erzeugt.

Fall a: Das Rad schwebt über der Fahrbahn;
Fall b: Das Rad hat Fahrbahnkontakt.

Der Kotflügel übernimmt eine wichtige Funktion, da er einerseits eine möglichst geringe Stirnfläche, andererseits einen möglichst guten Schutz bieten soll. Zudem darf er die Anströmung des Kühlers nicht stören.

- Die Fahrzeugfront ist logischerweise der Bereich, in dem die größten Luftkräfte auftreten. Bei Geschwindigkeiten über 230 km/h wirkt insgesamt eine Kraft von mehreren duzend Kilogramm auf die Verkleidungsscheibe. Eine einwandfrei konstruierte und hergestellte Scheibe ist die einzige Möglichkeit, um lästige Verformungen und Schwingungen zu vermeiden.
Die Kuppel der Verkleidungsscheibe hat die wichtige Funktion, den Helm und die Schultern des Fahrers zu schützen und einen bestimmten Abtrieb zu erzeugen, der für das Fahrverhalten von entscheidender Bedeutung ist.

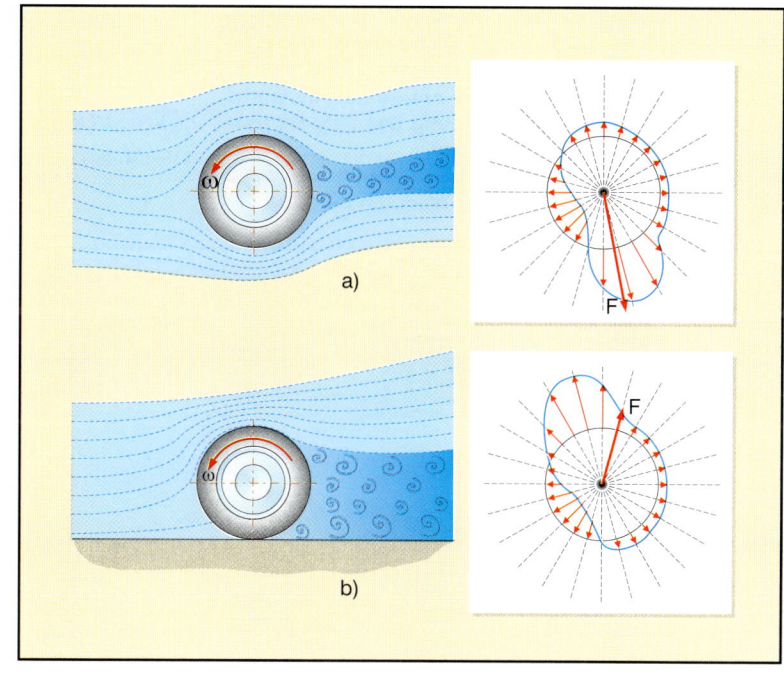

Neigung und Formgebung der Kante der Verkleidungsscheibe sind für eine gute Aerodynamik ganz wesentlich. Selbst Änderungen von wenigen Zentimetern können großen Einfluss auf den Luftwiderstand und insbesondere den Fahrkomfort ausüben.

Um eine Vorstellung zu erhalten, wie wichtig selbst kleine Details sind, hilft ein einfaches Experiment weiter:
Man befestigt einen ungefähr zehn Millimeter hohen und dicken Streifen selbstklebenden Schaumstoffs im Abstand von zehn bis 15 Millimetern zur Kante der Verkleidungsscheibe über die gesamte Kontur vom Handschutz bis zum obersten Punkt. Bereits bei mittlerer Geschwindigkeit registriert der Fahrer eine beachtliche Änderung der Luftströmung. In der Regel nehmen die auf den Körper des Fahrers wirkenden Windkräfte ab. Die Auswirkungen sind vor allem bei Kälte besonders gut zu spüren.

Abbildung 10.8: Umströmung eines Rads.

Der Kühler befindet sich in der Regel im unteren Teil der Verkleidung hinter dem Vorderrad. Selbstverständlich muss genügend Durchströmung für eine einwandfreie Kühlung des Motors vorhanden sein.

Um die Luftzufuhr zum Kühler sicherzustellen muss der Lufteinlass in der Verkleidung groß dimensioniert sein, obwohl das einer aerodynamisch günstigen Gestaltung der Verkleidung im Weg steht.

Das erklärt auch, warum ein Motorrad mit überdurchschnittlicher Leistung mit einem großdimensionierten Kühler und einem entsprechend voluminösen Lufteinlass bei hohen Geschwindigkeiten im Nachteil ist.

- Die seitlichen Verkleidungsflanken sind größtenteils "saubere" Bereiche, ihr Einfluss auf die gesamte Aerodynamik somit gering.

In der Regel sind in den Verkleidungsflanken die Luftauslässe der Kühler untergebracht. Sie müssen so platziert sein, dass sie die äußere Umströmung nicht stören. Die Verkleidung sollte so weit wie möglich nach hinten verlängert sein, um Verwirbelungen und Unterdruckzonen aufgrund von Öffnungen und Vertiefungen zu vermeiden.

- Den mittleren Bereich deckt zum großen Teil der Fahrer ab. Große aerodynamische Verluste entstehen in speziellen Bereichen:
• Zwischen den Kanten der Verkleidung und den Händen des Fahrers;
• Zwischen den Kanten der Verkleidungsscheibe und dem Helm.

Die Druckverhältnisse innerhalb der Verkleidungskuppel sind allen Motorradfahrern vertraut. Die Turbulenzen können auf Dauer die Nackenmuskulatur stark belasten.

Abbildung 10.9 Bauteile, welche die Aerodynamik negativ beeinflussen.
Rear view mirrors increase the Cw·A value from 0,012 to 0,025 = Rückspiegel verschlechtern den c_w-Wert um 0,012 bis 0,025.
Projecting parts of rider's body create aerodynamic disturbances = Die Schutzkleidung des Fahrers verursacht erhöhten Luftwiderstand.
Added turn signals increase Cw·A value buy about 0,01 = Blinker erhöhen den c_w-Wert um zirka 0,01.

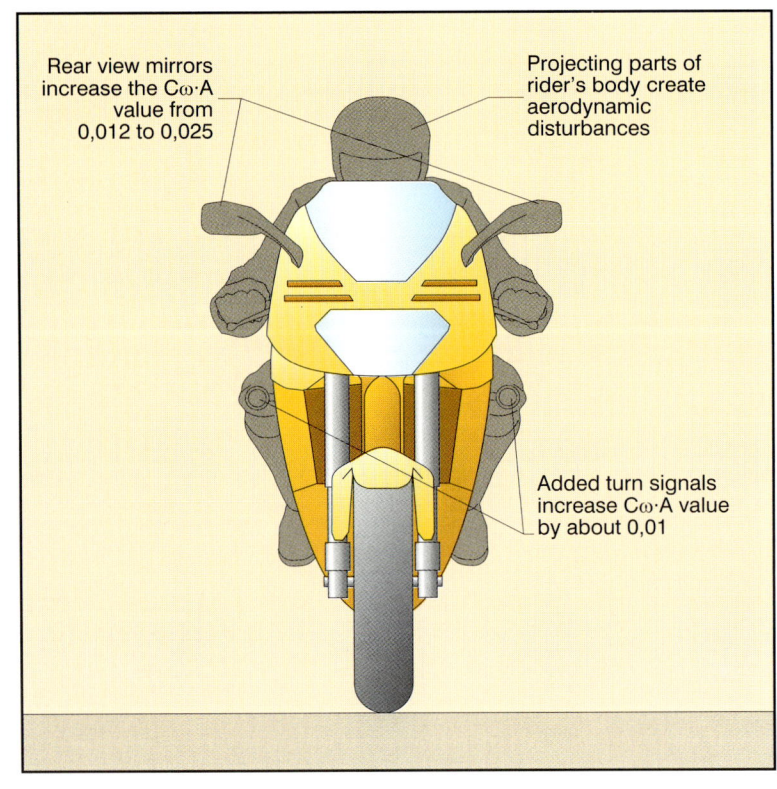

Rear view mirrors increase the Cω·A value from 0,012 to 0,025

Projecting parts of rider's body create aerodynamic disturbances

Added turn signals increase Cω·A value by about 0,01

- Das Fahrzeugheck muss optimal gestaltet sein, um die Strömung am Heck so eng zusammenzuführen, dass der durch die Unterdruckzone erzeugte Widerstand so klein wie möglich ausfällt.

Um eine gute Aerodynamik zu erzielen muss der Sitzhöcker, an dem sich der Fahrer beim Beschleunigen abstützt, hoch genug sein, um einen guten Übergang zum Rücken des Fahrers zu bilden.

Aus Sicherheitsgründen ist das in der Praxis jedoch nicht möglich. Bei einem Sturz könnte ein derart geformter Sitzhöcker den Fahrer behindern und Probleme bereiten, sich vom Motorrad zu trennen.

Die Aerodynamik beim Motorrad setzt der Bewegungsfreiheit des Fahrers enge Grenzen. Falls es möglich wäre, alle Lücken zwischen Fahrer und Motorrad "abzudichten" und eine ebene Oberfläche herzustellen, würde sich der c_w-Wert ganz erheblich verbessern. Andererseits müsste man die Verkleidung speziell an Größe und Figur eines jeden Fahrers anpassen. Zudem könnte sich der Fahrer nicht frei bewegen und das Motorrad perfekt bedienen.

Bei Rennmotorrädern sind die Abmessungen der Verkleidung streng reglementiert. Es gibt eine spezielle Regel, die festlegt, dass der Fahrer seitlich nicht abgedeckt und somit von der Verkleidung umschlossen sein darf.

- Da das Hinterrad in der Unterdruckzone liegt, hat es nur einen vernachlässigbaren Anteil am gesamten Luftwiderstand.

Bauteile, welche die Aerodynamik verschlechtern:

Alles was über die Verkleidung hinausragt, wie Blinker, Rückspiegel, Schalldämpfer, das Nummernschild und der Spritzschutz. Jedes dieser Bauteile, aber speziell die Rückspiegel vergrößern die Stirnfläche und erzeugen Verwirbelungen.

Abbildung 10.9 zeigt einige typische Werte.

Die optimale aerodynamische Gestaltung für Motorräder wäre die Tropfenform. Die Verkleidung dürfte keine Ein- und Austrittsöffnungen haben, die unvermeidbare Störungen der Luftströmung bewirken.
Für folgende Zwecke sind verschiedene Luftführungen und Kanäle notwendig:

- Motorkühlung;
- Ansaugkanäle und Auspuffanlage;
- Ableitung der Wärme von Motor und Auspuffkrümmern, die nicht mit dem Fahrer in Kontakt kommen darf;
- Möglichkeiten für Service und Wartung;

Innere Durchströmung

Kühlung:
Die Luftführung des Kühlers innerhalb der Verkleidung erfordert eine sorgfältige Konstruktion. Um den Wärmeaustausch zu optimieren und gleichzeitig die aerodynamischen Verluste zu minimieren, muss der Kühler wie in Abbildung 10.10 platziert werden.

Abbildung 10.10: Ideale Kühlluftführung.
Radiator = Kühler
Diffuser = Diffusor
Engine = Lüftermotor
Fan = Lüfter

Der Luftstrom verringert beim Durchströmen des Diffusors die Geschwindigkeit. Dessen Wandungen dürfen einen Öffnungswinkel von sieben Grad nicht unterschreiten um den Druck wieder anzuheben. Der Luftstrom fließt nach dem Passieren des Kühlers dann zur Austrittsöffnung. Bei perfekter Konstruktion liegt die Austrittsöffnung der erwärmten Luft im Unterdruckbereich der Verkleidung. Dadurch nimmt zum einen der Unterdruck selbst ab, zum anderen "schiebt sie", zumindest theoretisch, das Motorrad an.

Wegen zahlreicher anderer Bauteile lässt sich diese Anordnung beim Motorrad jedoch nur schwer realisieren. Die Luft sollte an den Verkleidungsflanken in der Form austreten, dass die Umströmung so wenig wie möglich gestört wird.
Die gleichen Überlegungen gelten auch für alle anderen Luftkanäle. Die optimale Gestaltung für den bestmöglichen Verlauf des Luftstroms muss bei jedem Modell die individuellen Strukturen und Baugrößen der Gesamtkonstruktion berücksichtigen.

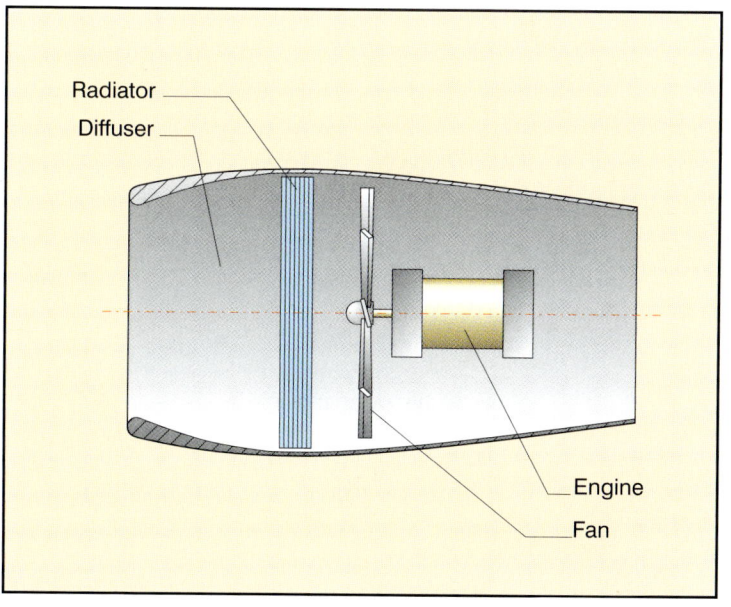

Typische c$_w$-Werte für Motorräder und Pkws

Der c$_w$-Wert von Sportmotorrädern bewegt sich im Bereich von 0,3 bis 0,6. Damit liegt er weit höher als bei der neuesten Automobilgeneration, deren stromlinienförmige Karosserien c$_w$-Werte von 0,26 bis 0,35 aufweisen.

Hochleistungsmotorräder	c$_w$·A mit sitzendem Fahrer	c$_w$·A mit liegendem Fahrer	Pkw	c$_w$·A
Modell 1	0,46	0,39	Kompakt	0,55
Modell 2	0,44	0,36	Mittelklasse	0,64
Modell 3	0,48	0,43	Oberklasse	0,73
500er-Rennm.		0,24		

Die Stirnfläche eines Motorrads ist jedoch fast immer erheblich kleiner als die eines Pkw. Somit fällt auch das Produkt von $c_w \cdot A$ in der Regel geringer aus.

Die Stirnfläche von Pkw bewegt sich in folgenden Bereichen:

- 1,7 bis 1,9 m² für Kleinwagen;
- 2,0 bis 2,2 m² für Mittelklasse-Pkws;
- 1,6 bis 1,8 m² Für Sportwagen.

Fahrzeug	Hubraum (cm³)	Gewicht mit Fahrer (kg)	Leistung kW (PS)	Leistungs-Gewicht (kg/kW)	V$_{max}$ (km/h)
Pkw					
Kompakt	1200	980	53,7 (73)	18,25	170
Mittelklasse	2000	1415	97 (132)	14,2	190
Oberklasse	2800	1570	142 (193)	11,1	230
Sportwagen	3200	1515	236 (321)	6,4	250
Hochleistungs-Sp.w.	3500	1500	280 (380)	5,35	295
Motorrad					
Leichtkraftrad	125	215	24,2 (33)	9	175
Mittelklasse	600	272	70 (959)	3,9	244
Hochleistungsmotorr.	1100	300	101 (138)	3	275
Superbike	900	270	98 (133)	2,7	270

Die Höchstgeschwindigkeiten jedes Fahrzeugs ergänzen die Tabelle über das Leistungsgewicht unterschiedlicher Fahrzeugkategorien in Kapitel 5. In der Regel kompensiert der geringere $c_w \cdot A$ -Wert von Motorrädern die höhere Leistung von Pkws.

Zudem hat die Verkleidung eines Motorrads auch eine ästhetische Funktion.

Während für Hochleistungs-Sportmotorräder mehr Entwicklungsarbeit in die Aerodynamik als in das äußere Erscheinungsbild gesteckt wird, gibt es bei anderen Motorrädern einen größeren Freiraum bei der Gestaltung.

Für Motorräder wie zum Beispiel Enduros, bei denen die Höchstgeschwindigkeit keine große Rolle spielt, widmen die Entwickler bestimmten Bereichen wie der Kontur der Verkleidungsscheibe besondere Aufmerksamkeit. Sie muss bei Geschwindigkeiten über 100 km/h sowohl guten Windschutz bieten, als auch den Auftrieb reduzieren, wie Abbildung 10.11 zeigt.

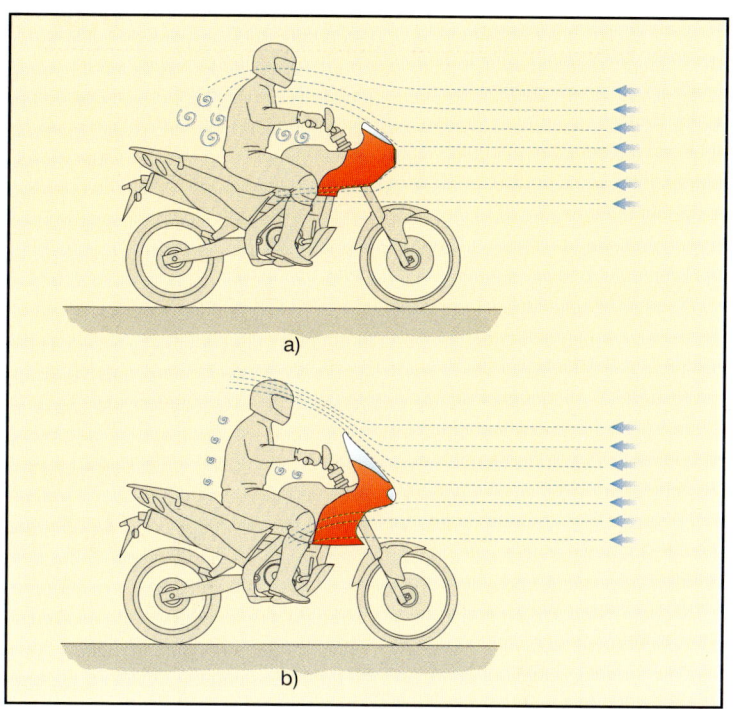

Abbildung 10.11: a) Kontur einer Verkleidung mit schlechtem Windschutz. b) Kontur einer Verkleidung mit gutem Winschutz.

Aerodynamischer Auftrieb

Die seitliche Kontur eines Motorrads lässt sich mit dem Profil eines Flugzeugflügels vergleichen.

Wenn die Geschwindigkeit zunimmt versucht eine aerodynamische Kraft das Motorrad anzuheben. Das bedeutet, dass sich die Radlasten im Vergleich zur statischen Last verändern.
Das Motorrad hat während der Fahrt eine dynamische Radlast, die duzende von Kilogramm geringer sein kann als das statische Gewicht.
Die vom Auftrieb erzeugte Komponente der Radlast, die in senkrechter Richtung positiv oder negativ wirkt, wird in L_{front} und L_{heck} unterschieden.

Die Haltung des Fahrers spielt dabei eine wichtige Rolle. In sitzender Position wie auf einer Enduro vergrößert der Fahrer nicht nur die Stirnfläche, er wirkt sich auch störend auf die Strömung der Luft aus und entlastet die Front des Motorrads spürbar.

Durch speziell konstruierte Verkleidungen, bei denen besondere Sorgfalt auf die Kontur gerichtet ist, lässt sich der Auftrieb reduzieren. Theoretisch können Spoiler oder spezielle Flügel ihn sogar ganz eliminieren.

Einfluss der Aerodynamik auf das Fahrverhalten

Von den Windkräften erzeugtes Auftriebsmoment

Analog zu Massen, bei denen die resultierende Gewichtskraft im Schwerpunkt angreift, gibt es für die Windkräfte den sogenannten Staupunkt, in dem die Resultierende der aerodynamischen Kräfte wirkt.

Jedes Motorrad mit oder ohne Verkleidung hat einen Staupunkt PS. Er ist zwar nur schwer zu bestimmen, liegt aber stets über der Fahrbahn.

Der Abstand zwischen der Fahrbahn und dem Staupunkt ist durch einen Hebelarm festgelegt, der, multipliziert mit dem Luftwiderstand, ein Moment um die y-Achse ergibt.

Gleichung 10.2

$$M = F_d \cdot d$$

Um die Kräfte im Gleichgewicht zu halten, ergibt sich aus Gleichung 10.2 die Gleichung 10.3 für die vertikalen Radlasten:

Gleichung 10.3

$$L_{Auftr} = \frac{M}{wb}$$

Abbildung 10.12: Aerodynamischer Auf- beziehungsweise Abtrieb.
Center of aerodynamic pressure = Staupunkt
Downforce = Abtriebsmoment

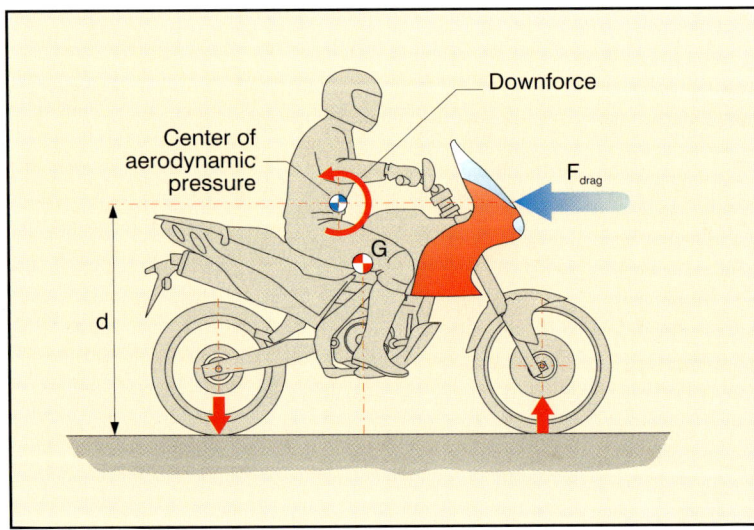

Je höher der Staupunkt liegt, um so größer ist das auf das Motorrad wirkende Auftriebsmoment.

Während der Fahrt bestimmt der Auf- beziehungsweise Abtrieb an Vorder- und Hinterrad die Summe der auf die Räder wirkenden, aerodynamischen Kräfte.

Insbesondere auf das Vorderrad:

Gleichung 10.4

$$L_{net} = N_{stat} - L_{Auftr} - L_f$$

Deshalb reduzieren zwei Effekte das Gewicht auf das Vorderrad: Der aerodynamisch bedingte Auftrieb und das, von den im Staupunkt angreifenden Windkräften verursachte Moment.

Die geringere Vorderradlast hat ein reduziertes Rückstellmoment zur Folge. Dadurch entsteht bei vielen Motorrädern bei Geschwindigkeiten jenseits von 200 km/h das Gefühl, als ob das Motorrad leichter würde.

Für das Hinterrad gilt:

Gleichung 10.5

$$L_{net} = N_{stat} - L_{Abtr} - L_r$$

Am Hinterrad überwiegt der vom Winddruck erzeugte Abtrieb gegenüber dem aerodynamischen Auftrieb.
Dadurch kommt stets eine zusätzliche Last auf das Hinterrad. Sie verhindert bei hohen Geschwindigkeiten ein durchdrehendes Hinterrad.

Rein theoretisch gibt es selbst bei unendlich hoher Antriebsleistung aufgrund aerodynamischer Effekte *eine Grenzgeschwindigkeit für jedes Motorrad.*

Dieses Limit kann erreicht werden durch:

- Aufhebung der Vorderradlast:
Die Grenzgeschwindigkeit tritt dann ein, wenn der Auftrieb ebenso groß ist wie die Vorderradlast. Die Kontrolle über das Motorrad geht verloren.

- Die Antriebskraft lässt sich nicht länger auf die Fahrbahn übertragen:
Grenzen setzt in diesem Fall die mangelnde Haftung des Hinterrads. Wenn der Auftrieb entsprechend hoch ist, verhindert eine zu geringe Radlast die Übertragung des Antriebsmoments auf die Fahrbahn und somit die Vorwärtsbewegung des Fahrzeugs.

In beiden Fällen können aerodynamische Hilfsmittel wie Flügel oder eine entsprechende Kontur der Verkleidung Abhilfe durch geringeren Auftrieb schaffen.

Bei der neuesten Generation leistungsstarker Straßenmotorräder sind die Verkleidungsscheiben so konstruiert, dass sie einen gewissen Abtrieb erzeugen. Sie wirken der Entlastung des Vorderrads entgegen.

Speziell im Fall von extrem leistungsstarken 500er-Grand Prix-Motorrädern hat sich während der letzten Jahre eine Konfiguration herausgebildet, die selbst bei hohen Geschwindigkeiten das Vorderrad ausreichend belastet.
Offensichtlich wird der Optimierung des gesamten Fahrverhaltens ein geringer Teil der Endgeschwindigkeit geopfert.

Geradeauslaufstabilität

Die seitliche Lage des Druckpunkts C_p ist ebenfalls von Bedeutung.

Falls C_p vor dem Schwerpunkt des Motorrads liegt, kann ein Windstoß von der Seite oder in einer Kurve das Motorrad in den Wind drehen.

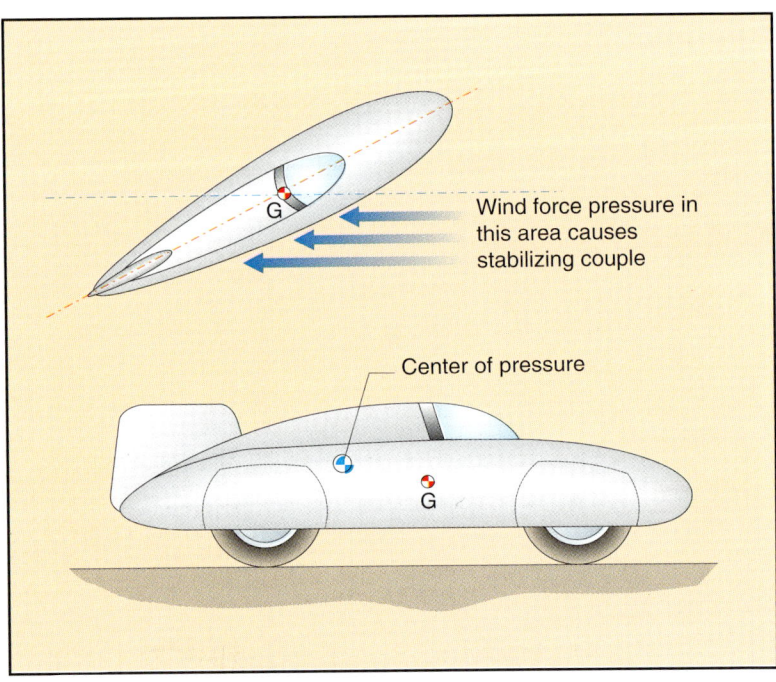

Wind force pressure in this area causes stabilizing couple

Center of pressure

Abbildung 10. 13: Rekordfahrzeug, bei dem der Druckpunkt hinter dem Schwerpunkt liegt.
Wind force pressure in this area causes stabilizing couple = Der Druckpunkt bewirkt in diesem Bereich ein stabilsierendes Moment
Center of pressure = Druckpunkt

Dadurch entsteht ein gefährlicher, destabilisierender Effekt.

Wenn C_p dagegen hinter dem Schwerpunkt liegt, versucht das Motorrad seine geradlinige Bewegung aufrecht zu erhalten. Die aerodynamischen Auswirkungen verhindern eine Richtungsänderung.

Für Geschwindigkeitsrekorde konstruierte Motorräder liefern dafür ein gutes Beispiel. Sie müssen sich bei hoher Geschwindigkeit unbeirrbar und stabil geradeaus bewegen und sind deshalb mit großen senkrechten Heckflossen ausgerüstet.

Da sich derartige Rekordfahrzeuge vollständig von normalen Straßenmotorrädern unterscheiden, erreichen sie Geschwindigkeiten von über 500 km/h.

Um Auftrieb am Vorderrad entgegenzuwirken, sind sie sehr lang und im vorderen Überhang zum Teil sogar mit Ballast beschwert.

Zudem sind sie sehr niedrig konstruiert. Der Fahrer nimmt aus zwei Gründen eine liegende Position ein:

- Um die Stirnfläche zu reduzieren und
- um die Höhe des Staupunkts P_S und somit den Auftrieb an der Front gering zu halten.

Heckflossen und Groundeffekt bei Automobilen

In den vergangenen Jahren haben die Kurvengeschwindigkeiten von Rennwagen durch die konsequente Ausnützung des Abtriebs durch den Einsatz von Flügeln oder den sogenannten Groundeffekt erstaunlich zugenommen. Der Druckabfall zwischen dem Fahrzeugunterboden und der Fahrbahn und speziell konstruierte Flügelprofile im Unterbodenbereich erzeugen Abtrieb durch den Groundeffekt.

Abbildung 10.14 zeigt, wie sich der Strömungsverlauf um einen Körper verändert, der sich nahe der Fahrbahn befindet.
Man kann erkennen, dass der Luftwiderstand zunimmt und die Strömungslinien über der Achse dichter beieinander liegen. Sie haben damit eine höhere Luftgeschwindigkeit, es entsteht Unterdruck und somit Abtrieb.
Auf- oder Abtriebskräfte haben den Nachteil, dass sie einen zusätzlichen Luftwider-

stand verursachen. Tatsächlich erreichen aktuelle Formel 1-Renner Spitzengeschwindigkeiten von "lediglich" 330 km/h.

Offensichtlich opfern die Konstrukteure hohen Kurvengeschwindig-keiten einen Teil der Spitzengeschwindigkeit. Das kommt insgesamt den Rundenzeiten zugute.

Tatsächlich erreichen Formel 1-Rennwagen in Kurven Querbeschleu-nigungen von drei bis vier g, also dem drei- bis vierfachen der Erd-beschleunigung von 9,81 m/sec². Das Motorrad erzielt bei einem Kraftschlussbeiwert von 1 und einer Schräglage von 45 Grad dage-gen Zentrifugalkräfte von gerade einem g.

Die Kurvengeschwindigkeit eines Formel 1-Renners ist deshalb ungleich höher als die eines Motorrads.

Warum verwenden Motorradkonstrukteure nicht ebenfalls Flügel und andere aerodynamische Hilfsmittel, um die Kurvengeschwindigkeiten zu steigern?

Ursprünglich sahen die Konstrukteure selbst in den Rädern von Formel 1-Autos Flügel vor, welche die Bestimmungen dann aber verboten.

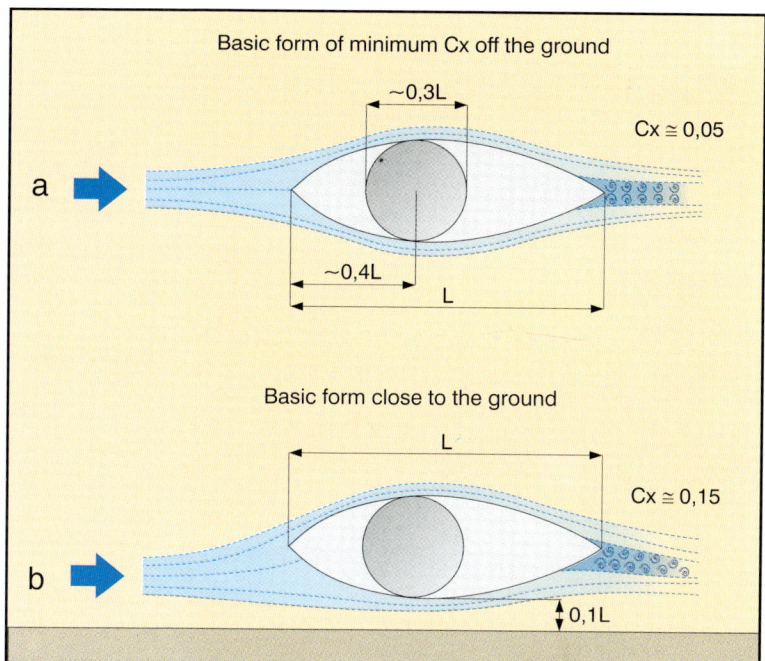

Abbildung 10.14: Ideales Profil für geringen c_w-Wert a) in der Luft und b) nahe dem Boden.
Basic form of minimum Cx off the ground = Ideales Profil für geringen c_w-Wert in der Luft
Basic form close to the ground = Ideales Profil nahe der Fahrbahn

Anwendung von Flügelprofilen

Wenn man einen oder mehrere Flügel an einer aerodynamisch "sauberen" Fläche des Motorrads anbringt, lassen sich Abtriebskräfte effektiv erzeugen. Der Vorteil ist, dass man die Radlasten so weit wie gewünscht erhöhen kann, ohne die ungefe-derten Massen in die Höhe zu treiben. Es ergeben sich höhere übertragbare Zug- und Seitenführungskräfte.

In Kurven neigen sich die Flügel mit dem Motorrad, die vertikale Kraft verläuft stets senkrecht zum Flügelprofil.

Die Radlast steigt entsprechend, lässt aber keine höheren Kurvengeschwindigkeiten zu, obwohl sich bei Geradeausfahrt die Traktion verbessert.

Deshalb ist der Nutzen gering. Zudem würden durch die starke Änderung der Lage des Motorrads unter verschiedenen Fahrzuständen, zum Beispiel in Schräglage, Probleme auftreten.

Zudem sind alle aerodynamischen Hilfsmittel, die über die Silhouette des Fahrzeugs hinausragen, im Rennsport verboten, was deren Entwicklung gestoppt hat. Deshalb haben selbst Straßenmotorräder, die direkt von Rennmotorrädern abstammen keine

Erhöhung der Radlasten bei Motorrädern

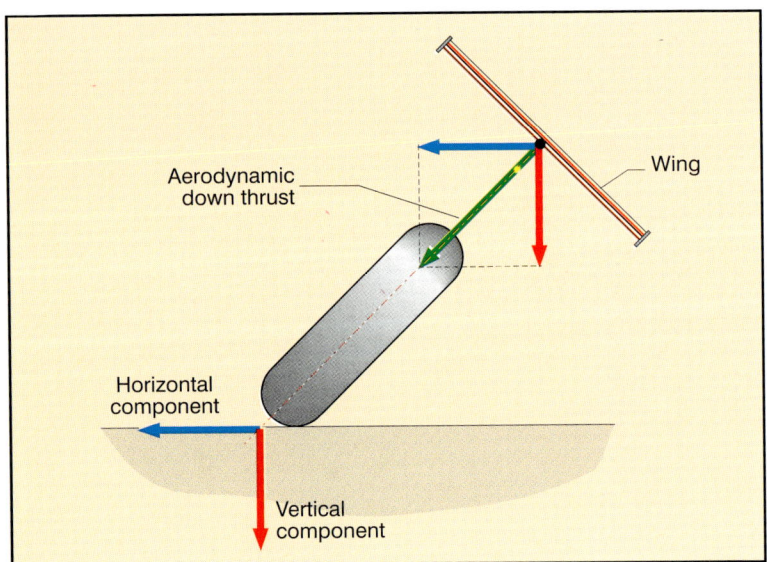

Abbildung 10.15: Erhöhte Radlasten beim Motorrad durch aerodynamische Hilfsmittel wie Flügel.
Aerodynamic down thrust = Aerodynamischer Abtrieb
Wing = Flügel
Horizontal component = Horizontale Komponente
Vertical component = Vertikale Komponente

aerodynamischen Hilfsmittel.

Es wäre günstiger, Flügel direkt an den ungefederten Massen anzubringen. Eine höhere vertikale Belastung durch Flügel würde direkt auf die Räder und nicht auf die Federelemente übertragen. Dadurch würden die Radaufhängungen bei hohen Geschwindigkeiten nicht zusammengedrückt und sich dadurch nicht auf die Lage des Motorrads auswirken.

Nutzung des Groundeffekts

Die Unterseite der Verkleidung ist bei Motorrädern stets sehr schmal. Deshalb lässt sie sich im Gegensatz zum Pkw nicht für den Groundeffekt nützen. Zudem ist eine höhere Kraftschlussbeanspruchung bei der Geradeausfahrt von Motorrädern nicht so entscheidend.

In Kurven setzt während des Rennens zum Teil der gesamte untere Teil der Verkleidung auf der Fahrbahn auf. Mit entsprechenden Modifikationen könnte die Fläche groß genug sein, um einen Groundeffekt zu erzeugen. Das Ergebnis wäre aber verheerend: Das Motorrad würde sich mehr und mehr in Schräglage neigen, und das Aufrichten erschweren.

Kapitel

Der Motor

Kapitel 11 beschränkt sich auf die Aspekte des Motors, die direkt oder indirekt das Fahrverhalten des Motorrads beeinflussen. Die Analyse der Funktion und Leistung des Motorradantriebs ist nicht Thema dieses Buches.

Motorradmotoren zeichnen sich in der Regel durch höhere spezifische Leistungen als Pkw-Triebwerke aus.

Vergleich zwischen Pkw- und Motorradmotoren

Die **spezifische**, also hubraumbezogene **Leistung** ergänzt die Tabelle von Kapitel 5. Sie veranschaulicht den Unterschied zwischen Motorrad- und Automobilmotoren.

Pkw	Hubraum (cm³)	Gewicht mit Fahrer (kg)	Leistung kW (PS)	Spezifische Leistung (kW/1000cm³)
Kompaktklasse	1200	900	53,7 (73)	45
Mittelklasse	2000	1415	97 (132)	48
Oberklasse	2800	1570	141 (193)	50
Sportwagen	3200	1515	236 (321)	73
Hochleist.-Sp.w.	3500	1500	280 (380)	80
Formel 1	3000	680	551 (750)	183

Motorrad	Hubraum (cm³)	Gewicht mit Fahrer (kg)	Leistung kW (PS)	Spezifische Leistung (kW/1000cm³)
Leichtkraftrad	125	215	24 (33)	**192**
Mittelklasse	600	272	70 (95)	**116**
Oberklasse	1100	300	100 (138)	**91**
Superbike	900	265	98 (133)	**108**
500-GP-Motorrad	**500**	**225**	**147 (200)**	**294**

Dabei fällt die extrem hohe spezifische Leistung kleiner Zweitakter auf.

Abbildung 11.1: Leistungskurven eines Pkws und eines Motorrads. Bei gleicher Spitzenleistung ist das Drehzahlniveau von Pkw und Motorrad höchst unterschiedlich. Automotoren arbeiten mit erheblich geringeren Drehzahlen.

Power curve for automobile and motorcycle engines = Leistungskurven von Pkw und Motorrädern
Power = Leistung
rpm engine = Drehzahl 1/min
Car power = Pkw-Leistung
Motorcycle power = Motorrad-Leistung

Dieses Arbeitsprinzip bietet sich geradezu an, um mit kleinen, leichten und wartungsfreundlichen Konstruktionen eine hohe Leistungsausbeute zu erzielen. Der 125er-Zweitakter eines Straßenmotorrads hat eine spezifische Leistung, die sich mit der eines hochentwickelten, sündhaft teuren Formel 1-Motors vergleichen lässt, der nur für ein Rennen konstruiert wurde.

Selbst Viertakt-Motoren mittel- und leistungsstarker Motorräder haben höhere spezifische Leistungen als Automotoren.
Kleine Hubräume erfordern für hohe Leistungsausbeute hohe Drehzahlen. Somit liegt auch die Nenndrehzahl weit höher als bei Pkw-Motoren.

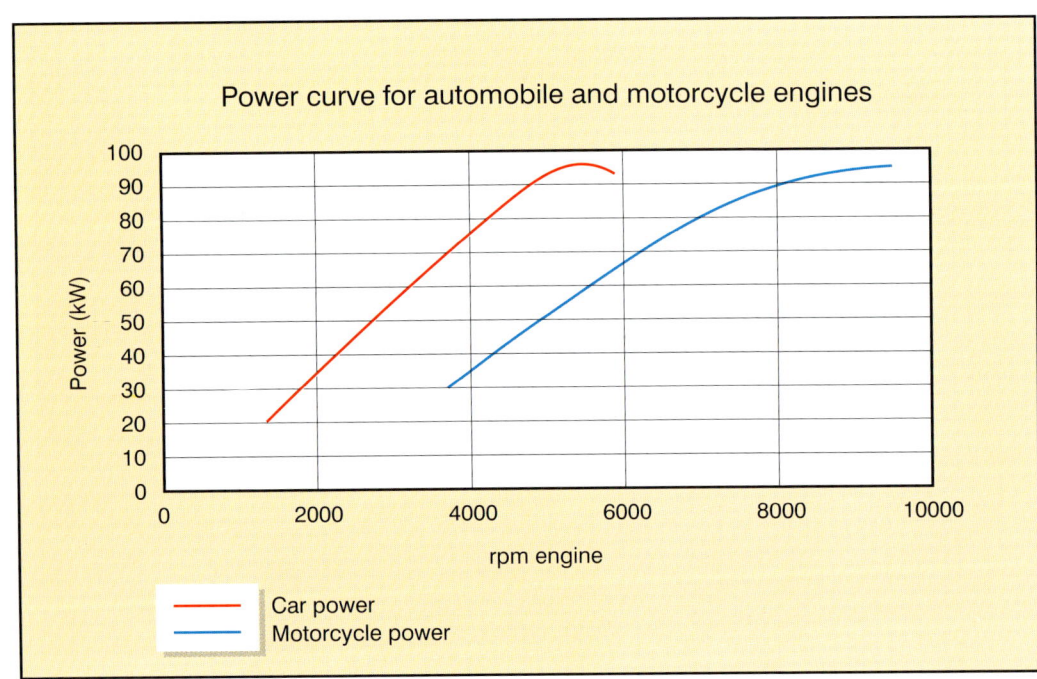

Pkw-Motoren entwickeln bis auf wenige Ausnahmen ihr maximales Drehmoment bei 2 500 bis 3 000 Umdrehungen pro Minute. Die Maximaldrehzahlen liegen bei 6 000 bis 7 000 U/min. Motorradmotoren gleicher Leistung erreichen ihr maximales Drehmoment erst bei 5 000 bis 6 000 U/min und drehen bis über 10 000 U/min.

Falls man den Motor eines Mittelklasse-Pkws mit 1800 cm³ und 74 kW durch einen Motorradmotor mit 600 cm³ und gleicher Maximalleistung ersetzen wollte, müsste der Fahrer selbst bei Anpassung der Übersetzung beim Anfahren den Motor extrem hochdrehen und die Kupplung lange schleifen lassen, bevor sich das Fahrzeug in Bewegung setzen würde.

Darüber hinaus sind Automotoren für Laufleistungen von 200 000 bis 300 000 Kilometer und geringen Wartungsaufwand konstruiert. In der

Regel ist der Verschleiß während der Laufzeit so gering wie möglich, um die Kosten pro Kilometer niedrig zu halten. Die Philosophie der Autokonstrukteure konzentriert sich demnach eher auf die Optimierung der langfristigen Betriebskosten und der Zuverlässigkeit, als auf hohe Leistungsausbeute.

Mit Ausnahme von Rollern betrachten die Verbraucher in Industrieländern Motorräder nicht als Ersatz-Transportmittel für das Auto. Während sich Zweiräder im dichten Verkehrsgewühl der Großstädte zwar bestens bewähren, gelten sie gleichzeitig als ideales Mittel zur persönlichen Entspannung.
Deshalb müssen Motorräder beim Fahren Spaß machen und gleichzeitig hohe Leistung bieten.

Die Kilometerleistung eines Motorrads ist im Vergleich zu der eines Pkws ziemlich gering. Dadurch kann der Fahrer den Motor in höhere Drehzahlregionen hochdrehen: Das höhere Drehzahlniveau verursacht aber auch mehr Motorverschleiß.

Zudem sollte das Gesamtgewicht eines Motorrads so gering wie möglich sein, um:

- Die Leistungsfähigkeit sowohl beim Beschleunigen, als auch beim Bremsen zu optimieren;

- Ein gutes Fahrverhalten zu garantieren;

- Das Manövrieren im Stand zu erleichtern.

Aus diesen Gründen sind Motorradmotoren extrem leicht. Jedes Bauteil ist bis ins Detail optimiert, um das Gewicht und die Abmessungen so gering wie möglich zu halten.
Sämtliche Gehäuseteile sind aus Aluminiumlegierungen hergestellt, während beim Pkw Motorgehäuse zum Teil aus Gusseisen, einem preiswerten aber schweren Werkstoff zum Einsatz kommen. Einige weniger belastete Teile bestehen beim Motorrad sogar aus Magnesiumlegierungen.

Die vorhergehenden Kapitel haben das Fahrverhalten des Motorrads in verschiedenen Fahrzuständen beschrieben und sich auf eine Anzahl verschiedener Parameter konzentriert, die einen wichtigen Einfluss auf die Handlichkeit des Fahrzeugs ausüben:

- Das Gewicht des Fahrzeugs;
- Die Radlastverteilung;
- Die Schwerpunktshöhe;
- Das Massenträgheitsmoment des Motorrads um die Längs- und Querachse;
- Die Länge der Schwinge, sowie die Lage des Momentanzentrums der Kettenzug-
  resultierenden.

Der Fahrspaß hängt beim Motorrad stark von der Konstruktion des Motors und seiner Lage im Fahrwerk ab.

Einfluss des Motors auf die Gewichtsverteilung

Das Gewicht des Motors beträgt ungefähr 30 bis 35 Prozent des Motorrad-Gesamtgewichts. Die Lage der meisten anderen Massen lässt sich aufgrund verschiedener konstruktiver Forderungen nicht verändern.

Zirka 20 bis 25 Prozent des Gesamtgewichts machen die Räder und weitere ungefederte Massen, wie Bremsscheiben, Bremssättel und Naben, sowie Teile der Gabel und Schwinge aus. Ihre Position lässt sich aus ersichtlichen Gründen nicht verändern.

Die Lage vieler Anbauteile, wie Scheinwerfer, Rücklicht, Blinker und Rückspiegel ist durch ihre Funktion festgelegt.
Selbst bei Bauteilen wie Armaturen, Lenker, Tank, Sitzbank und Fußrasten, auf die weitere zehn Prozent des Gewichts entfallen, bestimmen ergonomische Anforderungen ihre Lage.
Das restliche Gewicht des Motorrads in Form der Verkleidung, der Elektrik, des Rahmens und kleinerer Anbauteile ist über das gesamte Motorrad verteilt.

Da der Motor das schwerste Bauteil ist, wirkt sich die Änderung der Motorposition am stärksten auf die Lage des Schwerpunkts und somit auf das Fahrverhalten aus.

Eine um wenige Zentimeter verschobene Motorposition kann das dynamische Verhalten des Motorrads komplett verändern.

Die Konfiguration des Motors beeinflusst dessen Position im Rahmen nachhaltig. Rein theoretisch würde ein längseingebauter Reihensechszylinder mit Kardanantrieb einen extrem langen Radstand oder ungewöhnliche technische Lösungen voraussetzen.

Für Motorräder ist die beste Lösung ein Kompromiss aus:

- Geringem Gewicht;
- Geringem Bauraum;
- Hoher Leistungsfähigkeit, abhängig vom Einsatzzweck des Motorrads.

In der Praxis hat ein Motorenkonzept in Hinsicht auf den geplanten Einsatzzweck stets Stärken und Schwächen gleichzeitig.

Man kann sich in einem wendigen Trialmotorrad ebenso schwer einen Reihenvierzylinder vorstellen, wie einen Zweitakter in einem luxuriösen Cruiser.

Deshalb müssen Motor und Fahrwerk eines Motorrads als Einheit konstruiert werden.

Darin besteht ein wesentlicher Unterschied zum Automobilsektor, in dem der gleiche Motor in verschiedene Karosserien eines oder sogar verschiedener Hersteller zum Einsatz kommt.

Der nächste Abschnitt zeigt eine Übersicht der wichtigsten Konfigurationen von Motorradmotoren. Er konzentriert sich auf die Abmessungen und das Schwingungsverhalten, welche die Bauart des Rahmens entscheidend beeinflussen.

Schwingungen

Alle Motorradmotoren produzieren entsprechend ihrer konstruktiven Auslegung und ihres Einsatzzwecks Schwingungen. Jeder Fahrer hat ganz bestimmte Erfahrungen mit lästigen Vibrationen.

Wie aber entstehen Schwingungen?

Die Bauteile eines Motors, die ungleichförmige Bewegungen ausführen, erzeugen freie Massenkräfte und damit von der Drehfrequenz abhängige Schwingungen.

Folgende Bauteile führen ungleichförmige, oszillierende Bewegungen aus:

- Der Kolben;
- der Kolbenbolzen;
- und ein Teil des Pleuels, in der Regel ungefähr zwei Drittel.

Je schwerer diese Bauteile sind, umso größere freie Massenkräfte erzeugen sie.

Zwei- und Viertaktmotoren

Motorradmotoren lassen sich grundsätzlich nach ihrem Arbeitsverfahren unterscheiden. Sie unterteilen sich in:

- *Viertaktmotoren,* bei denen ein Arbeitszyklus zwei Kurbelwellenumdrehungen dauert.

- *Zweitaktmotoren,* bei denen ein Arbeitszyklus innerhalb einer Kurbelwellenumdrehung abläuft.

Vergleicht man einen Zweitaktmotor mit einem Viertakter gleichen Hubraums, ergeben sich folgende Vorteile:

- 20 Prozent weniger Gewicht;

- 40 Prozent mehr Leistung;

- Weniger bewegte Teile: Man denke nur an den gesamten Ventiltrieb und dessen Steuerung.

Einfach, leicht, leistungsstark, lauten die großen Vorteile des Zweitaktprinzips.

Dem stehen jedoch *hoher Kraftstoffverbrauch* und vor allem *große Probleme mit der Einhaltung der Schadstoffgrenzwerte* gegenüber. Sie werden in Zukunft immer strenger, um die Luftverschmutzung in den Griff zu bekommen.

Daher kommen Zweitaktmotoren bevorzugt im Rennsport, speziell in den kleinen Hubraumklassen, zum Einsatz.

Zudem prädestiniert sie ihr einfacher Aufbau für kleine, leichte Stadtfahrzeuge, zum Beispiel Roller.

Andererseits sind heute fast alle Motorräder, von der Mittel- bis zur Oberklasse, vom Ein- bis zum Multizylinder mit Viertaktmotoren ausgerüstet.

Einige spezifische Daten der beiden Bauprinzipien aus den beiden prominentesten Klassen des Straßenrennsports verdeutlichen die Unterschiede:

- Grand Prix-Motorräder mit 500 cm^3-Vierzylinder-Zweitaktern erreichen 147 kW (200 PS) Leistung. Die spezifische Leistung beträgt 294 kW/1000 cm^3 (400 PS/Liter).

- Superbikes mit 750 cm^3-Vierzylinder-Viertaktern leisten 125 kW (ungefähr 170 PS), entsprechend einer spezifischen Leistung von 166 kW/1000 cm^3 (226 PS/Liter).

Die maximale Leistung liegt also beim Zweitakter in diesem Fall 70 Prozent höher!

Der Vierzylinder-Zweitakter hat einen kleineren Einzelhubraum. Der Viertaktmotor eines Superbikes stammt vom Serienmotorrad ab und hat das Handikap einer Massenproduktion.

Einzylinder

Dieses Motorenkonzept wurde aufgrund seines einfachen Aufbaus, geringen Gewichts und Bauraums ursprünglich zuerst im Motorrad verwendet und war am weitesten verbreitet.

Es kommt in den unterschiedlichsten Zweirädern zum Einsatz: Einzylinder werden in einfachen Rollern ebenso wie in hochentwickelten Enduros mit 650 cm³ und mehr verbaut.

Hinsichtlich des Rahmens bietet dieses Konzept ideale Vorraussetzungen:

- **Baulänge:** Da sie sehr gering ist, bieten sich bei der Wahl des Radstands viele Möglichkeiten. So lassen sich die Schwinge entsprechend lang gestalten und die Massen um den Schwerpunkt konzentrieren.
Daher zeichnen sich Motorräder mit Einzylindermotoren durch ein geringes Massenträgheitsmoment um die Querachse aus.

- **Baubreite:** Diese Motorenkonfiguration lässt sich in jeder gewünschten Höhe platzieren, ohne dass sich der Konstrukteur um die Bodenfreiheit in Schräglage sorgen muss. Sie schränkt die Bewegungsfreiheit des Fahrers nicht ein. Gleichzeitig sind Anbauteile wie Kühler, Vergaser und Auspuffanlage leichter unterzubringen.

Abbildung 11.2: Einzylinder.

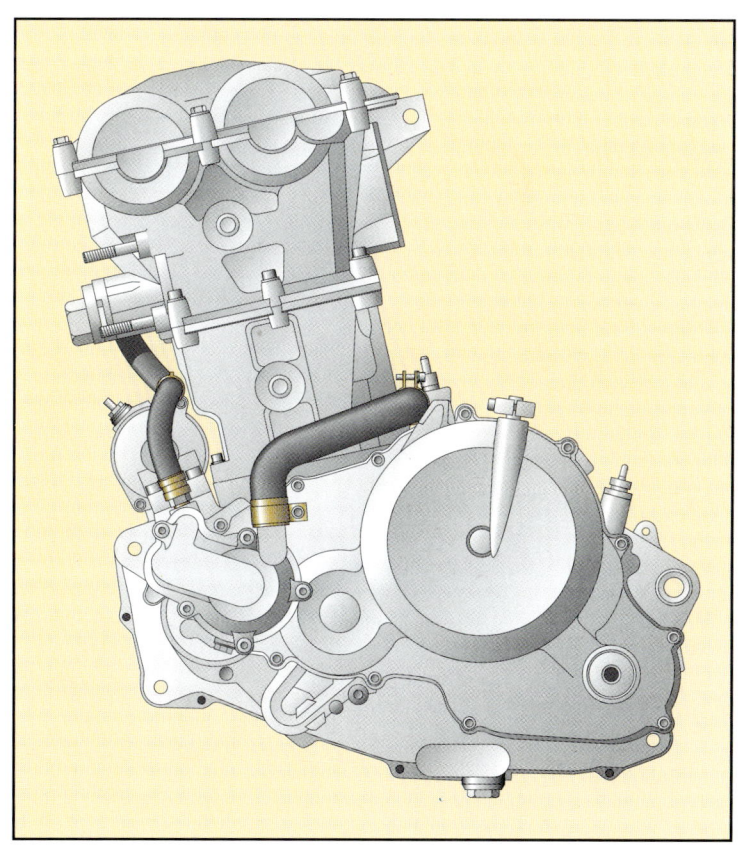

Mit kleinen und leichten Motoren kann man äußerst handliche Motorräder realisieren. Deshalb sind fast alle Off-Road-Motorräder mit Einzylindern ausgestattet.
Sie liefern bereits bei niedrigen Drehzahlen ein hohes Drehmoment. Diese Charakteristik unterstützt ein gutes Fahrverhalten in grobem, unwegsamen Gelände.

Das Schwingungsverhalten von Einzylindern ist allerdings wenig ausgeglichen. Große Massenkräfte erster und zweiter Ordnung verursachen entsprechende Schwingungen. Die einzige Möglichkeit besteht für den Konstrukteur darin, die Einbaulage so zu wählen, dass die Massenkräfte so günstig wie möglich in den Rahmen eingeleitet werden.

Das störende Schwingungsverhalten ist bei Rennmotorrädern, bei denen geringes Gewicht, kompakte Abmessungen und die Suche nach optimaler Leistungsentfaltung ausschlaggebend sind, oder bei einfachen preiswerten Zweirädern wie Rollern noch akzeptabel. Bei denen kommen zudem elastische Motoraufhängungen zum Einsatz.

Ausgleichswellen können Schwingungsprobleme stark reduzieren.

Diese weit verbreitete Lösung kommt selbst bei vielen Vierzylindern, speziell in den großen Hubraumklassen zum Einsatz, bei denen die hohen Gewichte der Kolben große Massenkräfte verursachen, als auch bei Hochleistungszweitaktern, die zwar mit leichten Kolben, dafür aber extrem hohen Drehzahlen arbeiten.

Bei Reihenvierzylindern sind zwar die Massenkräfte der ersten, nicht aber der zweiten Ordnung ausgeglichen.

Abbildung 11.3 zeigt die Möglichkeit, selbst die Massenkräfte eines Einzylinders komplett auszugleichen. Sie ist jedoch aufwändig, und wird daher in der Regel nicht eingesetzt.

Die Kosten, die Baugröße und der daraus resultierende Aufwand lassen sich mit einem in mehrere Zylindereinheiten unterteilten Motor vergleichen, der bei gleichem Hubraum mehr leistet.

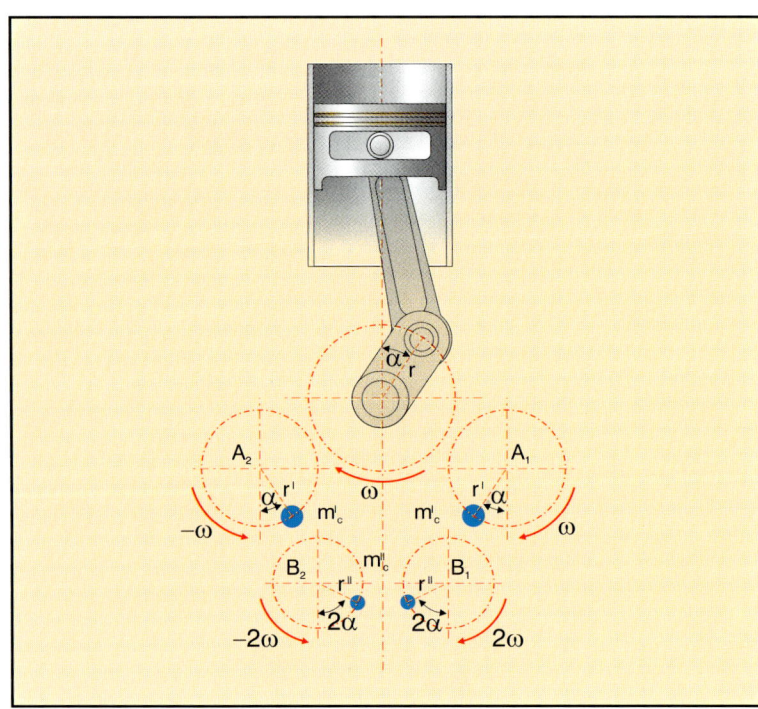

Abbildung 11.3: Vollständig ausgeglichene Massenkräfte der oszillierenden Teile eines Einzylinders.

Zweizylindermotoren

Es gibt bei diesem Konzept eine ganze Reihe von Zylinderanordnungen mit oder ohne Ausgleichswellen: **Reihenmotoren, V-Motoren mit 60-, 70- oder 90-Grad Zylinderwinkel und Boxermotoren,** sowohl als Zwei- oder als Viertakter.

Dabei macht das exzellente Verhältnis von **Leistung zu Baugröße** und die Möglichkeit, kompakte und elegante Motorräder zu konstruieren dieses Antriebskonzept so attraktiv.
Bei einigen Konstruktionen ist die Baubreite nicht größer als bei einem Einzylinder. Dadurch lassen sich schmale Rahmen und Verkleidungen mit kleinen Stirnflächen realisieren.

Die Popularität der Zweizylinder-Motoren bestätigt auch der Einsatz in den unterschiedlichsten Motorradmodellen, vom einfachen Alltagsmotorrad für den Weg ins Büro über große Enduros, hochentwickelte Superbikes für die Rennstrecke, Cruiser mit gewaltigen Hubräumen zum Dahingleiten auf Highways, bis hin zum luxuriösen, mit allen möglichen Accessoires ausgestatteten Custombike.

Reihenzweizylinder:
Ein einfach aufgebauter Motor, der mit seiner Baulänge dem Einzylinder nahe kommt und etwas mehr Baubreite einnimmt. Er wird im allgemeinen bei einfachen, preiswerten und handlichen Motorrädern verbaut.

Zweizylinder V-Motor mit querliegender Kurbelwelle:
Die Zylinder sind dabei in den unterschiedlichsten Winkeln von 45 bis 90 Grad zueinander angeordnet.

Diese Konfiguration sorgt für eine fast ebenso schmale Stirnfläche wie beim Einzylinder und bietet dabei ein deutlich größeres Leistungspotenzial.
Abhängig vom Zylinderwinkel kann diese Motorenkonfiguration einen guten Massenausgleich bieten. Bei Motoren mit Ausgleichswelle lassen sich die Massenkräfte erster Ordnung perfekt ausgleichen.

Zweizylinder mit längsliegender Kurbelwelle

Es gibt unterschiedliche Bauformen mit Zylinderwinkeln von 90 oder 180 Grad (Boxermotor). Da die Zylinder direkt aus dem Umriss des Motorrads herausragen und im Fahrtwind stehen, ist die Kühlung bei einer solchen Anordnung besser. Beim Boxermotor gibt es jedoch mit der Einbaulage einige Probleme, da die Zylinder hoch genug platziert sein müssen, um in Schräglage nicht auf der Fahrbahn aufzusetzen. Beide Versionen haben einen optimalen Massenausgleich.

Mehrzylinder-Motoren mit drei bis sechs Zylindern

Dabei handelt es sich um Hochleistungsmotoren mittel bis stark motorisierter Straßen- und Sportmotorräder, sowie Cruiser.
Die Multizylinder tauchten Anfang der siebziger Jahre in der Motorradszene auf und wurden von der Käuferschicht dank ihrer Leistungsfähigkeit schnell akzeptiert.
Ein weiteres stichhaltiges Argument war die gute Laufkultur.

Reihen-Drei- oder Vierzylindermotoren

Mit **geringer Baulänge** bieten sie eine günstige Gewichtsverteilung. Ihr Nachteil ist die **große Baubreite**, die sich negativ auf die Stirnfläche auswirkt.

Zudem können bei Sportmotorrädern in großer Schräglage die Seitendeckel in Höhe der Kurbelwelle auf der Fahrbahn aufsetzen.
Um dieses Problem zu beseitigen sind einige Vierzylinder der neuesten Generation extrem schmal konstruiert.
So sind Baugruppen wie zum Beispiel die Zündung statt auf der Kurbelwelle dahinter angeordnet und von Nebenwellen angetrieben. Wegen ihrer Baubreite treten sie bei Enduro- oder Off-Road Bikes so gut wie nicht in Erscheinung.

Reihenvierzylinder haben einen guten Massenausgleich.
Die Massenkräfte erster Ordnung sind vollständig ausgeglichen, während eine oder zwei mit doppelter Kurbelwellendrehzahl rotierende Ausgleichswellen bei einigen hochentwickelten Reihenvierzylindern die Massenkräfte zweiter Ordnung eliminieren.
Bei längsliegender Kurbelwelle ist ein Sekundärantrieb mittels Kardan die perfekte Lösung für Tourenmotorräder.

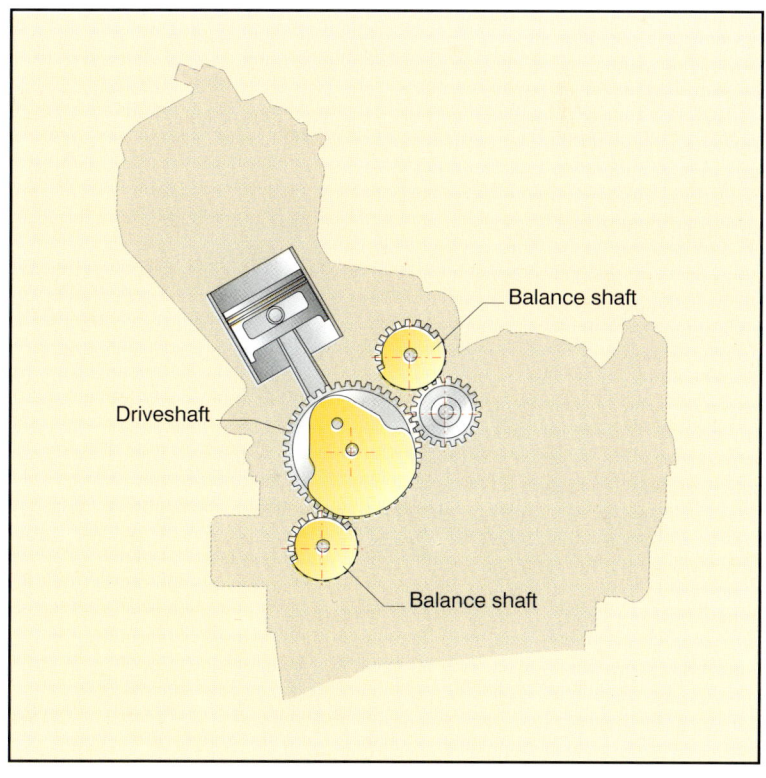

Abbildung 11.4: Vierzylinder-Reihenmotor mit Ausgleich der Massenkräfte zweiter Ordnung.
Balance shaft = Ausgleichswelle
Driveshaft = Antriebswelle

Vierzylinder V-Motoren

Der Vierzylinder V-Motor bietet sich für Motorräder geradezu an. Er stellt einen guten Kompromiss zwischen der Baugröße eines Zweizylinders und der Leistungscharakteristik eines Vierzylinder-Motors dar.
Der einzige Nachteil liegt in der aufwändigen Konstruktion.

Sechszylinder-Reihenmotoren

Sie verfügen über einen perfekten Ausgleich der Massenkräfte erster und zweiter Ordnung und haben eine außergewöhnlich gleichmäßige Leistungsabgabe. Abgesehen von den technischen Vorteilen entwickeln sie einen ganz besonderen Klang.

Selbstverständlich bilden sie aufgrund ihrer beträchtlichen Baubreite und ihrer aufwändigen Konstruktion unter Sportmotorrädern die Ausnahme.

Lagerung des Motors im Rahmen

Es gibt zwei Arten, den Motor im Rahmen zu montieren:

    a) Starre Lagerung;
    b) Elastische Lagerung;

Abbildung 11.5: Starre Lagerung des Motors an zwei Punkten im Rahmen.

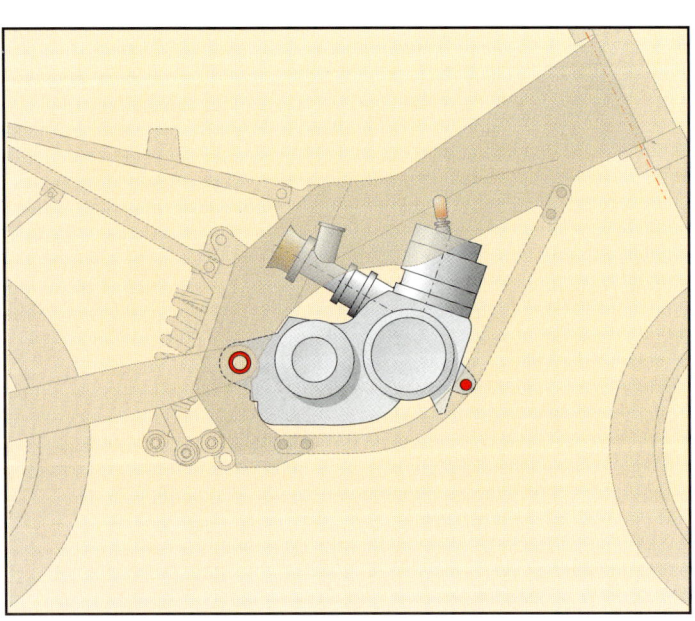

Starre Lagerung

In diesem Fall bilden Motor und Rahmen eine Einheit. Der Motor überträgt die Schwingungen direkt auf den Rahmen. Das Triebwerk muss mit dem Rahmen über mindestens zwei Aufhängungspunkte verbunden sein. Bei älteren Konstruktionen stimmt die hintere Motoraufhängung mit der Schwingenlagerung überein.

Diese Anordnung bietet den unbestreitbaren Vorteil, dass der Motor das Antriebsmoment ohne Einleitung in den Rahmen direkt auf die Schwinge überträgt.

Die Belastung des Rahmens ist geringer, die gesamte Struktur lässt sich einfacher gestalten. Es ist nur ein zusätzlicher Aufhängungspunkt für den Motor notwendig.

Diese Lösung findet sich oft bei Motocross-Motorrädern wieder, die einen einfachen und leichten Rahmen erfordern.

Um die Steifigkeit der Motor-Rahmeneinheit zu steigern und Schwingungen zu reduzieren, sehen die Konstrukteure oft eine weitere Motoraufhängung im Bereich des Zylinderkopfs vor. Dadurch entsteht ein Dreiecksverband, der das Schwingungsverhalten in höhere Frequenzbereiche verschiebt, da sich die freien elastischen Längen halbieren.

Eine weitere Lösung besteht in einer doppelten Motoraufhängung im Bereich der Schwingenlagerung. Je ein Befestigungspunkt liegt in möglichst großem Abstand über und unter der Schwingenlagerung, um die Einleitung der Kräfte in den Rahmen so gut wie möglich, siehe Abbildung 11.7, zu verteilen. Das bietet den Vorteil, dass sich das Ritzel am Getriebeausgang und die Schwingenlagerung so zueinander platzieren lassen, dass der gewünschte Winkel der Kettenzug-Resultierenden entsteht. Vorausgesetzt, das Motorgehäuse ist steif genug, um die rotierenden Wellen vor Durchbiegung zu schützen, kann der Motor als unendlich steifes Dreieck betrachtet werden, das offene Strukturen des Rahmens schließt. Wenn der Konstrukteur die Anzahl der Aufhängungspunkte zwischen Motor und Rahmen vergrößert, lassen sich Motorschwingungen besser verteilen.

Steife Motorlagerungen können die Steifigkeit des Rahmens verdoppeln. Ohne die stabilisierende Wirkung des Triebwerks würden sich die meisten modernen Rahmen unter Beladung wahrscheinlich stark verformen.

Besondere Aufmerksamkeit widmen die Konstrukteure den Motorhalterungen. Da der Motor im Betrieb Temperaturen von 70 bis 80 Grad Celsius erreicht, entstehen deutliche Längenänderungen. Rahmen aus Stahl haben einen geringeren Dehnungskoeffizienten als das Aluminium des Motorgehäuses. Dadurch kann der Unterschied in der Längenänderung zwischen den Befestigungspunkten Zehntel von Millimetern betragen.

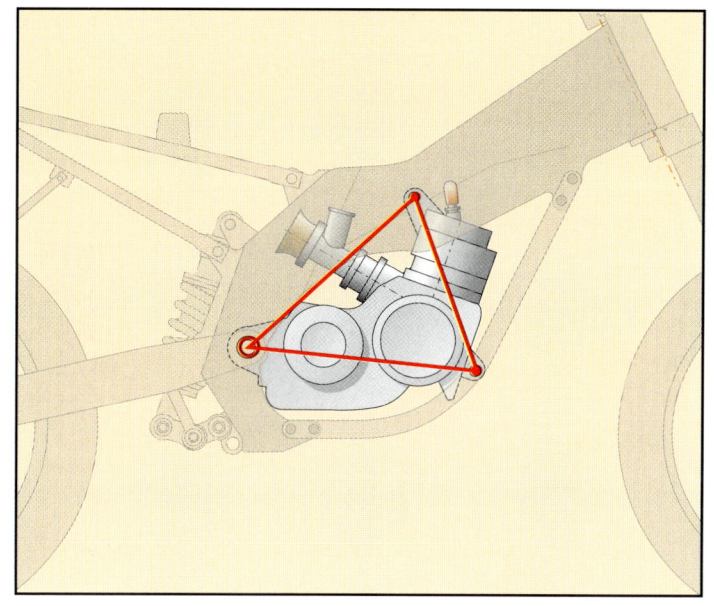

Abbildung 11.6: Lagerung des Motors im Rahmen mittels Dreipunktaufhängung.

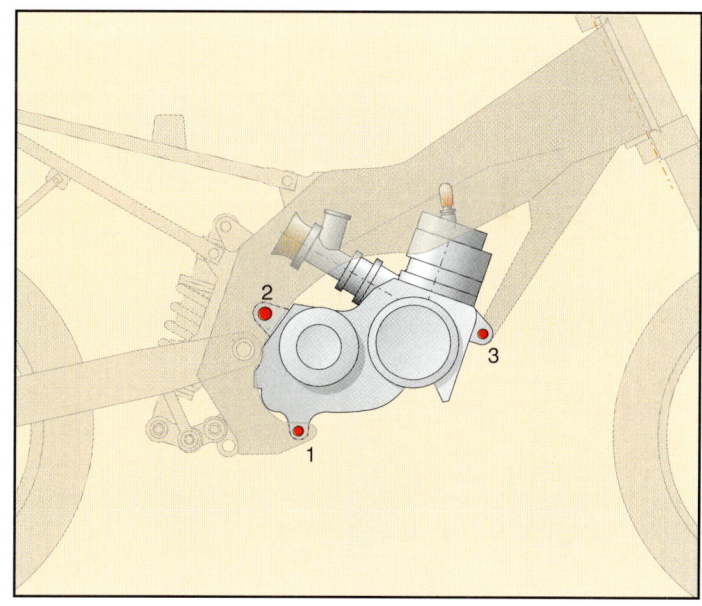

Abbildung 11.7: Der Motor trägt zur Steifigkeit des Rahmens bei.

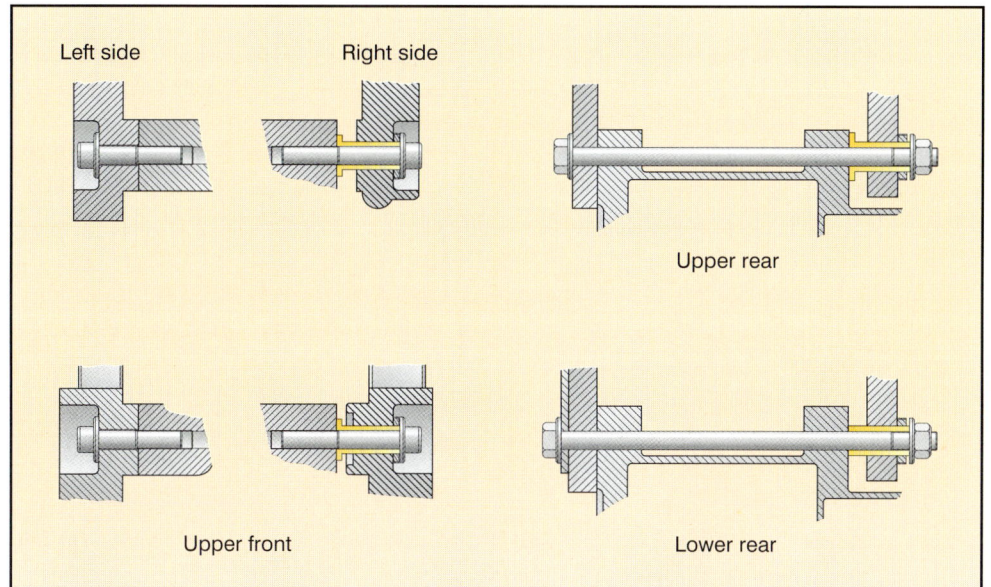

Abbildung 11.8: Motorlagerungen
Left side = Linke Seite
Right side = Rechte Seite
Upper rear = Hinten oben
Upper front = Vorn oben
Lower rear = Hinten unten

Die Spannung in den Motorlagerungen nimmt im Fahrbetrieb wegen der starren Verschraubung der Kraftübertragung und der Motorschwingungen enorm zu.

In einigen Fällen sind die Aufhängungspunkte zweiteilig ausgeführt, um Gewicht und Bauraum zu sparen und unterschiedliche Ausdehnungen aufzufangen.

Elastische Lagerung

Diese Bauweise verwendet man, wenn bei einem Motor mit starken Schwingungen hoher Fahrkomfort gefragt ist.
In der Praxis ist der Motor dann in Gummilagern aufgehängt, die ihn vom Rahmen isolieren.

Er trägt dann nur zu einem geringen Teil zur Rahmensteifigkeit bei, da die Elastizität der Gummielemente weit höher ist als die der Rahmenstruktur.

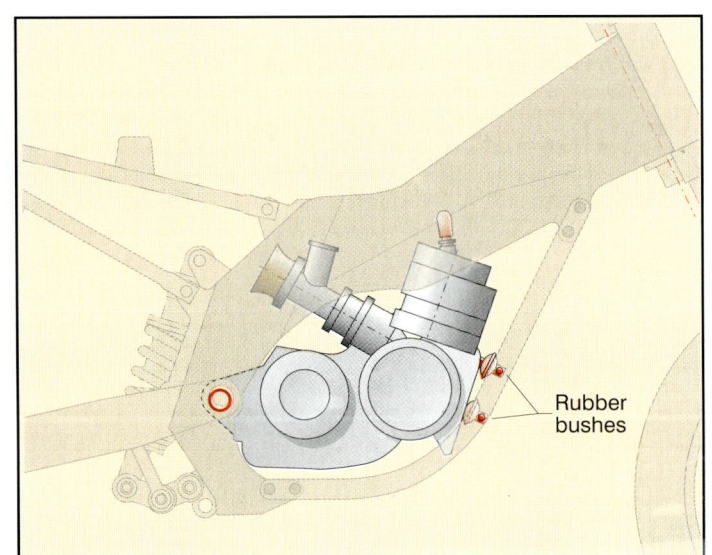

Eigenbewegungen des Motors aufgrund von Schwingungen und Kettenkräften sind bereits mit bloßem Auge zu erkennen. Sie sind derart ausgeprägt, dass sie bei Bauteilen wie zum Beispiel Auspuffkrümmern, die sowohl am Rahmen als auch am Motor befestigt sind, zu Schwingungsbrüchen führen können.

Für hubraumstarke, leistungsfähige Motoren kommen elastische Lagerungen kaum in Betracht, da die Gummielemente derart hohen Kräften ausgesetzt wären, dass sie ihre schwingungsisolierenden Eigenschaften verlieren würden.

Abbildung 11.9 zeigt ein Beispiel einer elastischen Motorlagerung.

Bei Großserien-Motorrädern kommen oft **gemischte Lösungen** zum Einsatz. Dabei hat der Motor mindestens zwei starre Lagerungen und einen oder mehrere elastische Aufhängungspunkte am Rahmen.
Diese Form der Lagerung wenden die Konstrukteure an, um lokale Resonanzprobleme zu lösen.
Der Bereich des Rahmens rund um die Motorlagerung hat zum Teil Steifigkeiten und Massen, die empfindlich auf Motorschwingungen reagieren.
Vibrationen sind nicht nur dem Fahrer lästig, sie können in diesen Bereichen Probleme verursachen und sich auf die gesamte Rahmenstruktur übertragen. Dann helfen elastische Lagerungen weiter.

Abbildung 11.9: Beispiel einer elastischen Lagerung.
Rubber bushes = Gummilager

Kapitel 12

Rahmen und
Schwinge

Der Rahmen hat folgende Funktionen:

Der Rahmen

- **Eine strukturelle Funktion:** Das bedeutet eine steife Verbindung zwischen der Vorderradführung, dem Steuerkopf, der Schwingenlagerung und der Hinterradführung und gleichzeitig die Aufnahme:

• Des Motors mit starrer oder elastischer Lagerung;
• Von Fahrer, Beifahrer und Gepäck;
• Der gesamten Anbauteile wie Kraftstofftank, Kühler, Batterie, Luftfiltergehäuse, Verkleidung, Scheinwerfer, Spiegel und so weiter.

- **Eine geometrische Funktion:** Also die Einhaltung aller Anforderungen, die für ein gutes Fahrverhalten notwendig sind.
So müssen Lenkkopfwinkel und Nachlauf stimmen, die gewünschte Steifigkeit vorhanden sein, die Gewichtsverteilung passen, der Radstand richtig gewählt sein und schließlich die Lage des Ritzels und der Schwingenachse miteinander korrespondieren.

Die Struktur des Rahmens muss deshalb den besten Kompromiss aus mehreren verschiedenen Forderungen darstellen.

Jede Rahmenstruktur orientiert sich an funktionellen oder optischen Kriterien, wie Gewichtsverteilung, Rahmensteifigkeit oder den Entwicklungs-, beziehungsweise Produktionskosten. *Es gibt also nicht die ideale Rahmenkonstruktion. Deren Wahl hängt vielmehr vom Einsatzzweck des Fahrzeugs ab.*

Rahmenwerkstoffe

Vor der Analyse der Rahmenkonstruktionen sind die Eigenschaften ihrer Werkstoffe von Bedeutung.

Stahl

Die Möglichkeit, Rohre mit vielfältigen Querschnitten und Abmessungen herzustellen, hohe Festigkeit, einfache Verarbeitung beim Biegen und Schweißen und nicht zuletzt geringe Kosten haben Stahl in der Geschichte des Zweirads bei Motorradrahmen als Werkstoff favorisiert.

Abbildung 12.1 Verbindung von Stahl-rohren.

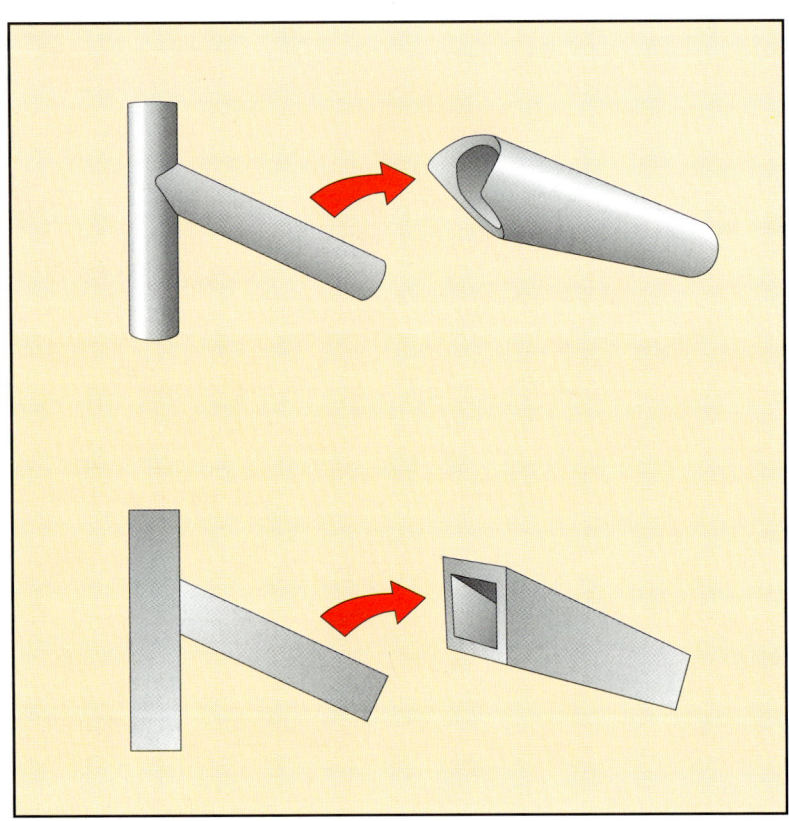

Die Hersteller verwenden sowohl Rohre mit rundem, als auch rechteckigem Querschnitt. Runde Rohre sind leichter zu biegen, während sich rechteckige Rohre einfacher für eine Verbindung und anschließendes Verschweißen vorbereiten lassen. Solche Querschnitte haben zudem ein hohes Widerstandsmoment gegen Biegung.

Stahl kommt auch als tiefgezogenes Blech zum Einsatz, das, zu Kastenprofilen zusammengefügt, ein gutes Erscheinungsbild und hohe Steifigkeit bietet.

Innerhalb der verschiedenen Stahlsorten gibt es Werkstoffe mit mechanischen Eigenschaften, die ein breites Spektrum abdecken.

Es beginnt bei unlegierten Stählen geringer Festigkeit mit einer Zugfestigkeit von etwa 420 N/mm^2 und reicht über legierte Stähle mit guten mechanischen Eigenschaften mit einer Zugfestigkeit von bis zu 1000 N/mm^2 bis hin zu hochlegierten Stählen mit einer Zugfestigkeit von bis zu 1600 N/mm^2.

Die Wahl des Werkstoffs hängt selbstverständlich von seinem Einsatzzweck ab, der die Spannungen der Rahmenstruktur festlegt.

Aluminium

Aluminium ist ein Leichtmetall, das sich bei Motorradrahmen, dank seiner Werkstoffeigenschaften immer stärker durchsetzt. Insbesondere sein spezifisches Gewicht, siehe Tabelle 12.4, beträgt gerade einmal etwa ein Drittel von dem des Stahls.

Diese Eigenschaften tragen zu geringem Gewicht des Motorrads bei.

Im Vergleich zu Stahl liegen seine Nachteile in den höheren Werkstoffkosten und technisch anspruchsvolleren Schweißverfahren.

Um eine schnelle Oxidation im Schweißbad zu verhindern, muss der Arbeitsprozess innerhalb eines umgebenden Schutzgases ablaufen. Deshalb sind entweder WIG- (Wolfram Inert Gas) oder MIG-Verfahren (CO_2) erforderlich.

Aluminium hat zudem den Vorteil, dass es sich in verschiedenen Produktionsschritten in unterschiedliche Profile umformen lässt.

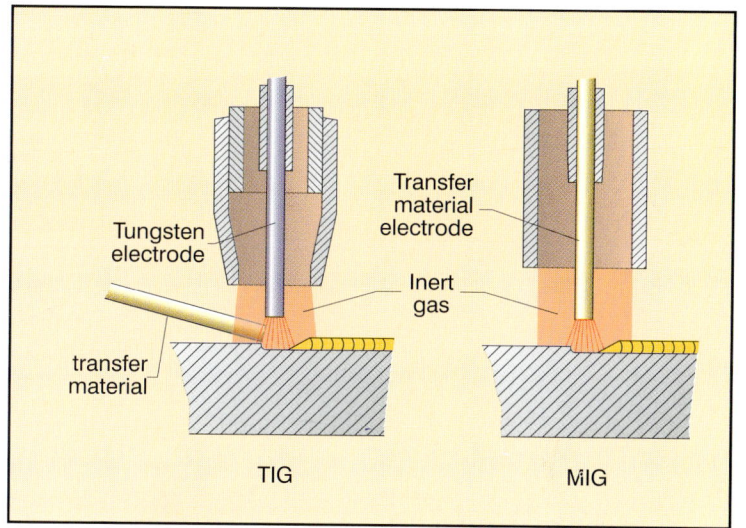

- **Guss- und Druckguss:** mit komplizierten Formen, Querschnitten und dünnen Wandstärken dank der guten Gießeigenschaften;

- **Strangpressprofile:** mit dünnen Wandstärken und komplizierten Querschnitten und der Möglichkeit innere Versteifungsstege zu integrieren;

- **Zusammengesetzte Profile** aus tiefgezogenen Blechen verschweißt;

- **Schmiedeteile:** mit exzellenten Eigenschaften, sowohl in optischer, als auch mechanischer Hinsicht;

Abhängig von den Belastungen und dem Einsatzzweck erlaubt Aluminium bei der Wahl des geeigneten Produktionsprozesses den selben Werkstoff in den unterschiedlichsten Bauformen in verschiedenen Strukturen zu kombinieren. Dadurch ergibt sich eine exzellente Rahmenkonstruktion.

Vorteile in Gewicht oder Steifigkeit heben die höheren Kosten von Aluminiumkonstruktionen wieder auf.

Das seitliche Profil eines Brückenrahmens eines Sportmotorrads ist zum Beispiel aus 2,5 Millimeter dickem, tiefgezogenem Alublech verschweißt. Um das selbe Gewicht zu erhalten, müsste ein Profil aus Stahl aus 0,86 Millimeter dickem Blech bestehen.

Eine Struktur aus 0,86 Millimeter dickem Stahlblech würde Schweißarbeiten erheblich erschweren.

Um die Formsteifigkeit einer Struktur zu erhöhen können die Bleche mit Sicken oder Verstärkungsstegen versehen sein, die sowohl der Optik als auch der Steifigkeit dienen.

Strangpressprofile mit integrierten Verbindungsstegen, siehe Abbildung 12.3 bieten hohe Steifigkeit. Sie lassen sich aber nur sehr schwer biegen und haben andere Eigenschaften als tiefgezogene Bleche.
Ein weiterer Vorteil von Aluminium liegt in der fortschrittlichen Gusstechnik, die aufwändige Formen aus Aluminiumlegierungen mit Wandstärken von vier bis fünf Millimetern erlaubt.

Abbildung 12.2: WIG und MIG Schweißverfahren.
Tungsten electrode = Wolfram-Elektrode
Transfer material electrode = nachgeführte Elektrode
Inert gas = Schutzgas
transfer material = Zusatzwerkstoff
TIG = WIG

Abbildung 12.3: Strangpressprofile und Kastenprofile aus tiefgezogenen Blechen.
Extrudate = Strangpressprofil
Box-section with pressed sheets = Kastenprofil aus tiefgezogenen Blechen

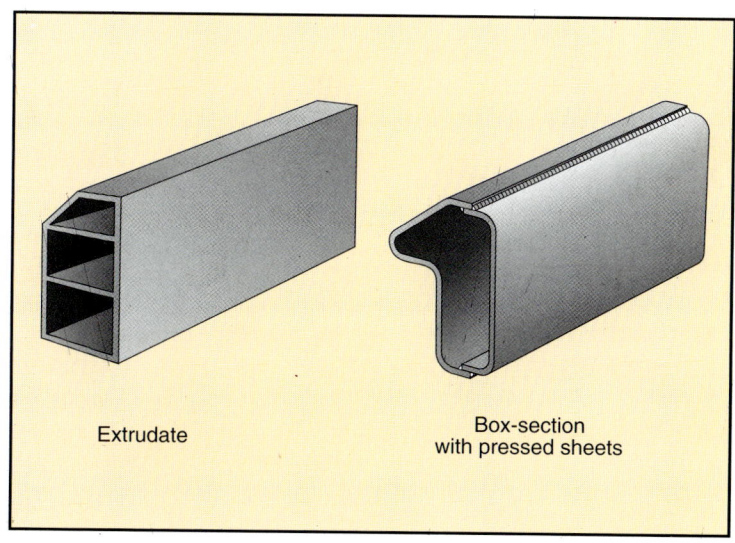

Wenn also ein günstiges Verhältnis von Steifigkeit und Gewicht gefragt ist, sind Strukturen aus Aluminium eine gute Wahl. Dank der Verbreitung immer schnellerer und zuverlässigerer Schweißroboter kommen Rahmen aus Aluminiumlegierungen immer stärker zum Einsatz.

Magnesium

Magnesium ist ein überaus leichter Werkstoff, der Aluminium in der nahen Zukunft ersetzen könnte. Im Augenblick verwenden ihn die Motorradhersteller wegen folgender Nachteile allerdings nur in begrenztem Umfang:

- Geringe Widerstandsfähigkeit gegen Oxidation, das heißt schneller Zerfall aufgrund atmosphärischer Einflüsse, wenn die Oberfläche nicht aufwändige und teure Beschichtungen erhält;

- Verlust der mechanischen Eigenschaften bei steigender Temperatur. In einigen Rennwagen sind Motorgehäuse aus Magnesium aufgrund des niederen Schmelzpunktes und der hohen Entflammbarkeit sogar verboten;

- Hohe Rohstoffkosten;

- Schlechte Schweißeigenschaften;

In einigen speziellen Bereichen werden teure Magnesiumlegierungen wegen ihrer Eigenschaften trotzdem verwendet.

Im Rennsport zum Beispiel, in dem lange Standzeiten nicht wichtig sind, bestehen Felgen aus gegossenem oder geschmiedetem Magnesium. Wenn das Reglement es zulässt, werden selbst Motorengehäuse aus speziellen, warmfesten Magnesiumlegierungen hergestellt.

Titan

Titan ist ein extrem teurer Werkstoff, der bis vor kurzem noch kaum zum Einsatz kam, da die größten Hersteller der Welt im Bereich der früheren Sowjetunion angesiedelt waren.

Selbst wenn es in Form von Rohren verfügbar ist, wendet die Industrie Titan nicht für große Serien von Rahmen an. Da seine mechanischen Eigenschaften denen von Stahl sehr ähnlich sind, kommt es an Rennmotorrädern für Schrauben zum Einsatz.

Verbundwerkstoffe

Verbundwerkstoffe, lange Zeit nur für militärische Zwecke und die Raumfahrt verwendet, kommen in einer Vielzahl von Werkstoffen bei Motorrädern immer stärker in Mode.

Diese Werkstoffe sind anisotrop. Das bedeutet, sie reagieren, abhängig von der Richtung der eingeleiteten Kräfte, unterschiedlich auf Belastungen.

Sie haben einen breiten Anwendungsbereich, den die Forschung durch ständige Innovationen mit verbesserten Werkstoffeigenschaften stetig erweitert.

Die Herstellung von Verbundwerkstoffen ist wegen zahlreichen Faktoren, die eine Rolle spielen, ein äußerst komplizierter Prozess.
Die wichtigsten Parameter sind:

- Werkstoff

In erster Linie sind **Kohlefaser, Kevlar, Glasfaser, Bor und andere Fasern** in eine Kunstharzschicht eingebettet und bilden so eine Struktur ähnlich einem Metallgefüge.

Die Fasern haben hohe mechanische Festigkeit und weitere günstige Eigenschaften. Deshalb eignen sie sich für alle möglichen Einsatzzwecke.

Einige Werkstoffe sind äußerst schlag- und abriebfest. So kommt Kevlar sogar bei kugelsicheren Westen zum Einsatz. Andere weisen extrem hohe Steifigkeit und Festigkeit auf. Sie empfehlen sich somit für hochentwickelte Strukturen mit gutem Gewichts-/Festigkeitsverhältnis, wie zum Beispiel die Monocoques moderner Formel 1 Autos aus Kohlefaser.

Durch eine geeignete Kunstharzmatrix und die Kombination verschiedener Werkstoffe innerhalb des selben Gewebes ist es möglich, ein äußerst niedriges spezifisches Gewicht zu erreichen, das grundsätzlich geringer als das von Magnesium ist.

- Ausrichtung der Fasern

Die Möglichkeit, die Fasern innerhalb der Matrix in der gewünschten Richtung auszurichten, erlaubt es die Werkstoffeigenschaften optimal zu nutzen.

Wenn zum Beispiel alle Fasern in einer Richtung verlaufen, ergibt sich ein einheitliches Gewebe mit hoher Zugfestigkeit in Längs- und geringerer in Querrichtung.

Das Gewebe lässt sich unter Winkeln von 45, 60 oder 90 Grad zueinander verknüpfen und ergibt, abhängig von der Webstruktur, verschiedene Eigenschaften.

- **Laminat**

Es bezeichnet eine Platte aus Verbundwerkstoffen, die sich in der Regel aus verschiedenen Gewebelagen zusammensetzt. Sie unterscheidet sich nach der Ausrichtung der Fasern der verschiedenen Gewebelagen.

Die große Zahl der Möglichkeiten erklärt, warum Verbundwerkstoffe für die Konstrukteure geradezu eine Herausforderung sind.

Neben hohem technischen Sachverstand, der notwendig ist um die zahlreichen Möglichkeiten derartiger Strukturen zu nutzen, erfordert die Herstellung solcher Bauteile hochentwickelte, rechnerunterstützte Programme.

Die Konstruktionstechniken sind höchst ausgeklügelt. Das Laminat kommt in speziell konstruierte Formen und wird unter hohen Drücken und Temperaturen in einem Autoklaven gebacken.

Trotz der unbestreitbaren Vorteile begrenzen hohe Kosten und Produktionszeiten die industrielle Nutzung gegenüber konventionellen Werkstoffen.

Im Renneinsatz, bei dem geringes Gewicht und hohe Steifigkeit oberste Priorität vor den Kosten und Produktionszeiten haben, sind Verbundwerkstoffe jedoch weit verbreitet.

Der Einsatz von Verbundwerkstoffen lässt sich unterteilen in:

- **Tragende Strukturen**, die andere Werkstoffe wie Stahl, Aluminium oder Magnesium ersetzen.

- **Verkleidungen** wie zum Beispiel Abdeckungen, die lediglich geringen Kräften ausgesetzt sind und Kunststoffe ersetzen.

- **Tragende Strukturen:** Besonders wichtige Bauteile, die hohen Kräften ausgesetzt sind.

Zum Beispiel: Schwinge, Räder, Bremsscheiben, das Rahmenheck, Gabelholme. All diese Teile erfordern ausgeklügelte Konstruktionstechniken und genaue Kontrolle.

- **Nichttragende Teile:** Sie kommen in der Regel bei Verkleidungen, Luftfiltergehäusen, Protektoren und Kettenabdeckungen oder anderen Anbauteilen zum Einsatz.

Diese Konstruktionen sind erheblich einfacher aufgebaut und erfordern deutlich weniger Kontrolle.

Die Qualitätskontrolle von Verbundwerkstoffen ist äußerst aufwendig und basiert fast ausschließlich auf experimenteller Erfahrung der Bauteilsteifigkeiten.

Eine Schwinge, die zum Beispiel 1000 Nm/Grad Torsionssteifigkeit erreichen soll, muss nach einer Kollision erneut eine Prüfung durchlaufen, um die ursprüngliche Steifigkeit sicherzustellen.

Verbundwerkstoffe haben im Motorradbau erst in letzter Zeit Einzug gehalten. Deshalb ist es noch zu früh, ein genaues Urteil über ihren Stellenwert abzugeben.

Da sie äußerst zuverlässig sind gilt für ihre Dauerfestigkeit: Aufgrund ihrer anisotropen Struktur reagieren diese Werkstoffe weniger empfindlich auf Lastzyklen.

Die folgende Tabelle fasst einige der wichtigsten Werkstoffeigenschaften für die Konstruktion von Motorradrahmen zusammen:

Zusammenfassung von Werkstoffkennwerten

Werkstoff	Bezeichnung	Zugfestigkeit (N/mm²)	E-Modul (N/mm²)	Spezifisches Gewicht (kg/dm³)	Spezifische Zugfestigkeit	Spezifische Steifigkeit
Stahl	18NiCrmo5	1250	210.000	7,86	15,9	2,672
Aluminiumleg.	Aluminium 3581	420	72.000	2,70	15,6	2,667
Magnesium	az91	260	45.000	1,80	14,4	2,500
Titan	6AL4V	800	112.000	4,50	17,8	2,533
Kolhefaser		1300	200.000	1,60	81,3	12,500
Aramid		1200	85.000	1,40	85,7	6,071

- Die **spezifische Zugfestigkeit** bezeichnet das Verhältnis von Zugfestigkeit und spezifischem Gewicht.
- Die **spezifische Steifigkeit** gibt das Verhältnis von Elastizitäts-Modul und spezifischem Gewicht wieder.

Die Tabelle offenbart, dass traditionelle Werkstoffe Festigkeits- und Steifigkeitswerte haben, die relativ dicht beieinander liegen, während Verbundwerkstoffe untereinander starke Abweichungen zeigen.

Diese Tatsache zeigt das Potenzial und die Möglichkeit, das Gewicht einer Struktur bei gleicher Festigkeit und Steifigkeit zu verringern.

Rahmenbauarten

Es gibt im Motorradbereich eine enorme Vielfalt von Bauarten und technischen Lösungen von Rahmenkonstruktionen.

Bei Pkws verdeckt die Karosserie das Chassis. Die Gesetze der Massenproduktion und hoher Kosten haben die technischen Lösungen für Karosserien vereinheitlicht. Sie sind sich daher ziemlich ähnlich.

Im Motorradbereich gibt es dagegen eine erheblich größere Vielfalt von Konstruktionen und Strukturen.

Zudem ist der Rahmen in vielen Fällen sichtbar und damit optischer Bestandteil des Motorrads. Das führt zu hochentwickelten Herstellungsverfahren, um die ästhetischen Anforderungen zufrieden zu stellen.

Ein Überblick über die Motorradrahmen seit dem zweiten Weltkrieg offenbart, abhängig vom Einsatzzweck, sowie den unterschiedlichen Hubräumen und Motorenkonfigurationen, eine riesige Vielfalt von Konstruktionen.

Rahmen lassen sich nach ihrem **Einsatzzweck** einordnen:

- Trial-Motorräder;
- Motocrosser;
- Enduros;
- Straßenmotorräder;
- Tourenmotorräder;
- Offroad-Motorräder;
- Chopper usw.

Eine andere Möglichkeit bietet die Einteilung nach **Motorenkonfigurationen**:

- Einzylinder;
- Zweizylinder;
- Reihenmotoren;
- V-Motoren;
- Boxermotoren;
- Vier- bis Sechszylindermotoren;
- Motoren mit querliegender Kurbelwelle;
- Motoren mit längsliegender Kurbelwelle;
- usw.

Auf Basis der unterschiedlichen Kategorien käme eine extrem lange Liste zusammen und trotzdem würde man letztendlich die eine oder andere Konstruktion vermissen.

Deshalb ordnen wir die Rahmenkonstruktionen nach ihrem grundsätzlichen Layout, ohne Anspruch auf Vollständigkeit, ein.

Rahmenkonstruktionen

Ein Motorradrahmen setzt sich grundsätzlich zusammen aus:

- **Dem Lenk- oder Steuerkopf**, der die Lenkkopflager aufnimmt;

- **Verbindungsrohren oder Profilen** vom Steuerkopf zur Schwingenlagerung;

- **Der Schwingenlagerung**; Der Rahmen muss außen um die Schwinge herumgeführt werden.

- **Unterzügen**, die unter dem Motor vom Steuerkopf zur Schwingenlagerung verlaufen;

Bauart A: Mit gebogenen Rohren

Der am häufigsten verwendete Rahmen besteht aus geraden und gebogenen Rohren, die miteinander verschweißt sind.

Die einfachste Bauart stellt der sogenannte Einschleifenrahmen dar. Er besteht aus einem Hauptrohr, das vom Steuerkopf über den Motor zur Schwingenlagerung verläuft. Im Bereich der Schwingenlagerung teilt es sich und führt unter dem Motor zurück zum Steuerkopf.

Diese Rahmenbauart gibt es in zahlreichen Varianten:

- *Doppelschleifenrahmen,* bei dem zwei Rohre vom Steuerkopf um den Motor bis zur Schwingenlagerung und zurück zum Steuerkopf verlaufen;

- *Geteilte Rahmen*, die zum Motorausbau getrennt werden;

- *Brückenrahmen*, die seitlich um den Motor verlaufen;

- *Einschleifenrahmen*, bei denen ein Rohr vom Steuerkopf um den Motor läuft, das sich im Bereich der Schwingenlagerung teilt;

Diese Konstruktionen sind einfach aufgebaut, praktisch und robust. Sie lassen sich leicht herstellen und finden deshalb weite Verbreitung.

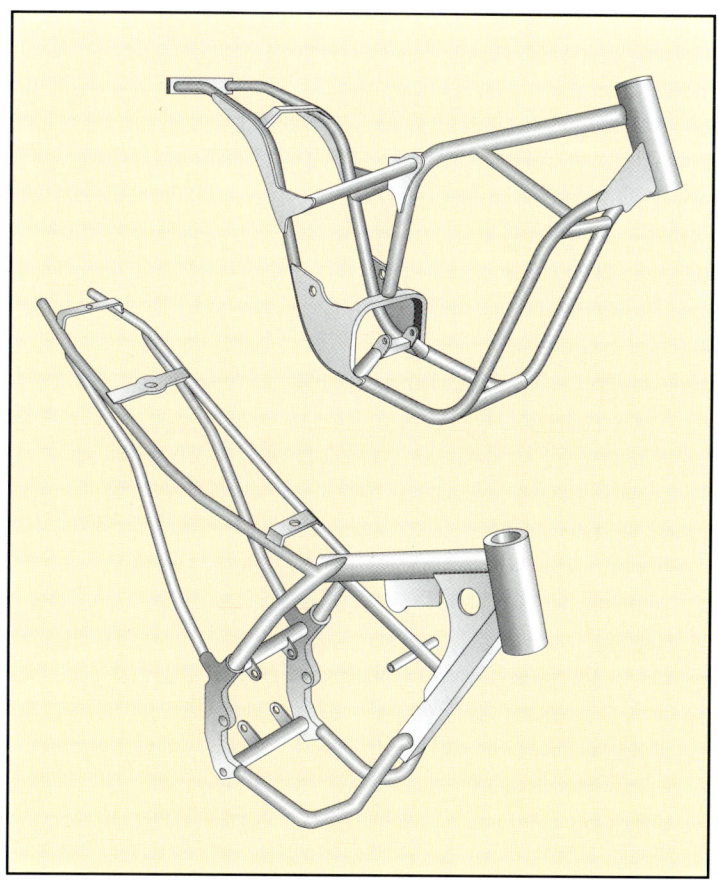

Abbildung 12.4: Rahmen aus gebogenen Stahlrohren.

Bauart B: Gitterrohrrahmen

Gerade Rohre mit rundem oder quadratischem Querschnitt sind zu einem räumlichen Gitterverbund in allen erdenklichen Konfigurationen verschweißt.

Abbildung 12:5: Gitterrohrrahmen.

Diese Rahmenbauart ist äußerst steif und leicht, wegen der notwendigen Präzision beim Verschweißen der Verbindungsknoten der geraden Rohre aber heikel herzustellen.

Wenn der Motor als integraler Bestandteil dient um das Fachwerk zu versteifen, spricht man von einem tragenden Teil, da die Rahmensteifigkeit ohne Motor geringer wäre.

Verbundbauarten

Bei Verbundrahmen kommen Gussteile, Strangpressprofile oder gerade oder gebogene, miteinander verschweißte Rohre vor. Sie können aus Stahl oder Aluminium bestehen und über einen Unterzug verfügen. Der Verbundrahmen ist eine fortschrittliche Konstruktion, die an Bedeutung zunimmt. Er erlaubt für jeden Bereich, abhängig von der Belastung, den am besten geeigneten Werkstoff.

Der Steuerkopf ist zum Beispiel ein sehr aufwändiges, hohen Kräften, ausgesetztes Bauteil. Es muss sehr steif sein und gleichzeitig eine ganze Reihe von Halterungen für Tank, Kühler, Lenkanschlag und so weiter aufnehmen. Ohne Berücksichtigung der Kosten sind Gussteile aus Aluminium die sinnvollste Lösung.
Die Dicke der Wandstärken garantiert eine angemessene Struktursteifigkeit und löst zudem das Problem komplizierter Formen. Die vielen Halterungen lassen sich direkt in das Gussteil integrieren. Halterungen oder Platten entfallen.

Abbildung 12.6: Brückenrahmen.

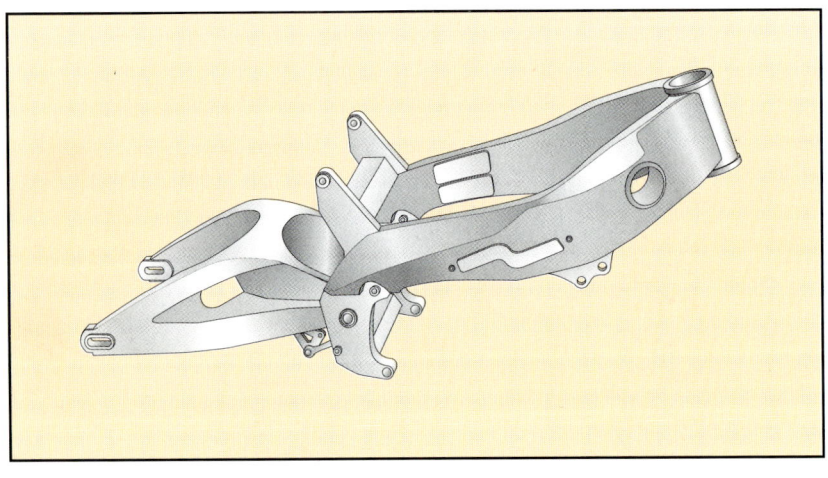

Bauart C: Monocoque

Derartige Strukturen sind vom Pkw-Bau inspiriert, bei dem die Karosserie ebenfalls eine tragende Funktion hat.

Aktuelle Mittelklasse-Motorräder und leistungsstarke Bikes haben wegen der schwierigen Integration des Triebwerks selten Monocoques.

Die Produkte entwickeln sich heutzutage so schnell weiter, dass ihre Existenz nur ein paar Jahre dauert. Solche kurzen Zeiträume erschweren hohe Investitionen für Produktionsmittel wie Bearbeitungsmaschinen usw..

Kleine optische Retuschen oder Modifikationen aufgrund von Problemen können schnell zusätzlichen Zeitaufwand und Kosten verursachen.

Monocoques kamen vereinzelt bei Straßenrennmotorrädern zum Einsatz. Sie haben die Erwartungen allerdings nicht erfüllt, weil sie zu futuristisch waren.

Bestimmt könnten sich solche Entwicklungen als praktikabel erweisen, speziell wenn die Schale aus leichten Verbundwerkstoffen hoher Festigkeit besteht.

Im Bereich des Autorennsports sind die fortschrittlichsten Karosseriezellen bereits seit einiger Zeit nach diesen Prinzipien aufgebaut und zwar nicht nur bei Formelrennwagen sondern auch bei der neuesten Generation von Renntourenwagen.

Das größte Problem auf dem Motorradsektor ist die Akzeptanz von Form und Erscheinungsbild eines Monocoques, die sich von Serienmotorrädern stark abheben.

Im Zweiradbereich haben Rennmotorräder oft technische Lösungen, die in ähnlicher Form später bei käuflichen Straßenmotorrädern auftauchen. Es kommt sogar vor, dass Rennmotorräder direkt von käuflichen Straßenmodellen abstammen.

In diesem Aspekt unterscheiden sich Zweiräder ebenfalls stark von Autos. Man denke nur an die Gemeinsamkeiten von Formel 1-Rennwagen und Serien-Pkw.

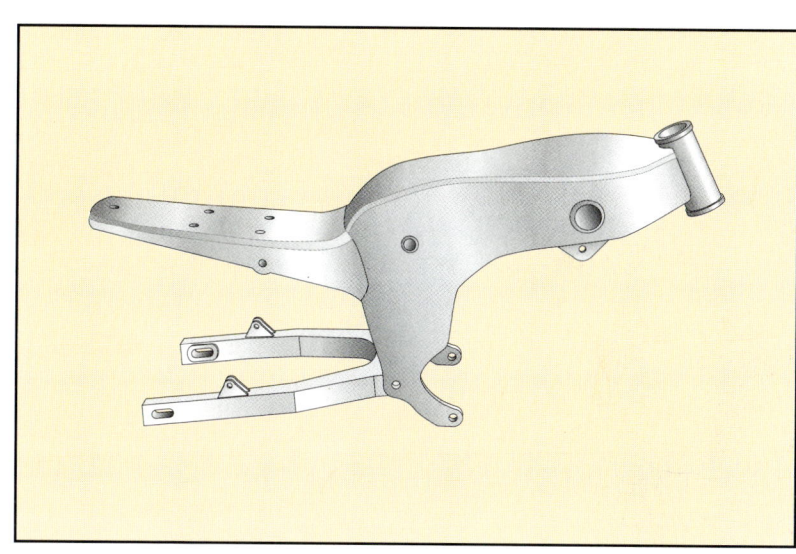

Abbildung 12.7: Monocoque.

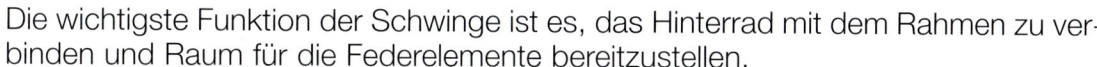

Die Schwinge

Die wichtigste Funktion der Schwinge ist es, das Hinterrad mit dem Rahmen zu verbinden und Raum für die Federelemente bereitzustellen.

Es gibt zwei verschiedene Bauarten von Schwingen, die zwar die gleiche Funktion erfüllen, nämlich das Hinterrad zu führen. Sie unterscheiden sich aber im Aufbau grundlegend von einander.

- Konventionelle Zweiarmschwinge;
- Einarmschwinge.

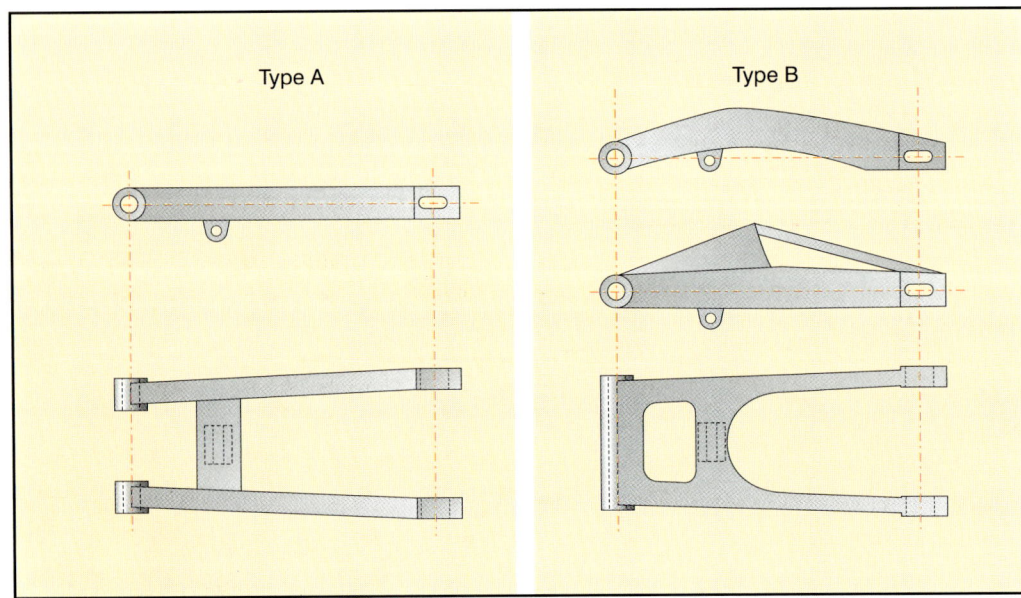

**Abbildung 12.8: Konventionelle Hinter-
radschwinge.**
Type A = Typ A
Type B = Typ B

Konventionelle Zweiarmschwinge

Die Konstrukteure verwenden diese Bauart bereits seit vielen Jahren. Ihr symmetrischer Aufbau lässt sich einfach aus Stahlrohren mit rundem, ovalem oder rechteckigem Querschnitt herstellen.

Im Lauf der Zeit entwickelte sich diese einfache Bauart in Hightech-Motorrädern mit Gussteilen und Profilen aus Aluminium zu aufwändigen Konstruktionen weiter.

Um die Steifigkeit zu erhöhen, entstanden Dreiecksschwingen mit entsprechenden Modifikationen für die Unterbringung der Kette und der Auspuffkrümmer.

Verstärkungen zwischen den beiden Schwingenarmen verbessern die Torsionssteifigkeit des Bauteils.

Einarmschwinge

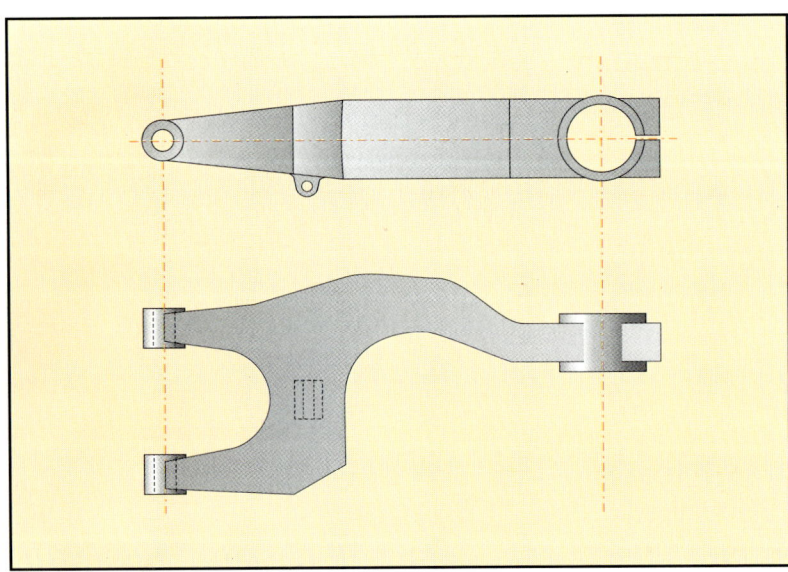

Abbildung 12.9: Einarmschwinge.

Die asymmetrische Bauweise unterliegt grundsätzlich einem Torsionsmoment. Um eine unerwünschte seitliche Verschiebung des Radaufstandspunkts zu verhindern, muss sie äußerst steif sein.

Ein Torsionsmoment wirkt sogar bei Geradeausfahrt. Es wächst mit zunehmender Radlast, zum Beispiel wenn das Fahrzeug über eine Reihe von Bodenwellen fährt.

Das Rad darf sich dabei nicht schräg stellen: Es würde Änderungen der Fahrtrichtung und damit Kreiselkräfte verursachen und hätte negative Auswirkungen auf das Fahrverhalten des Motorrads.

Die Radlagerung ist wie bei der Radnabe eines Pkws ausgeführt. Beide müssen ausreichend dimensioniert sein, um entsprechende Steifigkeiten zu garantieren.

Die Felge muss genügend Bauraum für Nabe und Bremsscheibe bereitstellen.

Der Arm, der das Rad mit der Schwingenlagerung verbindet, besteht aus einem massiven Profil aus tiefgezogenem Stahlblech oder Aluminiumguss.

Bemerkungen zur Einarmschwinge:

Vorteile:

- Schneller Radwechsel;
- Geringeres Massenträgheitsmoment um die Längsachse.

Nachteile:

- Da die Schwinge selbst bei senkrechter Last und Geradeausfahrt einem Torsionsmoment ausgesetzt ist, muss sie extrem steif ausgeführt sein, um eine störende Schrägstellung des Hinterrads zu vermeiden. Das schlägt sich in höherem Gewicht nieder.

- Die Kühlung der Bremsscheibe kann Probleme bereiten, da die Bremsscheibe tief in der Felge dem Luftstrom nur zu einem geringen Teil ausgesetzt ist.
Der Durchmesser der Bremsscheibe ist begrenzt, da in der Felge genügend Platz für die Bremszange bleiben muss. Unter starker Belastung kann die Scheibe überhitzen und starkes Fading auftreten.

- Die einseitige Struktur kann unterschiedliches Fahrverhalten in Links- oder Rechtskurven verursachen.

Zwischen den beiden Bauarten lässt sich ein interessanter Vergleich im Fahrverhalten bei Seitenführungskräften, also in Kurven, ziehen.

Die Einarmschwinge verdreht sich im Vergleich zur konventionellen Zweiarmschwinge leichter. Dadurch entsteht in Fahrzeuglängsrichtung eine stärkere Auslenkung und somit ein größerer Winkel. Das Rad lenkt in Kurvenrichtung aus.

- Es folgt eine unerwünschte Fahrwerksreaktion, da sich der Kurvenradius ändert und das Motorrad einen weiteren Bogen fährt.

- Andererseits hat der mitlenkende Effekt des Rads eine stabilisierende Wirkung.

Somit lässt sich Pendeln beträchtlich reduzieren, das Fahrzeug verhält sich stabiler.

Die Hinterradaufhängungen einiger Pkws sind unter Berücksichtigung dieses Effekts konstruiert, um genau diese Fahrwerksreaktionen zu erzielen und die Stabilität des Fahrzeugs zu verbessern.

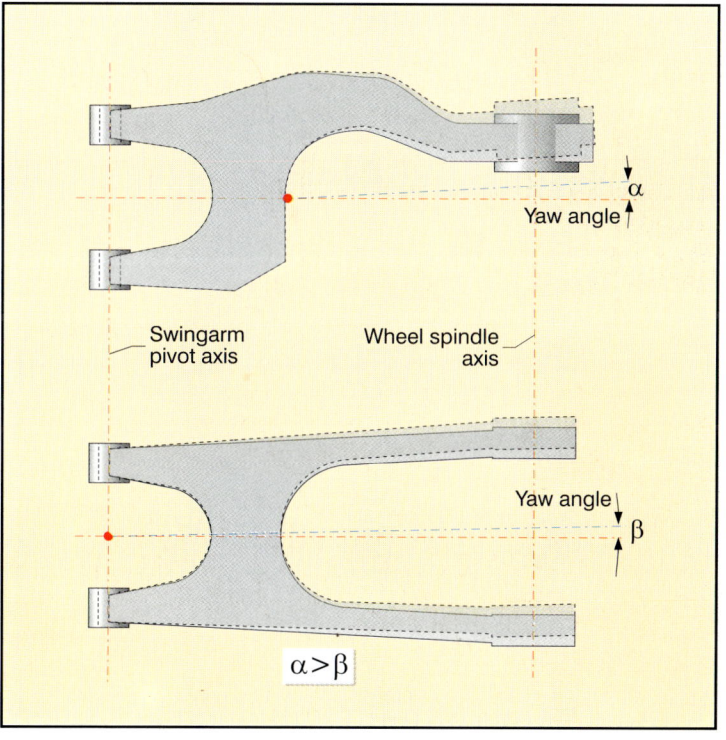

Abbildung 12.10: Vergleich der seitlichen Biegesteifigkeit von konventioneller und Einarmschwinge.
Yaw angle = Gierwinkel
Swingarm pivot axis = Schwingenachse
Wheel spindle axis = Radachse

Auf den Rahmen und die Schwinge wirkende Kräfte

Kräfte in Längsrichtung (Bremskräfte)

Beim Bremsen treten hohe Kräfte in Fahrzeuglängsrichtung auf. Sie verursachen große Biegemomente, die von der Fahrbahn bis zum Steuerkopf ansteigen und dort in den Rahmen eingeleitet werden.

Das größte Moment muss der Steuerkopf aufnehmen. Da er nur eine geringe Bauhöhe aufweist, treten hier die höchsten Kräfte auf.
Deshalb ist eine Menge Entwicklungsarbeit bei der Konstruktion des Steuerkopfs notwendig.
Jegliche Verwindung dieses Bauteils würde unter starker Belastung zum Beispiel beim Verzögern eine Änderung des Nachlaufs verursachen. Zusätzlich träte nach dem Bremsen, zum Beispiel beim anschließenden Kurvenfahren, eine lästige Gegenreaktion des Fahrwerks auf.

Dagegen ist die Schwinge während der Verzögerung nur geringen Belastungen ausgesetzt.

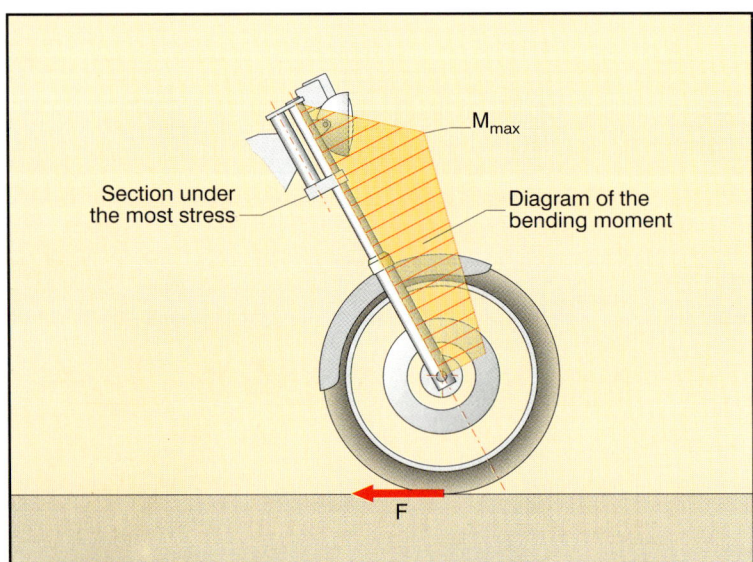

M_{max}

Section under the most stress

Diagram of the bending moment

F

Abbildung 12.11: Biegemoment der Gabel durch Längskräfte beim Bremsen.
Section under the most stress = Bereich des höchsten Biegemoments
Diagram of the bending moment = Biegemomentenverlauf

Kräfte in Vertikalrichtung

Beim Überfahren von Fahrbahnabsätzen oder Bodenwellen können enorme vertikale Kräfte auftreten. Die Rahmenstruktur muss dann steif genug sein, um bleibende Verformungen zu vermeiden. Gleichzeitig treten extrem hohe Lastspitzen auf, wenn die Radaufhängung auf groben Fahrbahnunebenheiten durchschlägt.

An der Front ist der Steuerkopf das am stärksten belastete Bauteil. Am Heck treten dagegen an den Federbeinaufnahmen und der Kolbenstange des Federbeins die höchsten Kräfte auf.

Im normalen Betrieb können die Kräfte auf das zwei- bis dreifache der statischen Last ansteigen, die im Stand auf die Räder wirkt. Für ein Mittelklasse-Motorrad bedeutet das mehrere hundert Kilogramm, die beim Überfahren von Schlaglöchern mit hoher Geschwindigkeit auf die Struktur einwirken.

Die Lastspitzen sind bei Offroad-Motorrädern bei Sprüngen und Wellen in der Regel noch höher.

Beim Konstruktionsprozess helfen Informationen über Rahmendimensionierung und Gewicht weiter.
Für einen Motorradrahmen, der Fahrer, Beifahrer und Gepäck aufnehmen und die entsprechenden vertikalen Kräfte aushalten muss, gibt es bei der Dimensionierung der Struktur zwischen einer 125er und einem Superbike mit 1100 cm³ keine gravierenden Unterschiede.

Das Gewicht von Fahrer, Beifahrer und Gepäck beträgt insgesamt immer mindestens rund 170 Kilogramm. Es unterteilt sich in:

- Jeweils 75 Kilogramm für Fahrer und Beifahrer;
- 20 Kilogramm für das Gepäck.

Ein Straßenmotorrad mit 125 cm³ wiegt vollgetankt etwa 150 Kilogramm, während eine 1100er zirka 250 Kilogramm auf die Waage bringt. Das Gesamtgewicht beläuft sich also auf:

Motorrad mit	Gewicht des Motorrads (kg)	Gewicht des Kraftstoffs (kg)	Fahrer- gewicht (kg)	Beifahrer- gewicht (kg)	Gewicht des Gepäcks (kg)	Gesamt- gewicht (kg)
kleinem Hubraum	135	15	75	75	18	318
großem Hubraum	210	20	75	75	18	398

*Es liegen demnach nur **31** Prozent Unterschied zwischen den beiden Fahrzeuggewichten,* also bei weitem weniger als erwartet.

Die beiden Rahmen müssen demnach für vertikale Kräfte ähnlich dimensioniert sein, obwohl die Motorräder völlig unterschiedliche Einsatzgebiete und Preise haben.

Die Kräfte, die auf die Schwinge wirken, lassen sich auf einfache Art erklären.

Bei zwei unterschiedlicher Federbeinanlenkungen entstehen folgende Situationen:

- Schwinge mit *zwei Federbeinen, die nahe der Radachse angreifen*: Das Biegemoment ist ebenso wie die Belastung der Schwinge gering.

- Schwinge mit *Zentralfederbein*: Das Biegemoment auf die Schwinge ist, speziell im Bereich der Federbeinanlenkung hoch.

Abbildung 12.12: Das an der Schwinge wirkende Biegemoment hängt von der Lage der Federbeine ab.

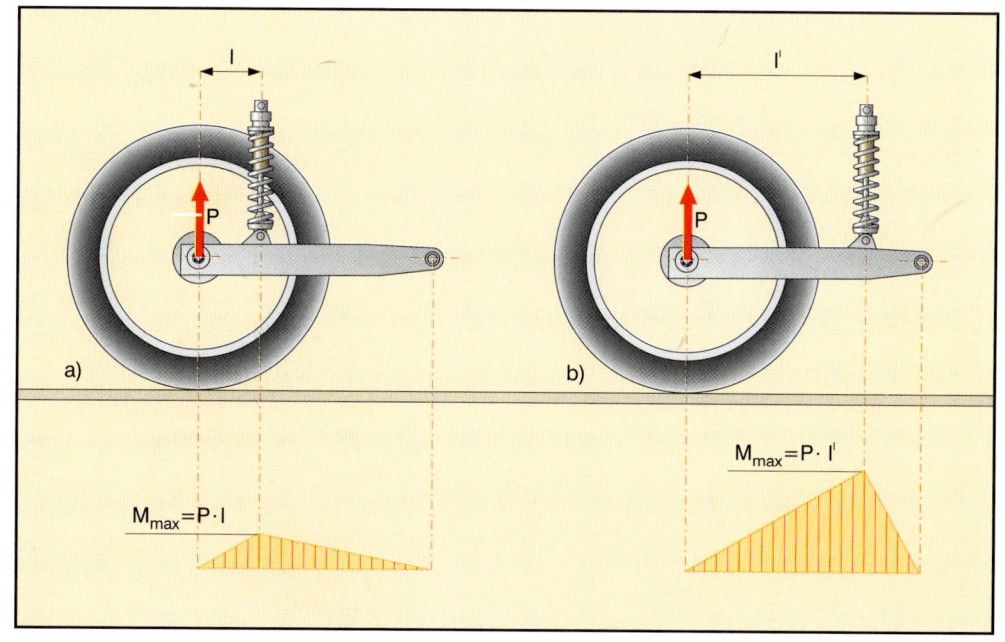

Biege- und Torsionsmomente

Wegen der *Reifenbreite* und der *Verlagerung des Fahrers zur Kurveninnenseite* liegt die Resultierende aus Normal- und Zentrifugalkräften, siehe Abbildung 12.13, außerhalb der Mittelebene des Motorrads.

Dadurch wirkt sowohl auf die Schwinge, als auch auf den Rahmen ein Torsionsmoment.

Unter folgenden Bedingungen tritt ein Moment auf:

- *Beim Durchfahren einer Kurve und gleichzeitiger Verzögerung:* Der Fahrer bremst und lenkt das Motorrad in die Kurve ein. Das meiste Gewicht lastet auf dem Vorderrad, das sich durch den Lenkeinschlag außerhalb der Mittelebene des Motorrads befindet. Ein Biegemoment wirkt hauptsächlich auf die Frontpartie des Motorrads.

- *Stationäre Kurvenfahrt:* Die Radlast nimmt bei einer Schräglage von 45 Grad vorn und hinten um 40 Prozent zu. Die Reifenbreite und Verlagerung des Fahrerschwerpunkts zur Kurveninnenseite erzeugen sowohl am Vorder- als auch Hinterrad ein beachtliches Moment. Dieser Effekt nimmt umso mehr zu, je größer die Radlasten und je breiter die Felgen und Reifen sind. Der Hinterreifen ist in der Regel breiter als der vordere.

Beim Beschleunigen im Kurvenausgang: Die Radlast verlagert sich zum größten Teil auf das Hinterrad. Das Motorrad befindet sich noch in Schräglage, der Fahrer neigt sich immer noch weit zur Kurveninnenseite. Dann tritt vor allem am Hinterrad ein hohes Moment auf.

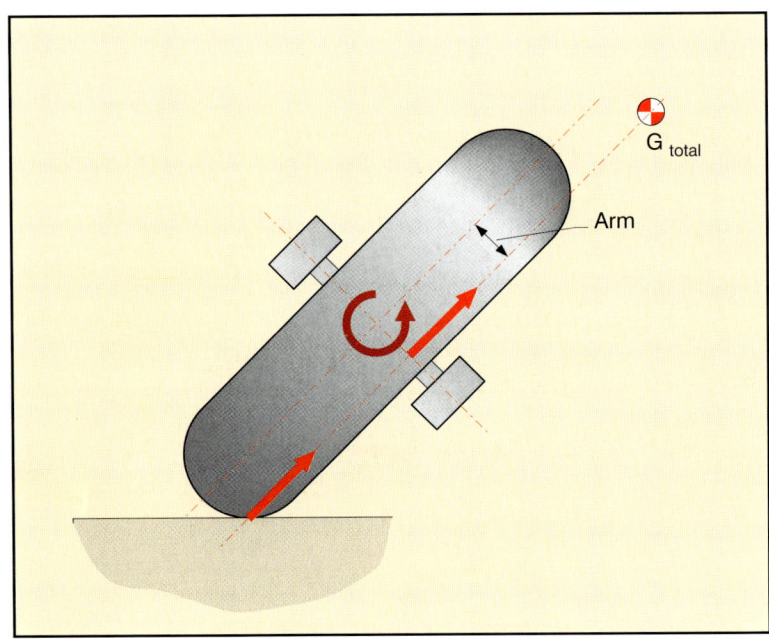

Abbildung 12.13: Biegemoment auf Schwinge und Rahmen.

Beim Beschleunigen können Rennmotorräder in einen Highsider verwickelt werden. Wenn das Heck des Motorrads nicht steif genug ist, wird die Situation noch kritischer.

Ein- und Ausfederbewegungen der Schwinge verstärken elastische Verformungen, die zusätzliche Bewegungen verursachen und damit noch ausgeprägter und intensiver zur Geltung bringen.
Aus diesem Grund hat sich die Schwinge zu einem höchst aufwändigen und steifen Bauteil entwickelt.

Zur Beurteilung misst man solche Komponenten in "Steifigkeiten". Unter dem Einfluss bestimmter Kräfte und Torsionsmomente dürfen sie sich nur minimal verformen. Bei Grand Prix-Motorrädern stiegen die Werte von 500 Nm/Grad Torsionssteifigkeit in den achtziger Jahren auf über 1000 Nm/Grad in den Neunzigern.

Da diese Strukturen extrem steif konstruiert sind, bleiben die internen Spannungen im Straßeneinsatz gering.

Rahmen und Schwingen der neuesten Generation von Sportmotorrädern könnten mehr als das doppelte des tatsächlichen Gewichts verkraften.

Dasselbe gilt auch für die Front, die beim Bremsen den höchsten Belastungen ausgesetzt ist.

Bauteile wie die Gabel sind ebenfalls extrem steif konstruiert. Man erinnere sich nur, wie der Durchmesser der Gabelholme in den 90er Jahren angewachsen ist.

Das Gleiche gilt auch für die Rahmen aktueller Straßenmotorräder. Sie haben Torsionssteifigkeiten von mehr als 3000 Nm/Grad.

Der Grund für die weit höhere Steifigkeit des Rahmens gegenüber der Schwinge liegt in der Gestaltung des Bauteils.

Die Schwinge ist ein offenes Bauteil, das an seinem hinteren Ende nur die Aufnahme der Radnabe verbindet. In den letzten Jahren ist die Radaufnahme in den Abmessungen stark gewachsen, um die Steifigkeit der Verbindung der beiden Schwingenarme zu steigern.

Der Rahmen ist dagegen ein geschlossener Verbund. Seine Querschnitte sind in der Regel viel größer. Zudem profitiert er vom mittragenden Motor oder von Unterzügen.

Festigkeitsuntersuchungen haben gezeigt, dass jede Form von Rahmenelastizität, egal ob unter Biege- oder Torsionseinflüssen die Empfindung des Fahrers verändert. Daher wirkt sich die Steifigkeit ebenso stark auf das Fahrverhalten des Fahrzeugs aus wie Änderungen von Gewicht und Leistung.

Zusätzlich rufen Elastizitäten Änderungen der Fahrwerksgeometrie hervor. Die Bedeutung des Lenkkopfwinkels macht verständlich, warum eine geänderte Lenkgeometrie zu schlechtem Fahrverhalten führen kann.

Was passiert, wenn sich die Gabel des Motorrads leicht verformt? Um die gewünschte Fahrtrichtung beizubehalten schlägt der Fahrer den Lenker um einen bestimmten Winkel ein. Aufgrund der geringen Steifigkeit der Frontpartie stimmt der Lenkeinschlag nicht mit dem auf die Radachse übertragenen Winkel überein. Der Fahrer muss also zuerst abwarten, wie weit sich das Motorrad in die gewünschte Richtung bewegt, um anschließend den Lenkeinschlag anzupassen.

Einfluss der Steifigkeit auf das Fahrverhalten

Große Elastizitäten verursachen deshalb eine zeitliche Verzögerteung.
Das bedeutet, so lange die elastische Phase nicht abgeschlossen ist kann der Fahrer kein neues Manöver einleiten.

Der Fahrer muss zusätzlich zum Aufwand, das Motorrad in Schräglage zu bringen und die Lenkung einzuschlagen Energie aufwenden, um die elastischen Verformungen zu kompensieren.

Er empfindet die geringe Steifigkeit eines Motorrads auf ganz besondere Art. Das Motorrad fühlt sich schwammig, träge und schwer an. Das selbe Motorrad mit der gleichen Gewichtsverteilung, und dem gleichen Aufbau aber höherer Steifigkeit gibt dem Fahrer eine bessere Rückmeldung und ein direkteres Gefühl.

Selbstverständlich bringt eine höherer Steifigkeit, wie jedes Kriterium, immer Vor- und Nachteile mit sich.

Steife Fahrwerke mit geringen Dämpfungseigenschaften verstärken Eigenschwingungsformen, speziell Flattern oder Lenkerschlagen in Betrag und Intensität. Sie lassen sich durch eine vollständige, rigorose Überarbeitung der gesamten Fahrzeugkonstruktion reduzieren.

Deshalb haben Sportmotorräder hohe Steifigkeitswerte, während die Konstrukteure bei Tourenmotorrädern weniger steife Strukturen vorziehen.

Als wichtiges Kriterium gilt daher das auf das Fahrwerk wirkende Torsionsmoment in Schräglage.
Seine Auswirkung auf das Motorrads hängt von der Radlastverteilung ab.

Beim Bremsen ist dieses Moment an der Front am größten, am Hinterrad dagegen gleich null. Es nimmt von vorn nach hinten, abhängig von der Massenverteilung ab.

Beim Beschleunigen ist es an der Hinterachse am größten und wird zur Vorderachse immer geringer. Es kann an der Vorderachse sogar ganz aufgehoben sein.

Um optimales Fahrverhalten und gute Rückmeldung auf die Reaktion des Fahrers zu erzielen, müssen Steifigkeit und Gewichtsverteilung des gesamten Chassis homogen und ausgewogen sein. Falls nur ein Bauteil besonders steif ist, kann es nur wenig oder überhaupt nichts bewirken.

Kapitel 13

Radaufhängung

Federelemente

Die Federelemente des Motorrads erlauben gegenüber dem Rahmen Relativbewegungen der Räder. Sie bestehen aus:

- Einem elastischen Bauteil, den Federelementen;
- Einem Dämpfer;
- Einem kinematischen Mechanismus, der die Bewegungen regelt.

Die folgenden Abschnitte dieses Kapitels veranschaulichen die ersten beiden Bestandteile, die elastische Komponente, und die Dämpfung. Den geometrischen Aspekt, der die Kinematik der Radaufhängung bestimmt und für Vorder- und Hinterradaufhängung stark unterschiedlich ausfällt, behandelt dagegen ein separates Kapitel.

Die Reifen tragen ebenfalls wesentlich zur Funktion der Federelemente bei. Sie filtern Schwingungen hoher Frequenz und geringer Amplitude heraus. Deshalb lässt sich das System der Radaufhängungen durch zwei Freiheitsgrade definieren. Abbildung 13.1 veranschaulicht das klassische, dynamische Modell.

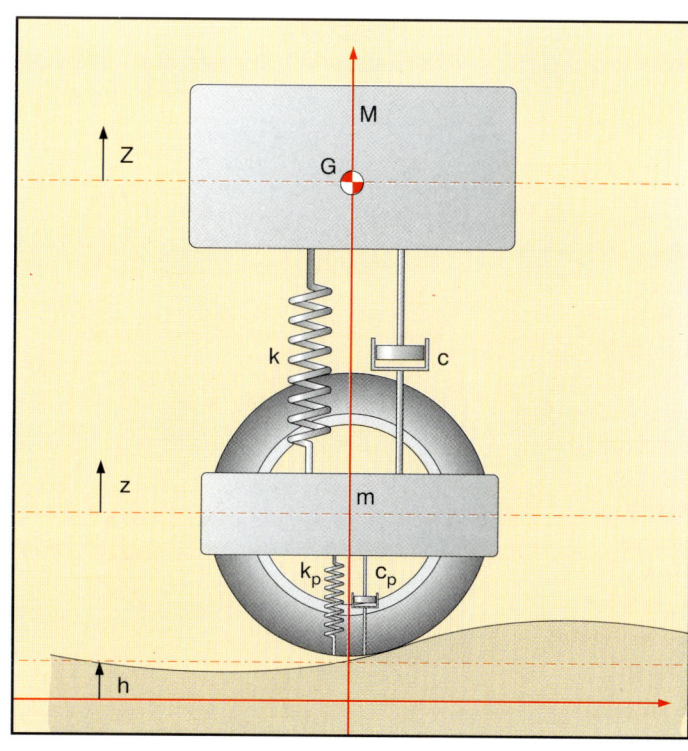

Abbildung 13.1:
- M = gefederte Masse des Motorrads;
- m = ungefederte Masse des Motorrads;
- k_p = Federrate der Reifen;
- c_p = Dämpfung der Reifen;
- k = Federrate der Radaufhängung;
- c = Dämpfung der Radaufhängung;
- G = Schwerpunkt der gefederten Massen;
- Z = Weg der gefederten Massen;
- z = Weg der ungefederten Massen;
- h = Fahrbahnprofil.

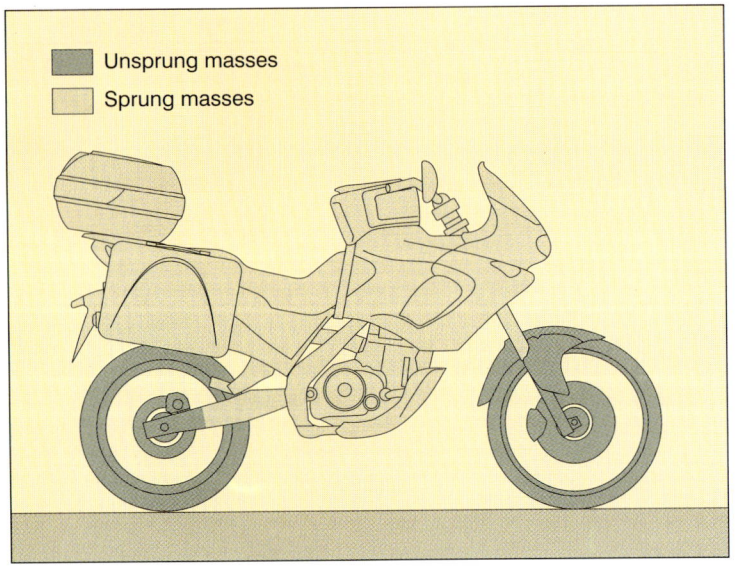

Abbildung 13.2: Gefederte und ungefederte Massen eines Motorrads.
Unsprung masses = ungefederte Masse
Sprung masses = gefederte Masse

Abbildung 13.3: Aufhängung mit vier Freiheitsgraden.

β = Neigungswinkel der gefederten Masse des Motorrads;
M = gefederte Masse;
I = Massenträgheitsmoment der gefederten Masse um den Schwerpunkt;
m_h = ungefederte Masse hinten;
m_v = ungefederte Masse vorn;
c_h = Dämpfung der Hinterradaufhängung;
c_v = Dämpfung der Vorderradaufhängung;
k_h = Federrate der Hinterradaufhängung;
k_v = Federrate der Vorderradaufhängung;
c_{ph} = Dämpfung des Hinterreifens;
c_{pv} = Dämpfung des Vorderreifens;
k_{ph} = Federrate des Hinterreifens;
k_{pv} = Federrate des Voderreifens;
z_h = vertikale Lage des Hinterrads;
z_v = vertikale Lage des Vorderreifens;
z = vertikale Lage des Rahmens.

Wheelbase=wb = Radstand l_R

- Die **ungefederten Massen** haben mehr oder weniger *direkten Fahrbahnkontakt.* Es sind:

Reifen, Felgen, Radachsen, Bremsscheiben, Bremssättel, und Kotflügel, die direkt am Rad angebracht sind, der gesamte Teil der Gabel, der sich mit den Rädern bewegt, das Kettenrad und ein Teil der Schwinge samt Kette und Federbein mit Umlenkhebeln. Deren anteiliges Verhältnis beträgt ungefähr ein Drittel des Gesamtgewichts der Bauteile.

- Die **gefederten Massen** sind dagegen jene Bauteile, die sich oberhalb der Federelemente befinden und starr miteinander verbunden sind, wie zum Beispiel der Rahmen, der Tank, der Motor, der Kühler, die Verkleidung und so weiter.

Da sich die Federelemente auf die Vorder- und Hinterachse verteilen, ist das gesamte Schwingungsmodell des Motorrads weit komplizierter aufgebaut als das ursprüngliche. Es erweitert sich von zwei auf vier Freiheitsgrade. Abbildung 13.3 veranschaulicht dieses Modell.

Eine mathematische Abhandlung kommt deshalb an dieser Stelle nicht in Betracht.

Die beiden Systeme der Vorder- und Hinterradaufhängung sollten so weit als möglich voneinander entkoppelt sein, da sich ihre Eigenfrequenzen stark voneinander unterscheiden.

Wenn das Vorderrad zum Beispiel über ein Hindernis fährt, sollte eine möglichst geringe Reaktion vom Hinterrad ausgehen und umgekehrt.

Die einfachste Möglichkeit die Systeme zu entkoppeln besteht darin, an der Front eine geringere Federrate anzuwenden als am Heck und dadurch die Frequenz zu senken.

Das lässt sich leicht demonstrieren: Man versuche Front und Heck gleichzeitig einzufedern. Die Front setzt dem Einfedern dabei weniger Widerstand entgegen als das Heck.

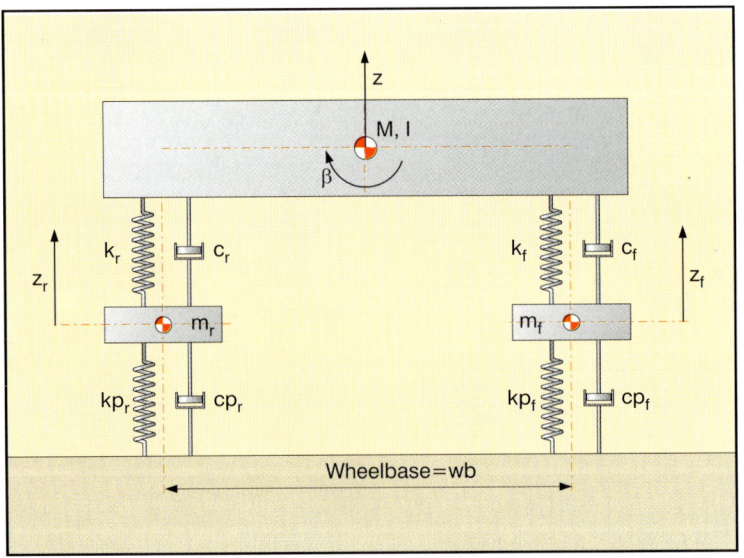

Federelemente

Die Hersteller verwenden heutzutage nahezu generell Schraubenfedern mit rundem Querschnitt des Federdrahts.

Mit dieser Bauart lassen sich die unterschiedlichsten Federraten für alle möglichen Einsatzzwecke mit gemäßigten Kosten, begrenzter Baugröße und nahezu 100-prozentiger Zuverlässigkeit realisieren. Mit den aktuellen Werkstoffen und Konstruktionsmethoden der Industrie ist die Wahrscheinlichkeit gering, dass sich die Feder setzt und sich der Elastizitätsmodul ändert, es sei denn beim Motocross, bei dem die Beanspruchungen so gewaltig sind, dass die Federn in ihrer Wirkung nachlassen.

Die Herstellungsprozesse von Schraubenfedern garantieren enge Toleranzen. Federn derselben Charge haben also nahezu identische Eigenschaften.

Gleichung 13.1 liefert den Zusammenhang von Weg und Kraft.

Gleichung 13.1

$$F = c \cdot x$$

Daraus ist:
c die Federrate;
x der Federweg.

Schraubenfedern können auch eine progressive Federrate haben. Dabei steigt die Federrate mit zunehmendem Federweg.

Man kann leicht erkennen, ob eine Feder linear oder progressiv arbeitet. Bei konstantem Durchmesser des Federdrahts ist der Abstand zwischen den einzelnen Windungen und somit die Federrate konstant. Bei unterschiedlichem Windungsabstand ändert sich die Federrate.
Die enger gewickelten Windungen gehen beim Zusammendrücken der Feder zuerst auf Block.

Daher lassen sich progressive Federraten auch durch eine Reihenschaltung von Federn unterschiedlicher Federrate, siehe Abbildung 13.6, darstellen.

Mit dieser Anordnung kann man jedoch niemals eine degressive Kennlinie erreichen. Grundsätzlich geht immer der Teil der Feder mit der geringsten Federrate zuerst auf Block.

Andere Federsysteme wie Torsions- oder Blattfedern von Automobilen kommen bei aktuellen Motorrädern so gut wie nicht zum Einsatz.

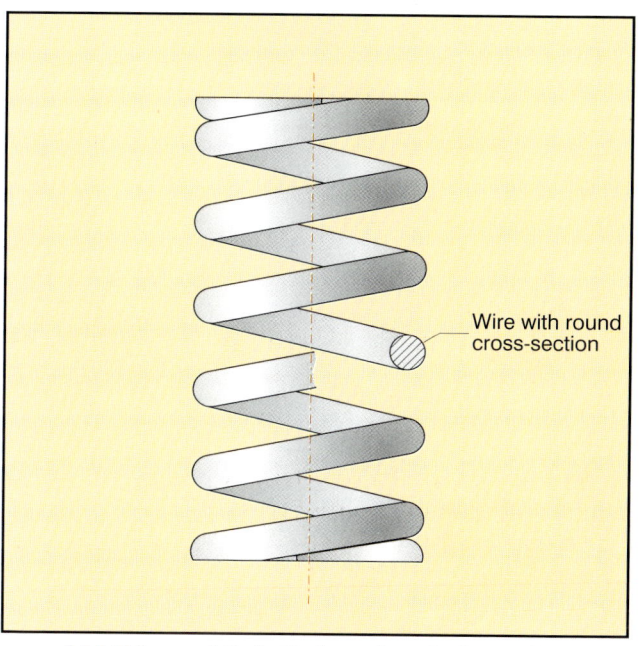

Abbildung 13.4: Schraubenfeder mit rundem Federdraht.
Wire with round cross-section = Federdraht mit rundem Querschnitt

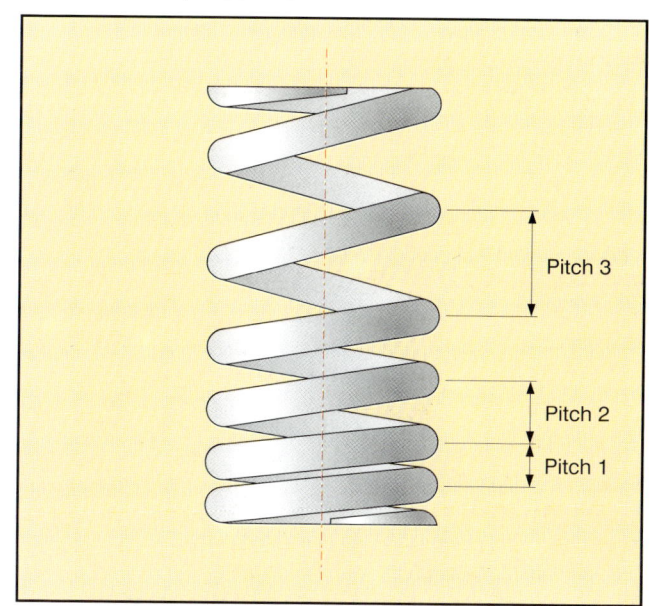

Abbildung 13.5: Feder mit progressiver Federrate:
Pitch = Steigung

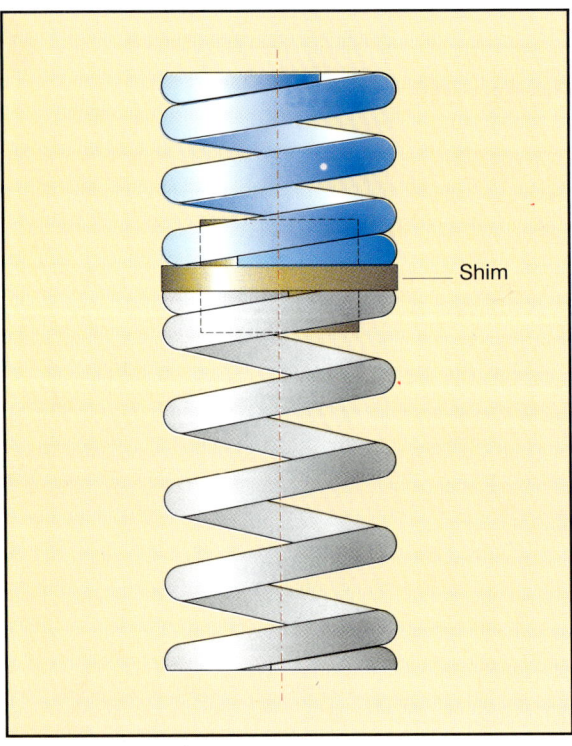

Abbildung 13.6: Progressive Federrate durch Federn mit unterschiedlicher Federrate.
Shim = Distanzring

Selbst Schraubenfedern sind auf *Torsion* beansprucht.

Unter der Last **P** wirkt ein Torsionsmoment mit dem Hebelarm **r** auf den Federdraht. Das Torsionsmoment ergibt sich aus

Gleichung 13.2:

$$M_t = P \cdot r$$

Dadurch verdreht sich der Federdraht um seine zentrale Faser, die Schraubenfeder unterliegt einem Torsionsmoment.

Es wirken auch Biegemomente, Scherkräfte und Zugspannungen. Diese Kräfte und Momente sind jedoch vernachlässigbar gering. Sie machen nur zwei bis drei Prozent der gesamten Spannungen aus.

Weitere Anmerkungen zu Schraubenfedern:
Das Ende der Windungen, das auf dem Federteller aufliegt, muss sauber angeschrägt sein, um eine gleichmäßige Auflage und somit Krafteinleitung der Feder sicherzustellen.

Sind die Windungsenden nicht sauber angepasst, kann sich die Feder nicht frei auf den Federtellern drehen wenn sie zusammengedrückt wird. In der Theorie sprechen wir von Federn, die an ihren Enden fest aufliegen. Man kann jedoch speziell bei kurzen Federn nachweisen, dass sie mit blockierten Enden andere Federraten haben als solche die sich frei drehen können.

Abbildung 13.7: Auf den Federdraht einer Schraubenfeder wirkendes Biegemoment mit der Last P und dem Hebelarm r.

Abbildung 13.8: Federbasis einer Schraubenfeder.

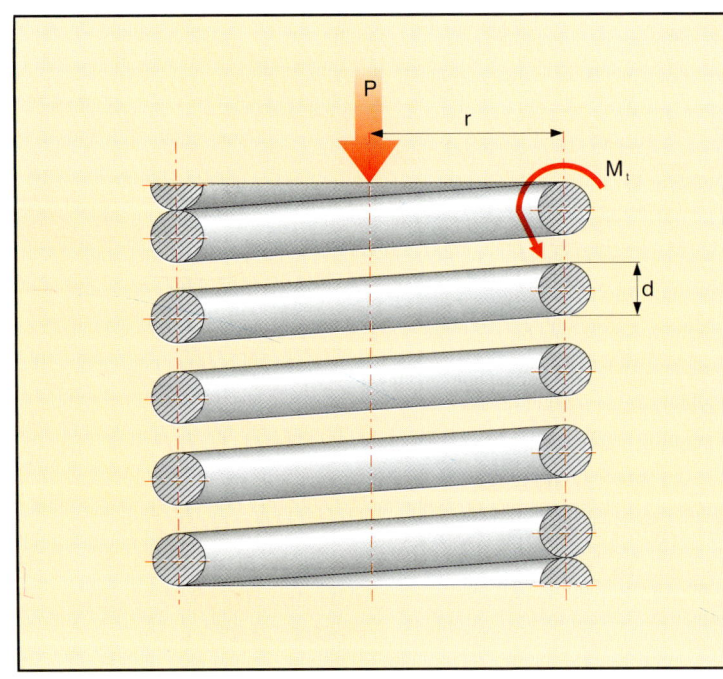

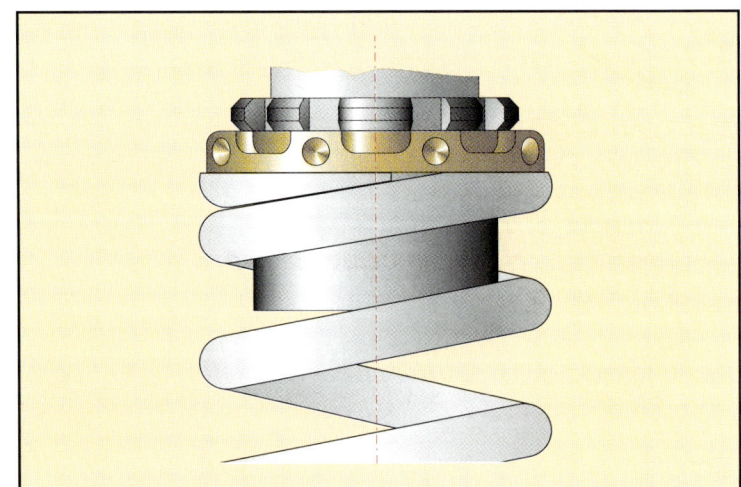

Zusammenfassung:
Der Einfederweg der Feder, beziehungsweise die Relativbewegung ihrer Enden zueinander ist ein Maß für die Radlast.

Radaufhängungen benötigen auch Dämpferelemente die Energie aufnehmen, um von Bodenwellen angeregte Schwingungen abzubauen.

Dämpferelemente

Die Arbeit des Dämpfers ist für guten Fahrkomfort und einwandfreies Fahrverhalten unentbehrlich.

Bei älteren Motorrädern erzeugten Reibscheiben die Dämpfung. Die Bewegungsenergie wurde durch Reibung in Wärmeenergie umgewandelt. Diese Bauelemente hatten aber eine eingeschränkte Funktion und starken Verschleiß und wurden von den heute üblichen, hydraulischen Stoßdämpfern verdrängt.

Folgende Betrachtungen gelten sowohl für die vorderen als auch hinteren Dämpferelemente.

Während der Ein- und Ausfederbewegung der Radaufhängungen wird ein, speziell für diesen Zweck entwickeltes, Öl durch enge Bohrungen in den Dämpferkolben von Gabel und Federbein gepresst.

Aufgrund seiner Viskosität wandelt es beim Durchströmen der Drosselbohrungen kinetische Energie in Wärme um, welche die Gehäuse von Gabel und Stoßdämpfer anschließend an die Umgebungsluft abgeben.

Nach einem Geländeritt ist das Dämpfergehäuse daher extrem aufgeheizt.

Derselbe Effekt tritt, allerdings weniger ausgeprägt, an der Gabel auf. Sie ist dem kühlenden Luftstrom besser ausgesetzt und hat zum Abstrahlen der Wärme eine größere Oberfläche.

Die Bohrungen, die den Durchfluss des Öls regeln wirken wie eine hydraulische Bremse. Es gibt zwei Ausführungen:

- **Freie Bohrungen oder Bleeds;**
- **Plattenventile.**

Freie Bohrungen: Wenn Öl durch Bohrungen mit geringem Durchmesser von 0,8 bis 3,5 Millimeter, den sogenannten freien Bleeds strömt, erzeugt es durch die Druckdifferenz einen Widerstand, der mit dem Quadrat der Geschwindigkeit, siehe Diagramm 13.10, zunimmt.

Selbstverständlich erzeugen Bohrungen mit kleinen Durchmessern größere Dämpfungskräfte als größere Bohrungen. Je höher die Durchflussgeschwindigkeit ist, umso größer ist auch die Dämpferkraft.

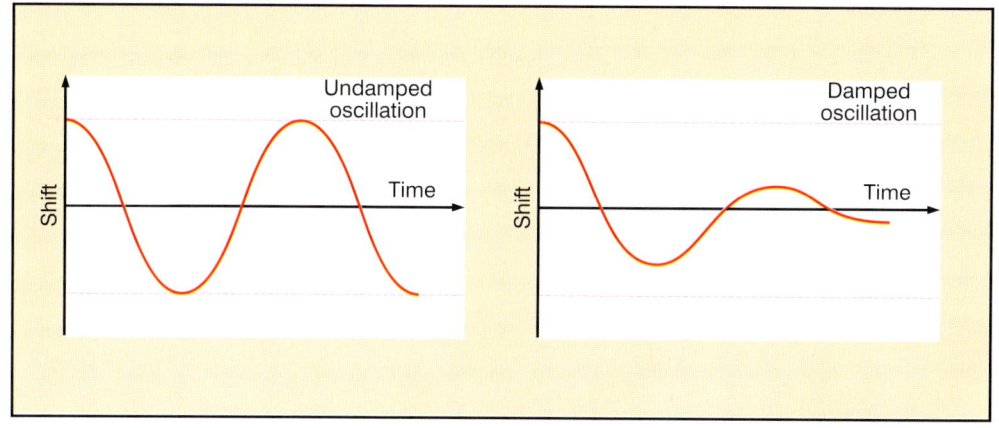

Abbildung 13.9: Bedämpfen von Schwingungen.
Undamped oscillation = ungedämpfte Schwingung
Shift = Schwingamplitude
Time = Zeit
Damped oscillation = gedämpfte Schwingung

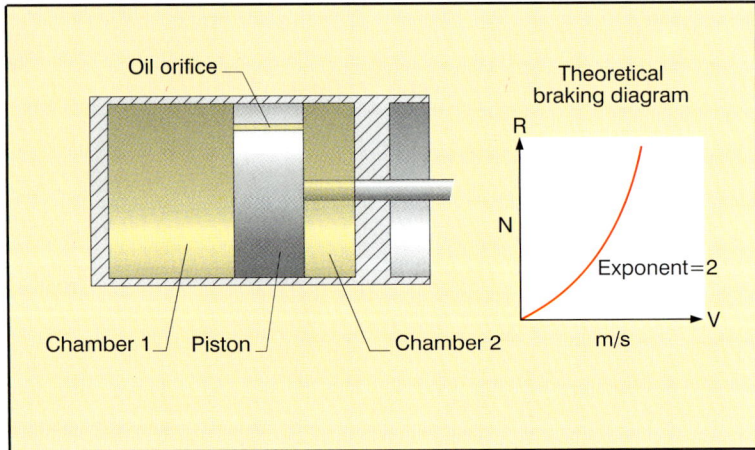

Abbildung 13.10

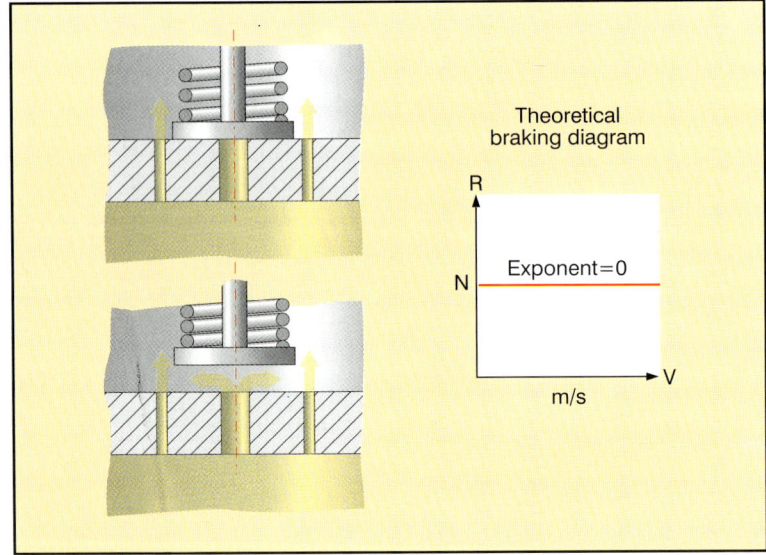

Abbildung 13.11: Hydraulische Dämpfung durch Plattenventile.

Abbildung 13.10: Hydraulische Dämpfung durch freie Bohrungen.
Oil orifice = Ölbohrung
Chamber = Raum
Piston = Kolben
Theoretical braking diagram = theoretische Dämpferkennlinie

Die Exponentialfunktion zweiter Ordnung, also ein parabelförmiger Kurvenverlauf eines solchen Dämpfungssystems lässt sich im Diagramm 13.10 aus dem progressiven Anstieg der Dämpferkraft bei zunehmender Geschwindigkeit ablesen.

Da die Bohrungen permanent offen sind, strömt das Öl sobald sich der Kolben bewegt.

Ein Stoßdämpfer, der allein mit freien Bohrungen arbeitet kann Dämpfungsaufgaben nie optimal erfüllen.

Einerseits erlauben kleine Bohrungen bereits bei geringen Kolbengeschwindigkeiten hohe Dämpferkräfte. Die Wirkung kann jedoch bei höheren Kolbengeschwindigkeiten, zum Beispiel wenn das Rad eine Bodenwelle überfährt, viel zu stark sein und somit den Fahrkomfort beeinträchtigen.

Wenn das Rad bei geringen Geschwindigkeiten von 40 bis 60 km/h zum Beispiel eine Trennfuge überfährt, verursacht die Geschwindigkeit mit der das Rad einfedert einen Widerstand der Dämpfer, der viel größer als die Federkraft ist. Die Folge ist ein schlechter Fahrkomfort.

Andererseits ist bei großen Bohrungen und geringen Kolbengeschwindigkeiten die Dämpfung völlig ungenügend, die Radaufhängung kann in unkontrollierte Resonanzschwingungen geraten.

Beim Überfahren von Brückenabsätzen stellt der Fahrer bei ungenügender Dämpfung im Low-Speed-Bereich fest, dass das Motorrad ständig nachschwingt.

Plattenventile:

Federn wirken auf Plattenventile, die auf dem Kolben angeordnet sind. Sie verschließen Querschnitte, die etwa 20 mal so groß wie die freien Bohrungen sind. Wenn der Druck auf die Kolbenunterseite und damit auf die Ventilplatten so weit ansteigt bis sich die Federn öffnen, kann das Öl ohne großen Widerstand von einer Seite des Kolbens zur anderen durch die offenen Querschnitte strömen.

Den theoretischen Kurvenverlauf der Dämpferkräfte für ein klassisches, linear arbeitendes Plattenventil zeigt Abbildung 13.11.

Wenn die Geschwindigkeit des Kolbens bei der Aufwärtsbewegung zunimmt, verhalten sich in der Praxis jedoch selbst Plattenventile wie freie Bohrungen mit großen Querschnitten. und somit ansteigender Kennlinie der Kraft, wie Abbildung 13.12 zeigt.

Durch die Kombination von freien Bohrungen und Plattenventilen ist es möglich, nahezu *sämtliche geforderten Dämpfungskurven,* siehe Abbildung 13.13, zu erzeugen.

Ein klassisches Beispiel für Plattenventile zeigt Abbildung 13.14. Es setzt sich aus einer hochentwickelten Baugruppe von speziellen Federplatten oder Shims zusammen, die bei Druckanstieg Bohrungen freigeben.

Diese Art von Ventilen arbeitet nur in *einer Richtung,* da sie vom beaufschlagten Druck geöffnet werden.

Um Dämpfungseigenschaften in beiden Richtungen zu erhalten, ist auf jeder Seite des Kolbens ein Plattenpaket angeordnet.

Man spricht von Druckstufendämpfung wenn das Federelement einfedert und von Zugstufendämpfung wenn sich die Feder ausdehnt. Sie arbeiten in der Regel mit unterschiedlichen Dämpfungskräften.

Wenn Öl durch die Ventile strömt entstehen große Druckdifferenzen zwischen der Kolbenober- und Unterseite.

In einigen Bereichen, zumeist nahe der Bohrungen können örtliche Druckspitzen

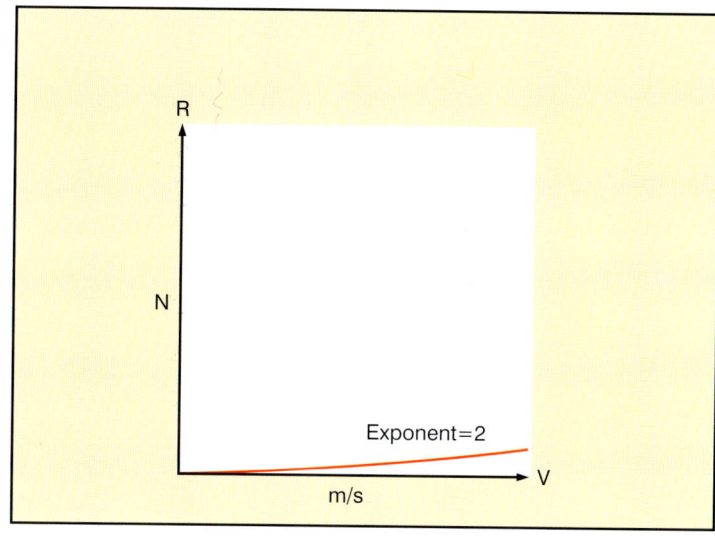

Abbildung 13.12: Diagramm des Öffnungsdrucks von Plattenventilen.

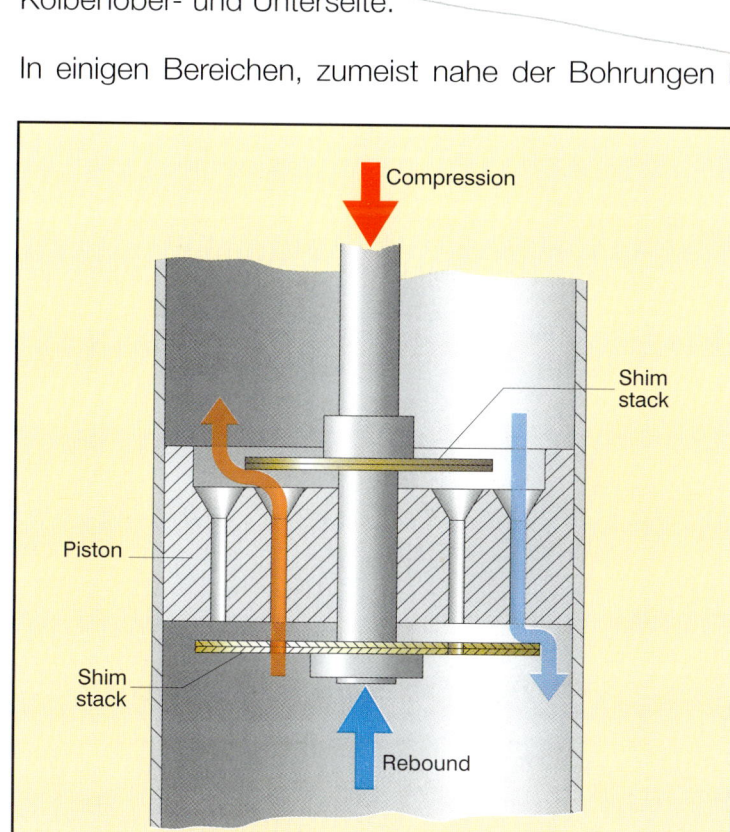

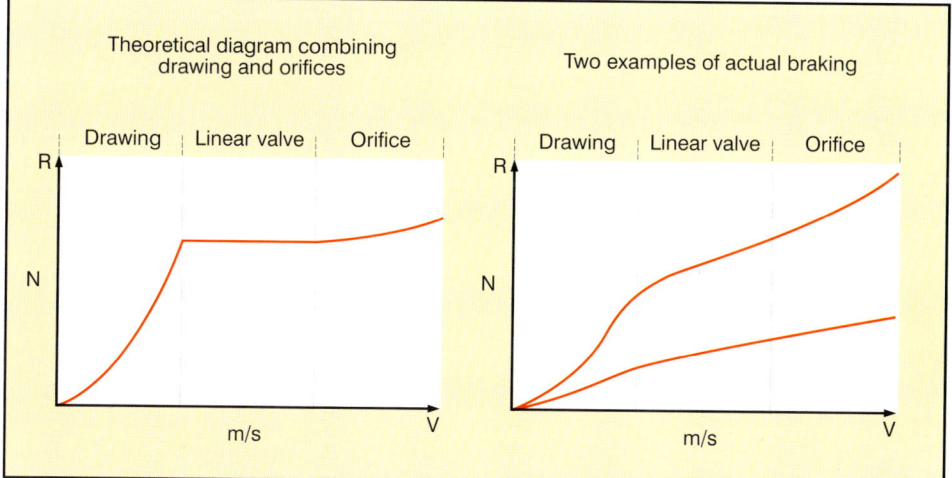

Abbildung 13.13: Kurvenverlauf verschiedener Dämpferkombinationen von Plattenventilen und freien Bohrungen.
Theoretical diagram combining drawing and orifices = Theoretische Kennlinie der Kombination von Plattenventilen und freien Bohrungen
Two examples of actual braking = Zwei Beispiele aktueller Dämpferkennlinien

Abbildung 13.14: Beispiel eines Dämpfersystems mit Plattenventilen.

Compression = Druckstufe	Shim stack = Ventilplatten
Piston = Kolben	Rebound = Zugstufe

entstehen, die so groß sind, dass Luftblasen entstehen. Diese Erscheinung nennt sich **Kavitation.**

Was dabei geschieht lässt sich mit dem sichtbaren Phänomen vergleichen, das beim Anlassen eines Bootsmotors auftritt. Wenn sich die Schraube zu drehen anfängt, erzeugt sie einen Wirbel von Luftblasen, obwohl der Antrieb komplett unter Wasser ist.

Dieser Effekt entsteht ebenfalls durch die Druckdifferenz zwischen der einen und der anderen Seite der Schraube.

Luftblasen können Aufschäumen des Öls verursachen und damit die Funktion des Dämpfers außer Kraft setzen.

Moderne Dämpferkonstruktionen setzten das Öl unter hohen Druck von zehn bis 16 bar. Damit können Gasblasen gar nicht erst entstehen.

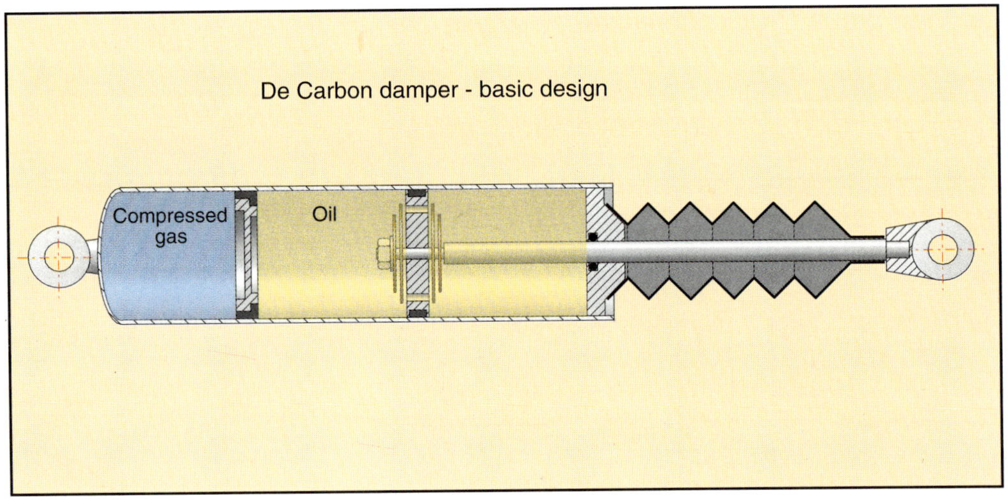

Abbildung 13.15 zeigt die Konstruktion eines sogenannten Gasdruck- oder De Carbon-Dämpfers. Der Pionier der Technik von Automobilstoßdämpfern hat einst diese mittlerweile weit verbreitete Bauart erfunden.

Bei diesem System separiert der sogenannte Trennkolben das komprimierte Gas im Ausgleichsbehälter vom Dämpferöl. Dadurch können sich Öl und Gas nicht vermischen und verschäumen.

Eine andere Dämpferkonstruktion, die ebenfalls im Motorrad eingesetzt wird, zeigt Abbildung 13.16.

Abbildung 13.15: Gasdruckdämpfer.
De Carbon Damper – basic design =
Gasdruckdämpfer (De Carbon)
Compressed gas = komprimiertes Gas
Oil = Öl

Bei dieser Lösung trennt eine Gummimembrane das Gas vom Öl.

Die Luft befindet sich in einem Behälter, der, um Baulänge zu sparen, nicht direkt mit dem Dämpfergehäuse verbunden ist. Gleichzeitig führt der Ausgleichsbehälter Wärme ab. Dadurch arbeiten solche Systeme mit geringeren Temperaturen.

Die Viskosität des Öls variiert abhängig von seiner Temperatur. Folglich ändern sich mit ihr auch die Dämpferkräfte.

Deshalb ändert sich auch der Fahrkomfort insbesondere bei kühlem Wetter nach einem längeren Stopp im Vergleich zu einer längeren Fahrt über wellige Straßen. Die

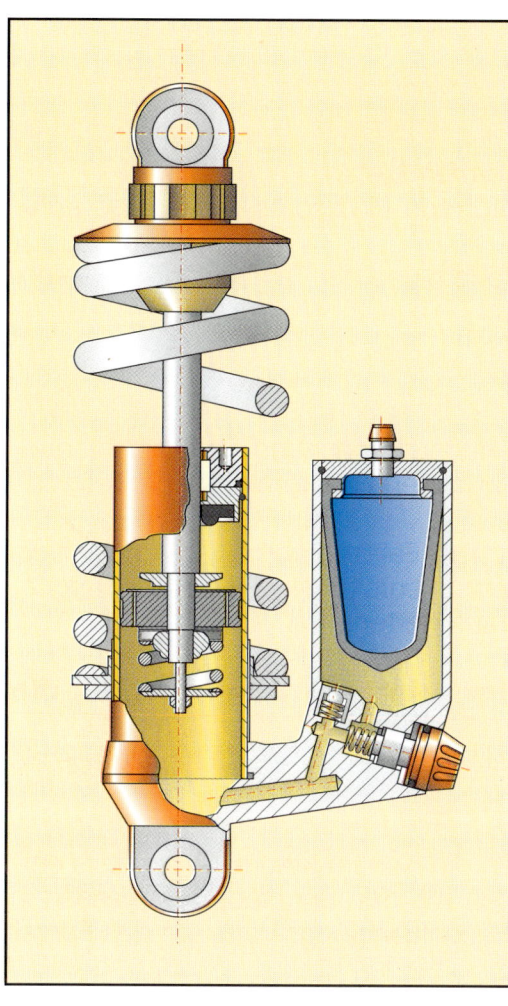

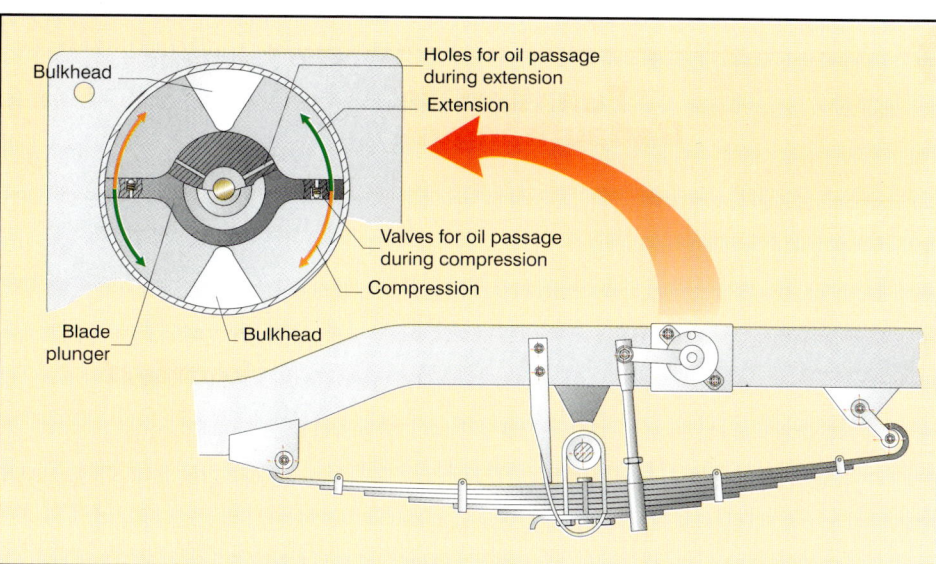

Fahrwerksab-stimmung er-schien zuerst weicher.

Moderne Dämp-fungssysteme ba-sieren auf hoch-entwickelter Konstruktionen, die zum größten Teil in der Lage sind, die unter-schiedlicher Auswirkungen zu kompensieren, die durch unter-schiedliche Arbeitstemperaturen entstehen.

Zusätzlich zum weit verbreiteten, konventio-nellen Dämpfer gibt es viele weitere Systeme. Abbildung 13.17 zeigt einen Houdaille-Rotati-onsdämpfer.

In der Regel arbeitet ein Dämpfungssystem beim Motorrad in beiden Richtungen, sowohl beim Ein- als auch Ausfedern. Die praktische Erfah-rung zeigt aber, dass die Dämpferkräfte beim Ausfedern viel größer sind als beim Einfedern. Tatsächlich *ist der Betrag der Zugstufendämpfung ungefähr dreimal so hoch wie jener der Druckstufendämpfung.*

Abbildung 13.18 zeigt Dämpferkennlinien beim Motorrad.

Zusammenfassung:
Die Kräfte der hydrauli-schen Dämpfung hän-gen von der Ein- und Ausfedergeschwindig-keit ab.

Abbildung 13.17: Drehflügel- oder Rota-tionsdämpfer.
Bulkhead = Trennwand
Blade plunger = Drehflügel
Holes for oil passage during extension =
Ölbohrungen für die Zugstufe
Extension = Zugstufe
Valves for oil passage during compression =
Ölbohrungen für die Druckstufe
Compression = Druckstufe

Abbildung 13.16: Beispiel eines Feder-beins mit Gasdruckdämpfer mit externem Ausgleichsbehälter.

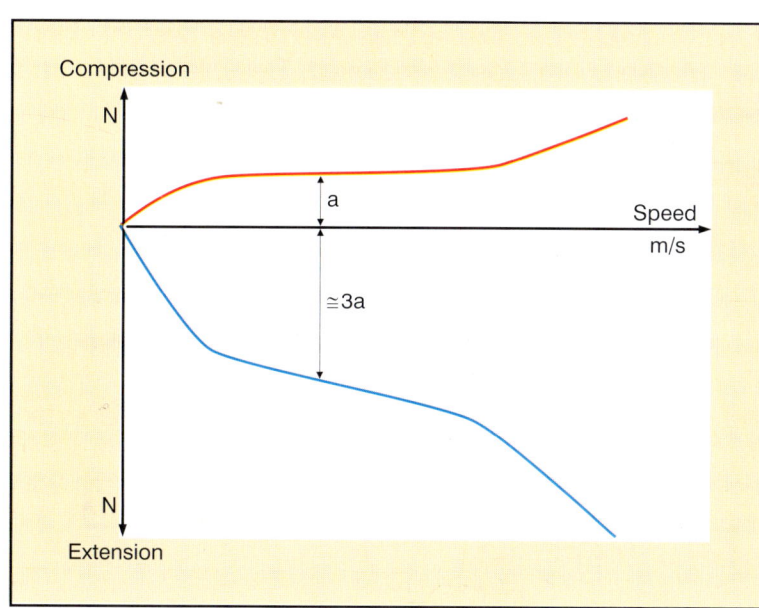

Abbildung 13.18: Beispiel einer Dämpferabstimmung.
Speed = Geschwindigkeit

Funktion der Radaufhängung

Die Radaufhängung hat folgende Funktionen:

- Sie muss dem Fahrer und Beifahrer *Fahrkomfort* bieten.
- Sie muss die *Eigenbewegungen* des Motorrads und somit seine Lage *unter Kontrolle halten.*
- Sie muss den *Kraftschluss* zwischen den Rädern und der Fahrbahn sicherstellen.

Fahrkomfort

Straßenunebenheiten würden ohne Hilfe der Radaufhängungen Vertikalbewegungen des gesamten Motorrads und somit inakzeptablen Fahrkomfort hervorrufen.

Motorradfahrwerke entwickelten sich anfangs aus Fahrradrahmen, die selbstverständlich noch starr waren. Im Lauf der Jahrzehnte entstanden Radaufhängungen, welche die Fahrbahnunebenheiten effizient herausfilterten.

Der beste Indikator für den Fahrkomfort sind die Bewegungen, die auf den Fahrer übertragen werden.
Beschleunigungen, die der Fahrer als Stoß oder Ruck spürt, werden heutzutage als messbare Größen erfasst.

Um optimalen Fahrkomfort zu erzielen müssten die Konstrukteure ein Chassis entwickeln, das beim Überfahren von Bodenwellen mit den ungefederten Massen in vollständig stationärem Zustand verharrt. Die Beschleunigungskräfte auf den Fahrer wären in diesem Fall logischerweise gleich null.

Offensichtlich ist das jedoch nicht realisierbar. Die einzige Alternative besteht darin, die Bewegung der gefederten Massen, ihre Geschwindigkeit, Beschleunigung und die daraus entstehenden Reaktionen so gering wie möglich zu halten.

Für hohen Fahrkomfort bieten sich folgende Maßnahmen an:

- Geringe Federrate der Radaufhängung;
- Eingeschränkte Druckstufendämpfung;
- Geringe ungefederte Massen;
- Hohe gefederte Massen, die aber einer guten Handlichkeit im Weg stehen.

Unterschiedliche Motorrädern haben unterschiedliche Verhältnisse von gefederten zu ungefederten Massen:
Zwischen einem 140 Kilogramm leichten Motorrad und einem großen Tourer mit 250 Kilogramm beträgt das Verhältnis der gefederten Massen ungefähr 1 : 2, das der ungefederten Massen dagegen nur etwa 1 : 1,3.

Deshalb lässt sich guter Fahrkomfort bei schweren Motorrädern viel einfacher realisieren als bei leichten.
Unabhängig von der optimalen Fahrwerksabstimmung ist ein schweres Motorrad im Fahrkomfort immer im Vorteil.

Dabei steht guter Fahrkomfort im Gegensatz zu anderen Anforderungen.

Kontrolle der Motorradlage

Die Federraten der Federelemente und deren ursprüngliche Vorspannung bestimmen die Lage eines Motorrads unter verschiedenen Bedingungen.
Ein Motorrad mit weicher Federung sinkt bereits stark ein, wenn der Fahrer es vom Hauptständer abbockt. Es federt mit Fahrer und in Kurven weiter ein, in denen sich die Zentrifugalkraft zusätzlich auswirkt.
Die Federwege hängen von der Lage ab. Im wesentlichen verändern sich gegenüber der Ausgangsposition die Schwerpunktshöhe, und der Lenkkopfwinkel.

Deshalb muss ein Sportmotorrad mit straffen Federelementen ausgerüstet sein, damit Änderungen der Motorradlage das Fahrverhalten nicht zu stark beeinflussen.

Die Federraten der Federelemente bestimmen die Lage des Motorrads. Wie diese Lage im Fahrbetrieb erhalten bleibt hängt von der Dämpferabstimmung ab.
Eine starke Dämpfung muss bei Sportmotorrädern Fahrwerksbewegungen möglichst schnell unterdrücken. Tourenmotorräder kommen mit einer wesentlich weicheren Abstimmung aus.

Gegen das in Kapitel 7 behandelte Überschwingen der Federung beim Bremsen hilft eine starke Dämpfung, um das Motorrad schneller zu stabilisieren. Bei zu geringer Dämpfung taucht die Front zwar schnell ein, schwingt dann aber nach, bis sich der Gleichgewichtszustand eingestellt hat.

Auf welligen Fahrbahnen spielt die Dämpfung die größte Rolle. Beim Überfahren von Bodenwellen, zuerst mit der Standardabstimmung, dann mit höherer Druckstufendämpfung, nimmt der Fahrer wahr, dass das Motorrad im zweiten Fall eine etwas höhere Position einnimmt.
Motocross-Spezialisten ist der Einfluss der hydraulischen Dämpfung auf die Position des Motorrads durchaus bekannt. Für sie sind tiefe Löcher und Querrillen sowohl bei Geradeausfahrt als auch in Kurven an der Tagesordnung.

Um die Position des Motorrads so gut wie möglich kontrollieren zu können ist es sinnvoll,
    - hohe Federraten und
    - starke Dämpferkräfte einzusetzen.

Haftreibung

Um die Kräfte sowohl beim Beschleunigen als auch beim Bremsen auf die Fahrbahn übertragen zu können, von schneller Kurvenfahrt einmal ganz abgesehen, muss zwischen Reifen und Fahrbahn der entsprechende Kraftschluss vorhanden sein.

Ohne Federelemente würde zum Beispiel ein Absatz von vier Zentimetern Höhe bei 50 km/h Geschwindigkeit ausreichen, um das Rad vom Boden abheben zu lassen. Damit wäre die Übertragung der Kräfte auf die Fahrbahn unmöglich.

Folgender Parameter definieren den Kraftschlussbeiwert:

$$\textit{Kraftschlussbeiwert} = \textbf{\textit{F}} \left(\frac{\Delta \textbf{\textit{N}}}{\textbf{\textit{N}}} \right)$$

Dabei ist :

- ΔN **die Änderung der dynamischen Radlast** und
- N **die statische Radlast.**

Die Zunahme der statischen Radlast kann den Kraftschluss steigern, wie die Formel und die praktische Erfahrung beweist.
Wenn der Fahrer das Körpergewicht bei durchdrehendem Hinterrad auf rutschigem Untergrund nach hinten verlagert lässt sich das Antriebsmoment besser auf den Boden übertragen.

Für optimale Haftung hängt die ideale Fahrwerksabstimmung von der Fahrbahnbeschaffenheit und dem Motorradtyp ab. Sie lässt sich nur durch Ausprobieren herausfinden.
Optimaler Kraftschluss erfordert also viel Dämpfung auf Kosten des Fahrkomforts. In diesem Fall verbessern wiederum geringe ungefederte Massen das Fahrverhalten, da die Radlastverlagerung N_{trans} abnimmt und die Federelemente in höheren Frequenzbereichen arbeiten können.

Vergleich der gefederten und ungefederten Massen von Pkw und Motorrad.

Die Stoßdämpfer von Motorrädern sind im Gegensatz zu den meisten Pkw-Dämpfern weit aufwändiger. Wegen des geringeren Verhältnisses der gefederten und ungefederten Massen sind die damit verbundenen Probleme beim Motorrad wesentlich heikler als beim Pkw. Zum Beispiel an der Front des Motorrads:

Mittelklasse-Sporttourer:
   - Die ungefederte Masse beträgt zirka 17 Kilogramm.

- Die gefederte Masse an der Front liegt mit Fahrer bei etwa 130 Kilogramm.
- Das Verhältnis zwischen gefederter und ungefederter Masse beträgt also 130 : 17 = **7,65**.

Mittelklasse-Pkw mit 1800 cm^3
- Die ungefederte Masse wiegt ungefähr 25 Kilogramm.
- Die gefederte Masse liegt pro Rad bei etwa 300 Kilogramm.
- Das Verhältnis zwischen gefederter und ungefederter Masse errechnet sich also zu 300 : 25 = **12**.

Die Differenz von gefederter zu ungefederter Masse von Pkw und Motorrädern zeigt, dass die Konstruktion von Motorrad-Federelementen eine besondere Sorgfalt verlangt.

Ermittlung der optimalen Fahrwerkseinstellung

In der Regel müssen Federelemente widersprüchliche Funktionen erfüllen.

- Für den optimalen **Fahrkomfort** ist eine moderate Dämpfung und Federrate notwendig.
- Um möglichst **geringe Aufbaubewegungen** zu erzielen, müssen Federung und Dämpfung straff ausgelegt sein.
- Ein guter **Kraftschluss** erfordert eine Zwischenlösung.

Wenn Rennfahrer ihre Trainingsrunden absolvieren ist es deshalb ein schwieriger und langwieriger Prozess, bis die beste Fahrwerksabstimmung erreicht ist.

Tatsächlich fällt bei einigen, extrem leichten und leistungsstarken Rennmotorrädern die Abstimmung von Dämpfern und Federn äußerst schwer. Deshalb muss der Fahrer den besten Kompromiss auf der Suche nach der geringsten Aufbaubewegung und der besten Haftung herausfinden. Der Komfort spielt dabei eine untergeordnete Rolle.

Letztendlich liegt es an der Sensibilität, den Vorlieben und dem Fahrstil des Fahrers, die subjektiv beste Fahrwerksabstimmung für sein Motorrad herauszuarbeiten.

Das einzige Kriterium, das alle Forderungen nach der Optimierung des Fahrverhaltens vereint, sind geringe ungefederte Massen.

Deshalb suchen Konstrukteure von Rennmotorrädern ständig nach neuen technischen Lösungen, um das Gewicht auf ein Minimum zu reduzieren.

Sogar bei Großserien-Sportmotorrädern erfordert die Gewichtsoptimierung eine Menge Detailarbeit: So sind zum Beispiel die Radachsen hohlgebohrt, leichte Felgen aus Aluminiumlegierung haben einen filigranen Querschnitt mit hohlen, äußerst leichten Speichen und die Bremsscheiben sitzen auf leichten Aluminiumadaptern.

Kapitel 14

Vorderradaufhängung

Sie ist im Motorradbereich mit Abstand am weitesten verbreitet.

Wie der Name bereits sagt, besteht eine Teleskopgabel aus zwei konzentrischen Bauteilen, bei denen das eine innerhalb dem anderen auf und abgleitet.

Zwischen dem inneren und äußeren Rohr reduzieren Lagerbuchsen die Reibung.

Die oberen, sogenannten Standrohre sind an ihrem oberen Ende mit den Gabelbrücken verbunden, die in der Regel den Lenker aufnehmen. Der Lenk- oder Steuerkopf bildet eine Einheit mit der Radaufhängung. Er sorgt für maximale Sicherheit und direkte Anbindung an das Motorrad.
Am unteren Ende verbindet die Radachse die sogenannten Gleit- oder Tauchrohre miteinander.
Das Federungs- und Dämpfungssystem ist in die Stand- und Tauchrohre integriert.

Der Einfederweg der Feder stimmt mit dem Einfederweg des Rads überein.

Während dem Einfedern verringert sich das Luftpolster in der Gabel und erfüllt dabei eine doppelte Funktion:

- Die einer weiteren Feder und zwar einer Luftfeder. Sie arbeitet mit hoher Progression.

- Innerhalb der Gabel herrscht hoher Druck. Er verringert Kavitationsprobleme und Schaumbildung an der Kontaktfläche von Öl und Luft.

Telegabel

193

Funktion der Gabel

Die Lagerbüchsen zwischen den beiden Rohren übertragen sämtliche Kräfte von den Gleit- auf die Standrohre und umgekehrt.

Die Konstruktion der Buchsen trägt wesentlich zur einwandfreien Funktion der Gabel bei. Die Werkstoffwahl ist ein entscheidender Faktor, da das System einen äußerst geringen Reibwert und kleine Betriebstoleranzen verlangt.

Die saubere Funktion hängt von den Reibkräften ab, die während der Relativbewegung von Gleit- und Standrohren entstehen. Selbstverständlich ist auch die Haftreibung im Ruhezustand nicht zu vernachlässigen.

Die Haftreibung spielt eine Rolle, wenn sich beide Bauteile aus ihrer Ruhelage bewegen. Es tritt dann die sogenannte Losbrechkraft auf.

Unabhängig von der Sorgfalt bei der Konstruktion und Herstellung der Gleitbuchsen ist die Reibung stets ein Schwachpunkt der Telegabel.

In der Hinterradaufhängung ist die Gleitreibung vergleichsweise gering, weil dort eine Drehbewegung in den Lagern stattfindet.

Die Abstimmung der Gabel erfolgt durch die Federrate der Federn und die Dämpfung des hydraulischen Teils. Zur Dämpfung addiert sich der Widerstand der Gleitreibung.

Abbildung 14.1: Telegabel:
a) Geringste Steifigkeit in voll ausgefedertem Zustand;
b) Größte Steifigkeit bei voller Einfederung.
Extended fork: minimal overlap = Gabel ausgefedert: geringste Überdeckung
Compressed fork: maximum overlap = Gabel eingefedert: maximale Überdeckung

Da die Gleitreibung nicht linear verläuft, ist es in der Theorie schwierig, das Verhalten der Gabel voraus zu bestimmen. Ihre einwandfreie Funktion hängt stets von der Reibung ab.

Um die Reibkräfte zu verringern und somit eine saubere Funktion zu garantieren, müssen bereits die Konstrukteure die Kräfte in der Lagerung berücksichtigen.

Betrachtungen zur Steifigkeit der Gabel.

Wenn die Gabel komplett ausgefedert ist, überlappen sich Stand- und Gleitrohre nur noch zu einem geringen Teil. Das System hat dann die geringste Steifigkeit.

Bei der größten Einfederung, also der stärksten Überlappung ist auch die Steifigkeit am höchsten.

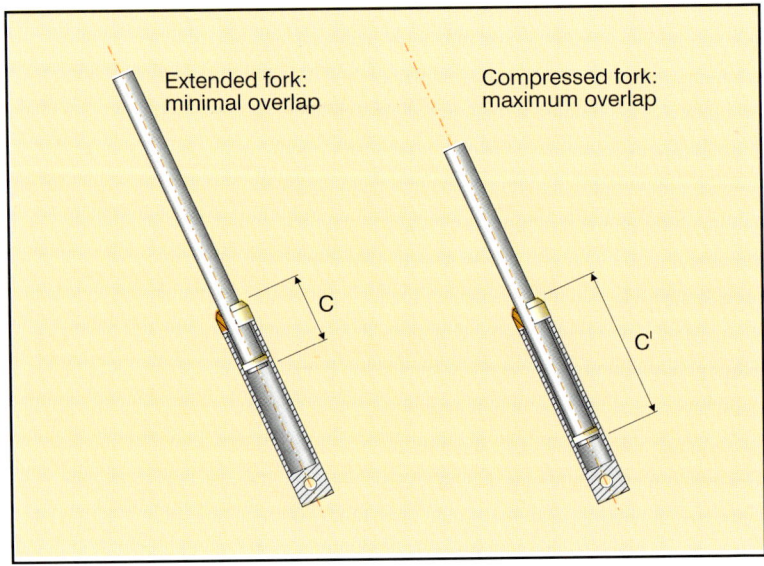

Extended fork: minimal overlap

Compressed fork: maximum overlap

C

C'

- Verformung aufgrund vertikaler Kräfte:

Das Gewicht von Motorrad und Fahrer und ganz besonders Fahrbahnunebenheiten, wie Schlaglöcher, Absätze und Rillen leiten hohe Kräfte in die Gabel ein.

Diese Kräfte sind keineswegs zu vernachlässigen. Wenn der Fahrer in der Stadt mit einer Geschwindigkeit von 50 km/h einen Fahrbahnabsatz von vier bis fünf Zentimetern überfährt, sind hundert Prozent zusätzliche Radlast schnell erreicht.

Die vertikale Last, die auf das Rad wirkt, erzeugt ein Biegemoment auf die Gabel. Es wird umso größer, je mehr die Gabel geneigt ist.

Zudem ist bei gleicher Kraft das Biegemoment am höchsten, wenn die Gabel vollständig ausfedert und am geringsten bei maximaler Einfederung. Es verändert sich konsequenterweise mit dem Hebelarm, an dem die Kraft angreift.

Abbildung 14.2 stellt die Verformung der Gabel dar.

Je näher die Gleitbuchsen an der Radachse liegen, umso geringer sind die wirksamen Kräfte, was der Funktion dient.

- Verformung beim Bremsen:

Beim Betätigen der vorderen Bremse verformt sich die Gabel wie in Abbildung 12.2 dargestellt.

Auch dabei gilt, je länger die Gabel ist, umso größer fällt die Durchbiegung aus.

Beim Bremsen ändert sich die Richtung der Durchbiegung, weil horizontale Kräfte die vertikalen ersetzen.

Beim Bremsen nimmt die vertikale Vorderradlast aufgrund der dynamischen Radlastverlagerung grundsätzlich zu.

Die beiden Kräfte wirken also entgegengesetzt. Deswegen fällt die Durchbiegung der Gabel beim Bremsen, abhängig von der Verzögerung, der Neigung der Gabel, der Schwerpunktshöhe und dem Radstand des jeweiligen Motorrads nicht so stark aus wie erwartet.

Belastung und Verformung der Gabel

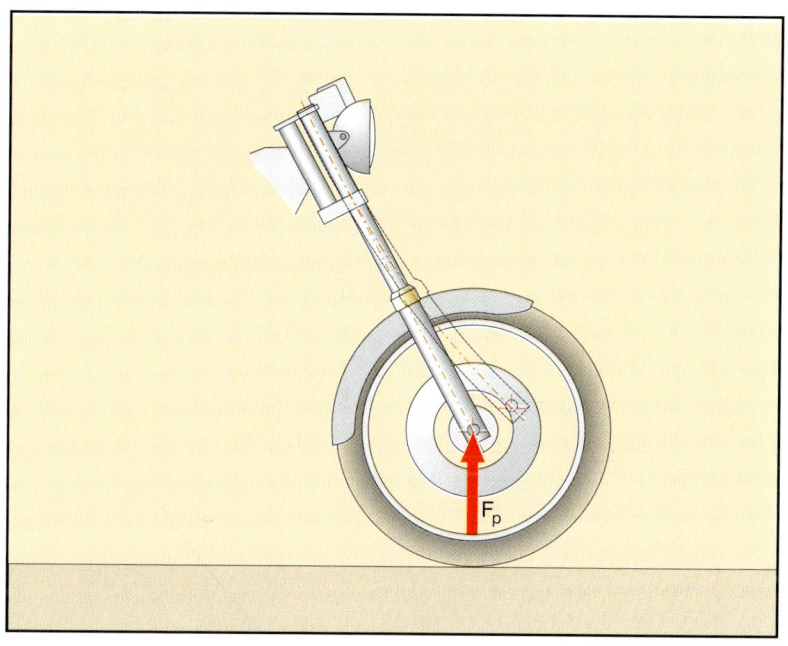

Abbildung 14.2: Durchbiegung der Gabel durch die statische Radlast.

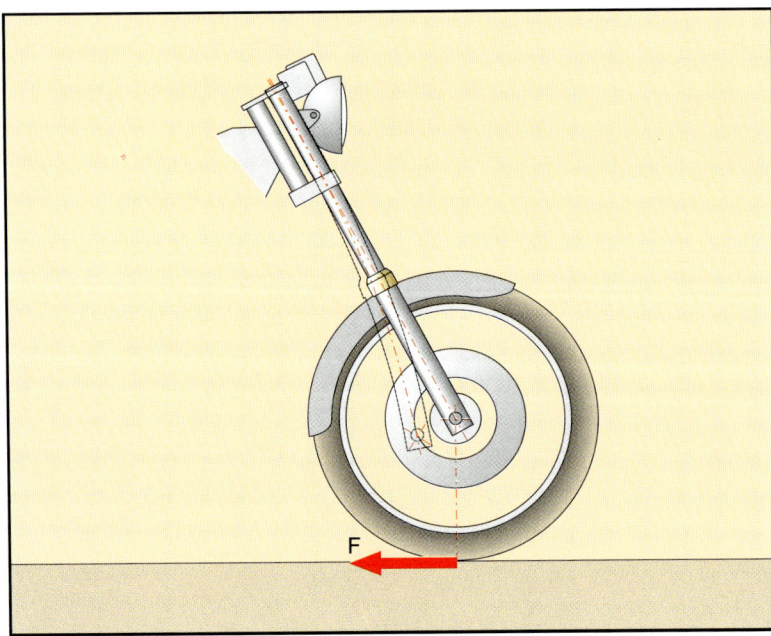

Abbildung 14.3: Durchbiegung der Gabel aufgrund von Bremskräften.

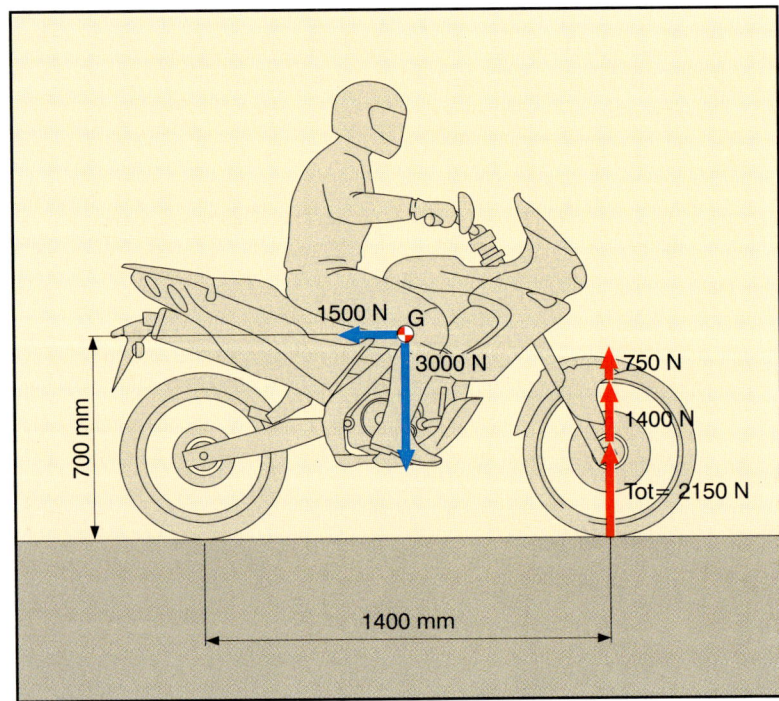

Abbildung 14.4: Beispiel einer quantitativen Einschätzung der Gabelverformung unter Bremskräften.

Bei einem Motorrad, das der Fahrer ausschließlich mit der vorderen Bremse mit 0,5 g mittelmäßig verzögert, wirkt die gesamte Bremskraft nur am Vorderrad.

Bei den obengenannten Verzögerungswerten beträgt die, rechtwinklig zur Gabel wirkende, resultierende Kraft, welche die Durchbiegung erzeugt, etwa 50 Kilogramm.

Selbstverständlich können beim Bremsen völlig unterschiedliche Bedingungen auftreten. Das nachfolgend aufgeführte Rechenexempel lässt sich jedoch auf sämtliche anderen Fälle übertragen.

Beispiel:
Motorradspezifikationen:

Radstand wb = 1400 mm;
Schwerpunktshöhe h = 700 mm;
Fahrzeugmasse mit Fahrer m = 300 kg;
Radlast vorn N_f = 1400 N;
Verzögerung a = 0,5 g;
Lenkkopfwinkel α = 23 Grad.

Die am Rad wirkende Bremskraft beträgt:

$$F_B = 0,5 \cdot m \cdot t = 0,5 \cdot 3000 = 1500\ N$$

Neben der statischen Last von 1400 N wirkt wegen der dynamischen Radlastverlagerung eine weitere vertikale Komponente auf das Vorderrad.

Dynamische Radlastverlagerung:

$$F_{dyn} = F_B \cdot \frac{g}{wb}$$

$$F_{dyn} = \frac{(1500 \cdot 700)}{1400} = 750\ N$$

Daraus ergibt sich eine gesamte Vorderradlast:

$$N_{ges} = 1400\ N + 750\ N = 2150\ N$$

Die auf das Vorderrad wirkende Kraft 2620 N und wirkt unter einem Winkel von 34 Grad zur Senkrechten:

$$F = \sqrt{(2150^2\ N^2 + 1500^2\ N^2)} = 2620\ N$$

Der Winkel zur Senkrechten beträgt:

$$b = \arctan\left(\frac{150\ N}{215\ N}\right) = 34°$$

Während die Gabel 23 Grad zur Senkrechten geneigt ist, wirkt die Resultierende unter einem Winkel von 34 Grad zur Senkrechten. Die Differenz beträgt also lediglich 11 Grad. Daher fällt die, rechtwinklig zur Gabel wirkende Kraft relativ gering aus.

Sie errechnet sich:

$$F = 2620\ N \cdot \sin 11° = 500\ N$$

Abbildung 14.5: Gabelverformung durch Längskräfte.
Angle of resultant force = Winkel der Resultierenden
Fork angle = Lenkkopfwinkel
Resultant force perpendicular to fork trajectory = Senkrecht zur Gabel wirkende Resultierende

Zusammenfassung:

Beim **Bremsen** verformt sich die Gabel weniger als allgemein angenommen. Es greifen jedoch senkrecht zur Gabel Kräfte an. Sie wirken sich äußerst nachteilig aus, da sie eine unerwünschte Änderung des Nachlaufs und damit negative Fahrwerksreaktionen hervorrufen, welche die Arbeitsbedingungen der Radaufhängungen weiter erschweren.

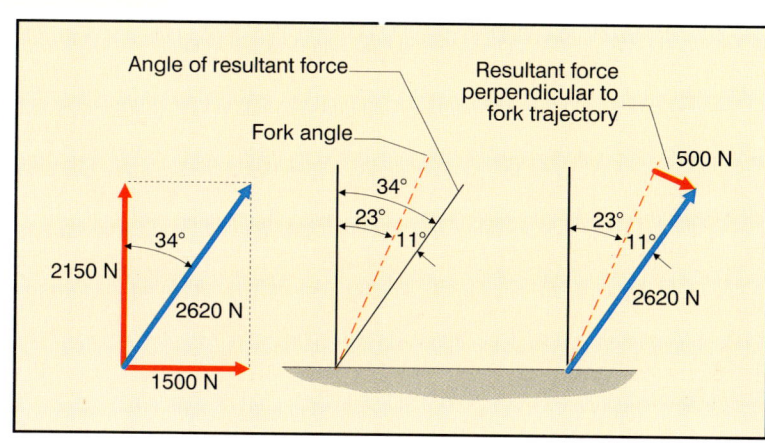

Verformung durch Torsionsmomente

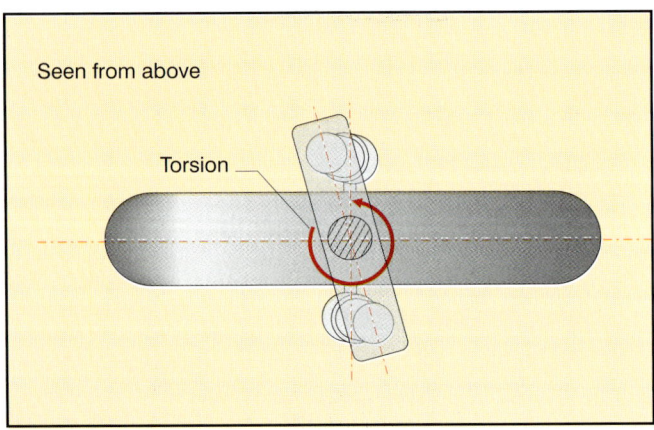

Abbildung 14.6: Torsion der Gabel.
Seen from above = Draufsicht
Torsion = Torsion

Torsionsmomente entstehen durch:

- Fluchtfehler zwischen der Resultierenden der Gleichgewichtskräfte und der Lenkachse. Ähnliche Probleme können auch beim Rahmen und der Schwinge auftreten.
- Anteile der Gleichgewichtskräfte, die rechtwinklig zur Lenkachse wirken und außerhalb ihrer Flucht liegen.
- Das Lenkmoment, das der Fahrer einleitet.

Die daraus resultierende Verformung der Gabel wirkt sich negativ auf das Fahrverhalten aus, da das Rad nicht in die Richtung zeigt, die der Fahrer mit dem Lenker einschlägt.

Einfluss der Verformung auf die Funktion:

Die Verformung der Gabel erschwert das einwandfreie Gleiten der Rohre ineinander, unter Umständen sogar so weit, dass die Gabel klemmt. Unglücklicherweise ist die Verformung in kritischen Situationen, zum Beispiel beim Bremsen oder am Kurveneingang am größten. Der Fahrer braucht gutes Fahrverhalten und die vollständige Kontrolle über das Fahrzeug dann am nötigsten.

Gabelkonstruktionen

Eine der Eigenarten der Telegabel ist die geradlinige Bewegung, die der Kontaktpunkt zwischen Fahrbahn und Rad ausführt. Dadurch taucht diese Konstruktion beim Bremsen ein.

Je geringer der Lenkkopfwinkel ist, umso ausgeprägter ist diese Tendenz.

Sportmotorräder mit größerem Lenkkopfwinkel tauchen weniger ein als Chopper oder Cruiser mit kleineren Lenkkopfwinkeln.

Es gibt zwei unterschiedliche Bauarten von Telegabeln:

- **Konventionelle Gabeln**, bei denen die Gleitrohre die Standrohre umfassen.
- **Upside-Down-Gabeln**, bei denen sich die Gleit- oder Tauchrohre innerhalb der Standrohre bewegen.

Dämpfungs- und Federungskomponenten ähneln sich bei beiden Gabelkonstruktionen. Ihre konstruktiven Merkmale liegen dicht beieinander. Einige Hersteller verwenden mittlerweilen Cartridge- oder Kartuscheneinsätze. Sie enthalten den Dämpfungsteil und lassen sich bei jedem der beiden Systeme verwenden. Die ersten Telegabeln nach dem zweiten Weltkrieg kannten beide Konstruktionsprinzipien.

Seit den sechziger Jahren bestand jedoch die überwiegende Mehrheit aus konventionellen Gabeln. Während anfangs der achtziger Jahre Upside-Down-Konstruktionen bei Sportmotorrädern wieder auftauchten.

Eindeutige Vorteile kann keine der beiden Konstruktionen für sich verbuchen.

Vergleich der beiden Bauarten ohne Berücksichtigung wirtschaftlicher Aspekte:

Konventionelle Gabel:

Vorteile:

- Weniger Bauteile, vorausgesetzt, die Achsaufnahme ist direkt in das Gleitrohr integriert und spart somit Gewicht;
- Geringere ungefederte Massen;
- Die Gleitflächen liegen in Bereichen, die besser vor Schmutz und Steinschlägen geschützt sind.

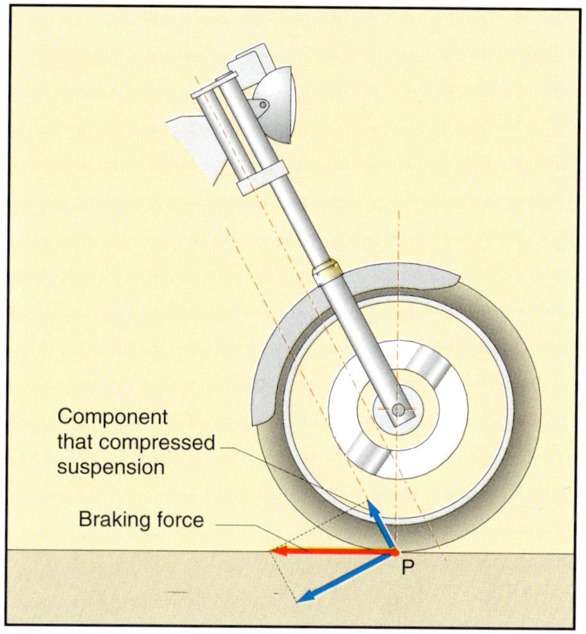

Upside-Down-Gabel:

Vorteile:

- Höhere Torsionssteifigkeit bei gleichem Gewicht, vorausgesetzt die Standrohre sind im oberen Bereich, der dem größten Biegemoment ausgesetzt ist, ausreichend dimensioniert;
- Robuste Klemmung der Standrohre in den Gabelbrücken mit großen Durchmessern.

Konzeptionell ist also keine Lösung der anderen überlegen. Die Upside-Down-Gabel bietet allenfalls in der Steifigkeit leichte Vorteile und eignet sich damit mehr für Sportmotorräder.

Beide Bauarten sind gekennzeichnet durch:

- unterschiedliche Steifigkeit;
- unterschiedliche Gewichtsverteilung;
- unterschiedliche ungefederte Massen;
- unterschiedliche Schwerpunktshöhen zwischen Fahrbahn und Steuerkopf;
- unterschiedliches Massenträgheitsmoment um die Lenkachse.

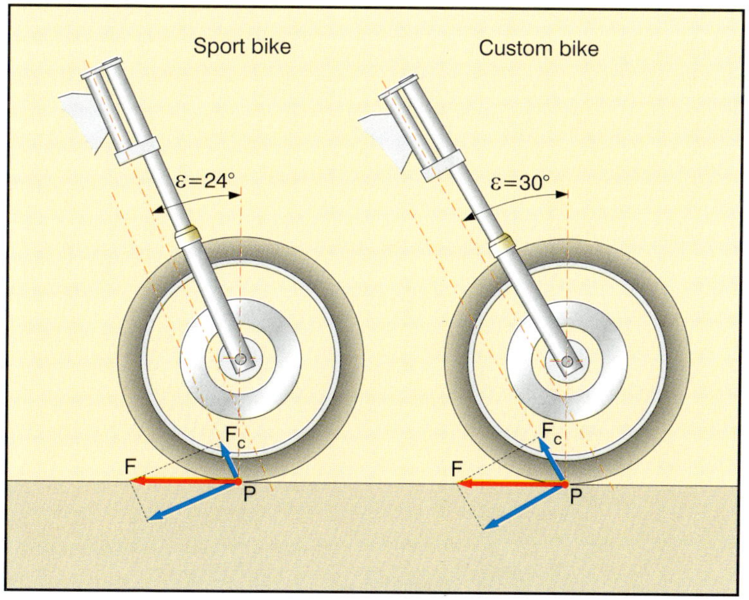

Abbildung 14.7: Tauchen der Telegabel beim Bremsen.
Component that compressed suspension = Komponente, welche die Federung zusammendrückt
Braking force = Bremskraft

Abbildung 14.8: Bei gleicher Bremskraft F nimmt die Einfederung der Gabel mit zunehmendem Lenkkopfwinkel ϵ zu.
Sport bike = Sportmotorrad
Custom bike = Cruiser

Bei Verwendung einer anderen Gabel mit der gleichen Federrate und denselben Dämpfungseigenschaften im selben Motorrad kann sich das Fahrverhalten spürbar ändern.

Alternative Vorderradaufhängungen

Es gab in der Vergangenheit zahllose Alternativen und ständig erscheinen neue. Keine von ihnen konnte jedoch in echte Konkurrenz zur traditionellen Telegabel treten. Dabei hat auch diese Konstruktion durchaus Defizite:

- Schlechte Funktionsbedingungen;
- Mangel an progressiv zunehmender Federrate und Dämpfung bei Änderung der Fahrbahnbedingungen;
- Geringe Steifigkeit;
- Keine Möglichkeit den Nachlauf beim Einfedern zu verändern;
- Keine Möglichkeit die Raderhebungskurve nicht parallel zur Lenkachse auszuführen, und somit das Tauchen der Gabel zu beeinflussen;
- Hohes Gewicht, speziell der ungefederten Massen.

Realistisch betrachtet rechtfertigen moderne Konstruktionsmethoden und die technische Entwicklung der Gabel die Kritik an einigen ihrer Funktionseigenschaften nicht ganz.

Abbildung 14. 9: Beispiel für die Federrate einer modernen Gabel.
Force = Kraft
Travel = Weg

- Durch progressive Federraten und Luftpolster innerhalb der Standrohre lässt sich ein breiter Bereich von Federraten abdecken, der die meisten Anforderungen erfüllt.

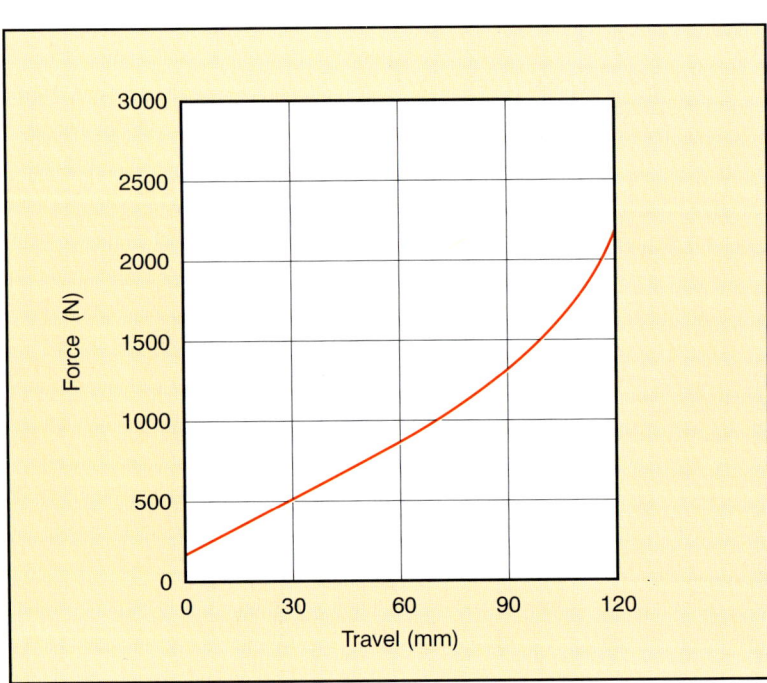

Abbildung 14.9 zeigt den typischen Verlauf der Federrate einer modernen Gabel. Der Anfang des Federwegs verläuft nahezu linear. Mit zunehmendem Einfederweg steigt der Luftdruck in der Gabel, die Federrate nimmt progressiv zu.

- Immer größere Durchmesser der Standrohre und der Radachsen schufen ständig steifere Strukturen. Entsprechend wuchsen auch die Gleitrohre.

- Das Eintauchen der Gabel und die entsprechende Abnahme des Nachlaufs behandelt Kapitel 7.

Wenn die Gabel beim Bremsen einfedert, nimmt der Lenkkopfwinkel um drei bis vier Grad zu, der Nachlauf dagegen ab. Dadurch kann sich die Handlichkeit verbessern.

Der Nachlauf erschwert während der Geradeausfahrt beim Bremsen und Ausfedern des Hecks aufgrund des hohen Rückstellmoments das Einlenken.

Die Verringerung des Nachlaufs aufgrund der veränderten Geometrie der Telegabel ist sicher nicht die optimale Lösung für das dynamische Verhalten des Motorrads. Auf jeden Fall haben experimentelle Studien jedoch bestätigt, dass diese Reaktion speziell bei Sportmotorrädern durchaus erwünscht ist.

Die echten Grenzen der Telegabel liegen jedoch in hohen Losbrechkräften, dem hohen Gewicht der ungefederten Massen und dem Problem, den Federweg wie gewünscht zu kontrollieren.

Es existiert eine ganze Reihe unterschiedlicher, unkonventioneller Vorderradaufhängungen.

Der Einfachheit halber teilen wir sie in kleine Gruppen nach ihren wichtigsten Eigenschaften ein.

  a) **Schwinggabeln;**
  b) **Parallelogrammgabeln;**
  c) **Linearführungen;**
  d) **Telelever;**

Abbildung 14.10: Beim Bremsen nimmt der Nachlauf mit abnehmendem Lenkkopfwinkel ab.
At an constant speed = Bei konstanter Geschwindigkeit
Braking = Beim Bremsen

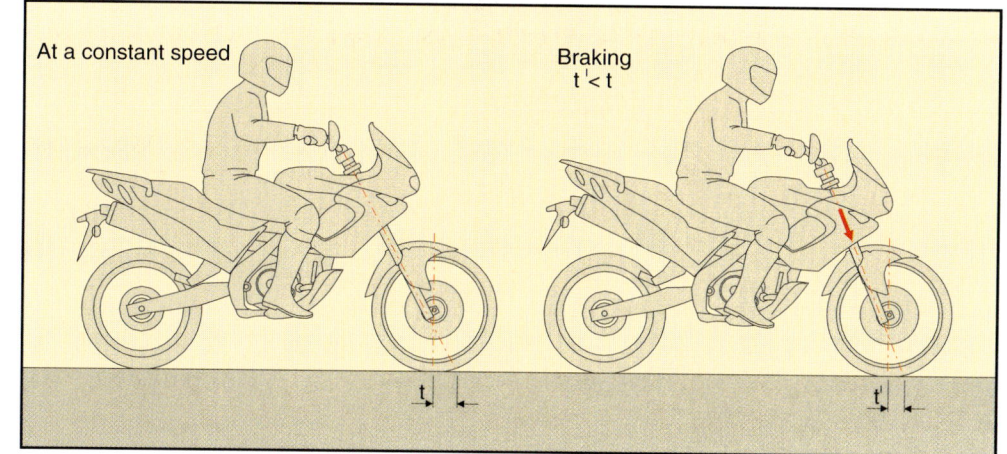

a) *Vorderradschwinge*

Dabei handelt es sich um eine äußerst einfache Konstruktion, die bei älteren Motorrädern verbaut wurde.

Sie hat dieselbe Geometrie wie die Hinterradschwinge mit der Lagerung in einer Gabel, die sich gemeinsam mit ihr um die Lenkachse dreht.

Es gibt Gabeln mit gezogener oder geschobener Schwinge. Abhängig davon federt der Schwingarm beim Bremsen ein oder aus.

In beiden Fällen kann die Konstruktion symmetrisch zur Lenkachse, zweiarmig oder auch nur mit einem Arm ausgeführt sein.

Vorderradaufhängungen mit Schwingen kommen bei vielen Rollern zum Einsatz, sind aber bei Motorrädern mit hoher Leistung so gut wie nicht vertreten.

Fahrverhalten:

  - *Ansprechverhalten:* Äußerst sensibel, da sich die Schwinge meist in Wälzlagern dreht und damit das Losbrechmoment verschwindend gering ist. Das Federbein ist analog zum dem der Hinterradaufhängung aufgebaut.

Abbildung 14.11: Vorderradaufhängung mit geschobener Schwinge.

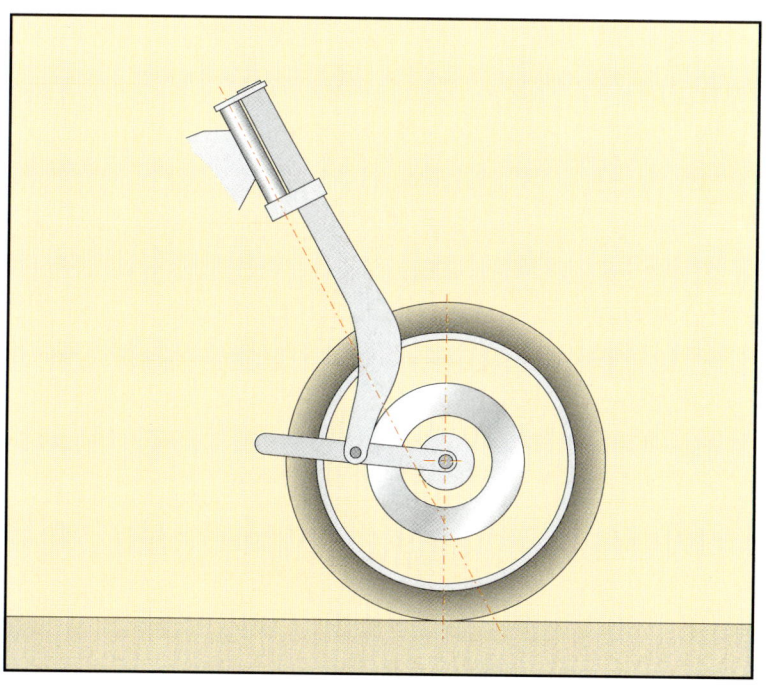

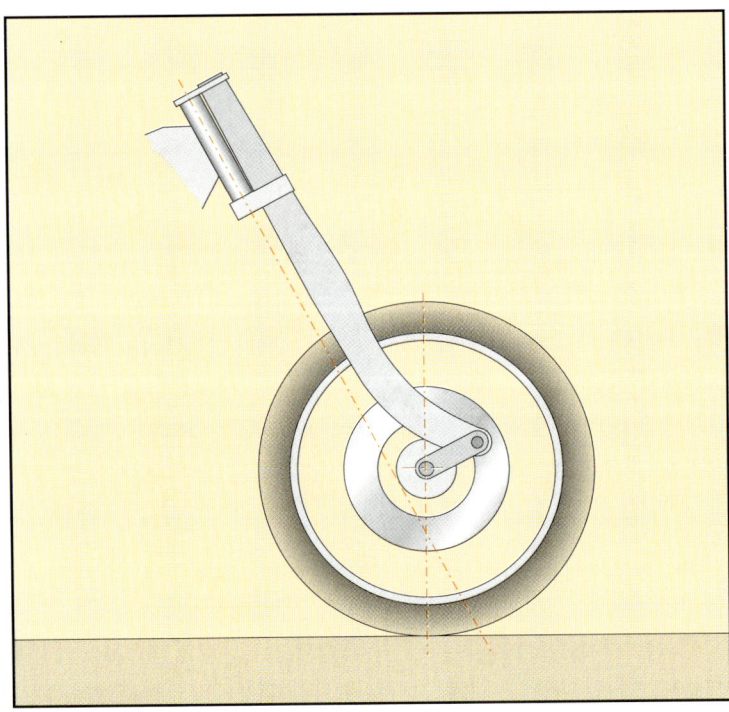

Abbildung 14.12: Vorderradaufhängung mit gezogener Schwinge.

Abbildung 14.13: Anti-Dive Verhalten der geschobenen Schwinge.
Leading link: anti-dive behavior = Geschobene Schwinge mit Antidive-Verhalten Trajectory of P = Bahnkurve von P

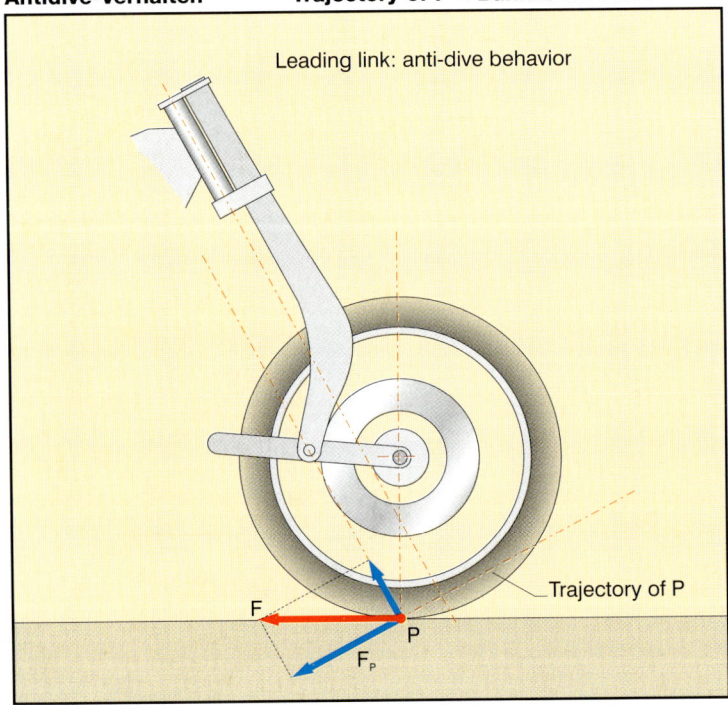

- *Steifigkeit:* Je nach Konstruktion höher oder geringer.

- *Progressive Federrate:* Systeme mit Umlenkhebeln werden selten eingesetzt um progressive Federraten zu erzielen, obwohl dies theoretisch durchaus möglich wäre. Einfacher ist es, progressiv gewickelte Federn zu verwenden.

- *Nachlaufregelung:* Der Nachlauf lässt sich nur durch eine geänderte Raderhebungskurve variieren.

- *Ungefederte Massen:* Grundsätzlich hält sich das Gewicht der ungefederten Massen im Rahmen, hängt allerdings stark von der Konstruktion ab. Auf jeden Fall ist das Massenträgheitsmoment um die Lenkachse hoch.

Vergleich zwischen der gezogenen und geschobenen Schwinge:

Geschobene Schwinge: Beim Bremsen sorgt die geschobene Schwinge, siehe Kapitel 7, für einen spürbaren Antidive-Effekt. Wirkt eine Bremskraft, neigt die Vorderradaufhängung zum Ausfedern.

Diese Auswirkung lässt sich verringern, wenn der Bremssattel drehbar gelagert ist und sich über eine Strebe an der Gabel abstützt. In diesem Fall ist der Momentanpol so platziert, dass sich der gewünschte Antidive-Effekt einstellt.

Abbildung 14.14: Eintauchen der gezogenen Schwinge.
Trailing link: pro-dive behavior = Geschobene Schwinge mit Bremsnicken

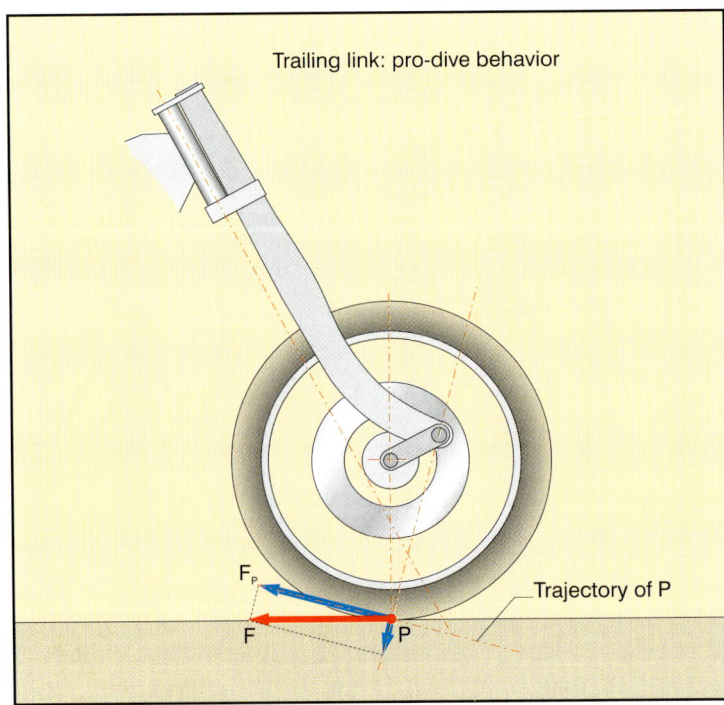

Gezogene Schwinge: Beim Bremsen taucht die Front ähnlich einer traditionellen Gabel ein, allerdings schneller.

In diesem Fall ist es ebenfalls von Vorteil, den Bremssattel über eine Strebe an der Gabel abzustützen, um die Auswirkung des Bremsmoments unter Kontrolle zu halten.

b) Parallelogrammgabel oder Mehrlenkeraufhängung

Viele ältere Konstruktionen fallen unter diese Kategorie. Tatsächlich können solche Lösungen, zumindest theoretisch, beinahe alle Nachteile traditioneller Gabeln eliminieren.

- *Ansprechverhalten.* Hervorragend, da Rollreibung die Gleitreibung ersetzt. Drehbewegungen in Wälzlagern ersetzen Gleitbewegungen. Das Federbein entspricht dem der Hinterradaufhängung.

- *Steifigkeit:* Ausreichend bis gut, abhängig von der Konstruktion.

- *Progressive Federrate:* Eine Progression der Federung lässt sich darstellen.

Bei Parallelogrammkonstruktionen lässt sich eine Hebelumlenkung ähnlich der von Hinterradaufhängungen mit den im nächsten Kapitel beschriebenen Eigenschaften verwenden.

- *Raderhebungskurve:* Gut bis hervorragend, abhängig von der verwendeten Lösung.

Theoretisch lassen sich mit Parallelogrammsystemen die unterschiedlichsten Raderhebungskurven erzielen.

Die Raderhebungskurve kann senkrecht zur Fahrbahn verlaufen und damit den Radstand beibehalten. Sie kann nach vorn geneigt sein um einen bestimmten Antidive-Effekt zu erzielen. Am Anfang des Einfederwegs kann sich das Rad sogar nach vorn bewegen, um ein definiertes Eintauchen zu erhalten.

- *Regelung des Nachlaufs:* Gut. Die Wahl der Raderhebungskurve erlaubt es, über dem Einfederweg einen konstanten Nachlauf zu realisieren, oder den Nachlauf abhängig vom gewünschten Fahrverhalten zu verringern oder zu vergrößern.

- *Ungefederte Massen:* Die ungefederten Massen können im Vergleich zur Gabel geringer ausfallen, das Gesamtgewicht der Radaufhängung ändert sich jedoch nicht wesentlich.

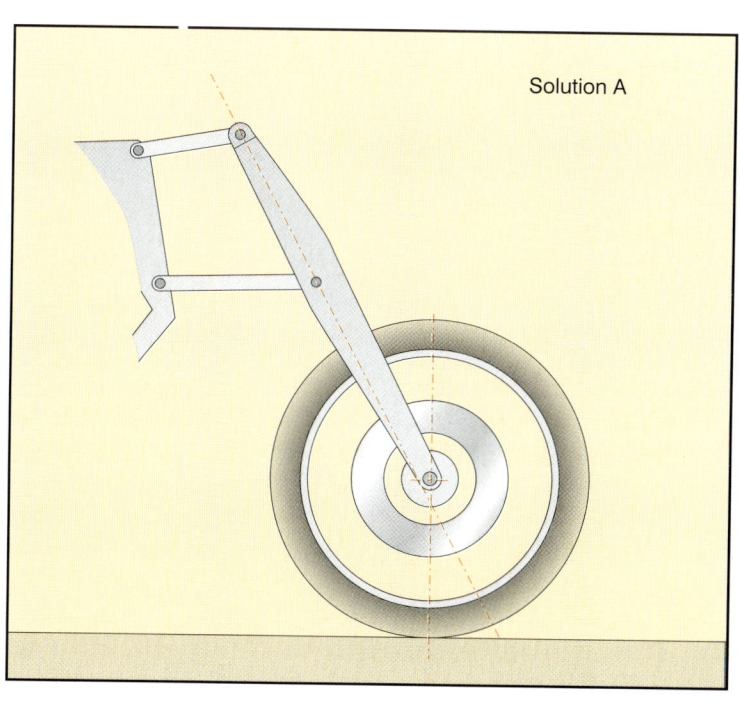

Abbildung 14.15: Parallelogrammgabel: Lösung a.
Solution = Lösung

Abbildung 14.16: Lösung b.

Solution = Lösung

Abbildung 14.17: Lösung c.

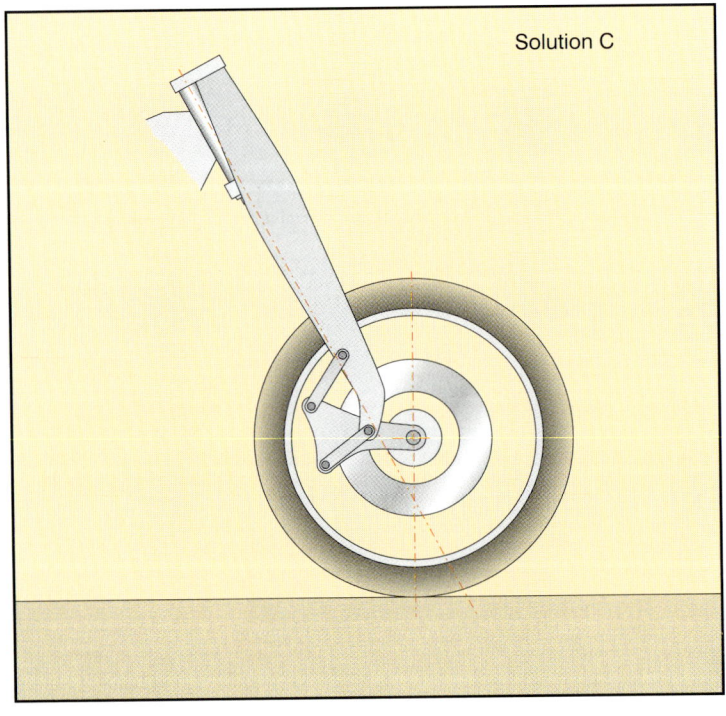

Der folgende Abschnitt zeigt einige der populärsten Konstruktionen.

Lösung a)

Es handelt sich dabei um eine äußerst gängige Konstruktion, bei der sich die Bremszangen gut unterbringen lassen.

Die Gabel, die das Rad aufnimmt lässt sich auch asymmetrisch wie eine Einarmschwinge gestalten.
Die Lenkung erfolgt durch entsprechende Hebel.

Lösung b)

Sie kommt selten zum Einsatz und hat hohe Massen und ein beträchtliches Massenträgheitsmoment um die Lenkachse. Sie benötigt wegen der einfachen Betätigung der Lenkung wenig Bauraum.

Lösung c)

Selten verwendet, da die geringen Hebellängen keine großen Federwege erlauben. Bei derart kurzen Schwingarmen entstehen zudem hohe kinematische Kräfte.
Wie in Fall b) erfolgt die Betätigung der Lenkung direkt.

Lösung d)

Nach dem zweiten Weltkrieg kam dieses System bei leichten Motorrädern zum Einsatz. Vorteilhaft ist die einfache Lenkbetätigung. Sie setzt bei den Abmessungen der gelenkten Bauteile und den Federwegen des Rads aber Grenzen.

Die Kräfte auf die Bauteile der Radaufhängung sind beim Einfedern sehr hoch, vorausgesetzt, sie greifen weit oben an.

Lösung e)

Sie kommt in fortschrittlichen Konstruktionen zum Einsatz und vereinigt praktisch alle Vorteile von Mehrlenkeraufhängungen in sich. Sie weist Ähnlichkeiten zu Pkw-Konstruktionen auf.

Optisch hat sie einige Nachteile, da die beiden horizontalen Längslenker genügend Abstand haben müssen, um eine ausreichende Lenkbewegung zu erlauben.

Dadurch schränkt sich auch der Lenkeinschlag ein. Deshalb kommt diese Lösung für Straßenmotorräder nur bedingt in Frage.

Die Lenkung erfolgt über Hebel und Gelenke. Es bietet sich die nicht zu unterschätzende Möglichkeit, das Federbein in Bereichen zu platzieren, welche Montage und Herstellung vereinfachen. Die Übertragung der Lenkbewegung lässt sich mit Hilfe von Gestängen ebenfalls einfach darstellen.

Lösung f)

Sie ist der Lösung e) ähnlich, erlaubt jedoch keinen Versatz des Rads zur Lenkachse.

Die Radnabe ist relativ kompliziert aufgebaut, da sie zur Unterbringung des Achsschenkels innerhalb der Nabe Radlager mit großem Durchmesser benötigt.

Abbildung 14.21 zeigt die Di Fazio-Radnabenlenkung

Viele der Mehrlenkerachsen erfordern *indirekte Lenkungen.* Das bedeutet der Lenker ist über Gestänge und Gelenke mit dem Rad verbunden.

Solche Übertragungssysteme können eine Menge Probleme verursachen.

- Sie müssen spielfrei arbeiten, um Lenksprünge zu vermeiden.

- Lenksysteme von Pkws verfügen grundsätzlich über spezielle Lenkgestänge, die Spiel in der Lenkung ausgleichen. Das ist allenfalls im Stand zu spüren.

- Zudem wird das Spiel in den Kugelgelenken während der Fahrt automatisch aufgehoben.

Abbildung 14.22 zeigt ein Beispiel einer spielfreien Lenkung.

- *Lenkfehler,* also nicht miteinander korrespondierende Lenkwinkel müssen bei stempelnden Rädern vermieden werden. Sie treten nahezu immer bei Pkws auf und werden oft benutzt um die Stabilität zu erhöhen. Um zum Beispiel eine hohe Geradeauslaufstabilität sicher zu stellen, sollten die Vorderräder beim Einfedern in Vorspur gehen.

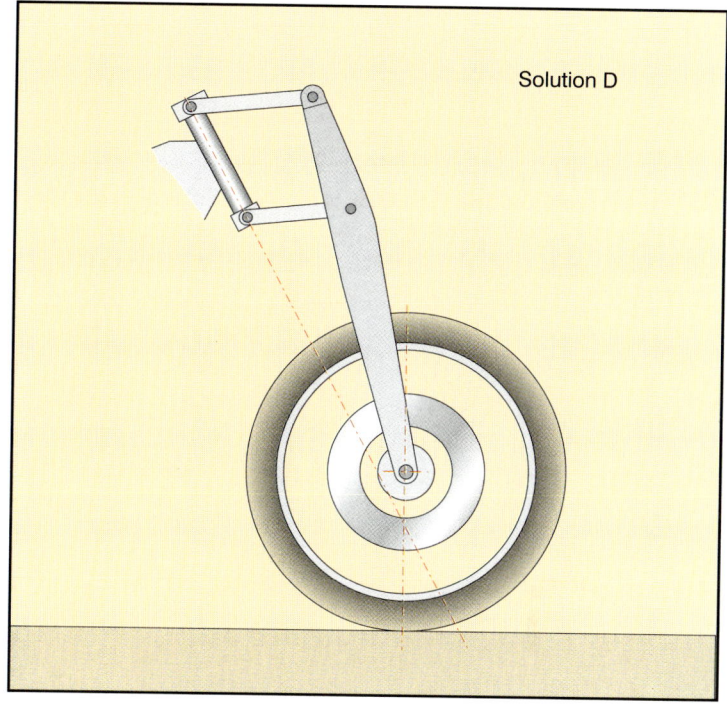

Abbildung 14.18: Lösung d.

Solution = Lösung

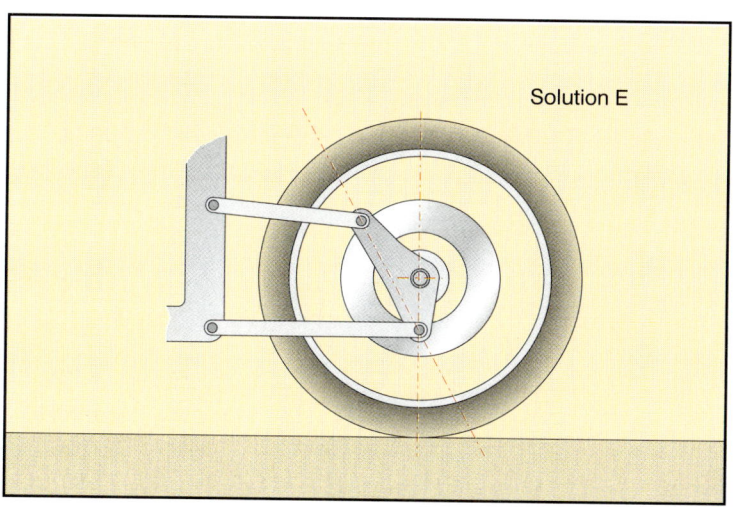

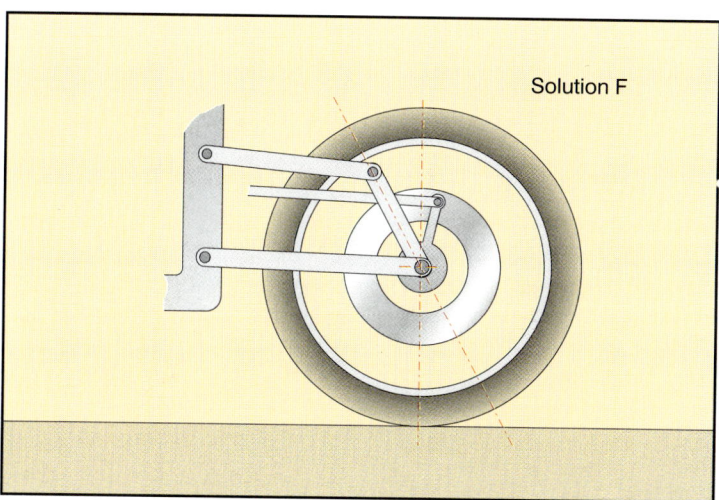

Abbildung 14.19: Lösung e.

Abbildung 14.20: Lösung f.

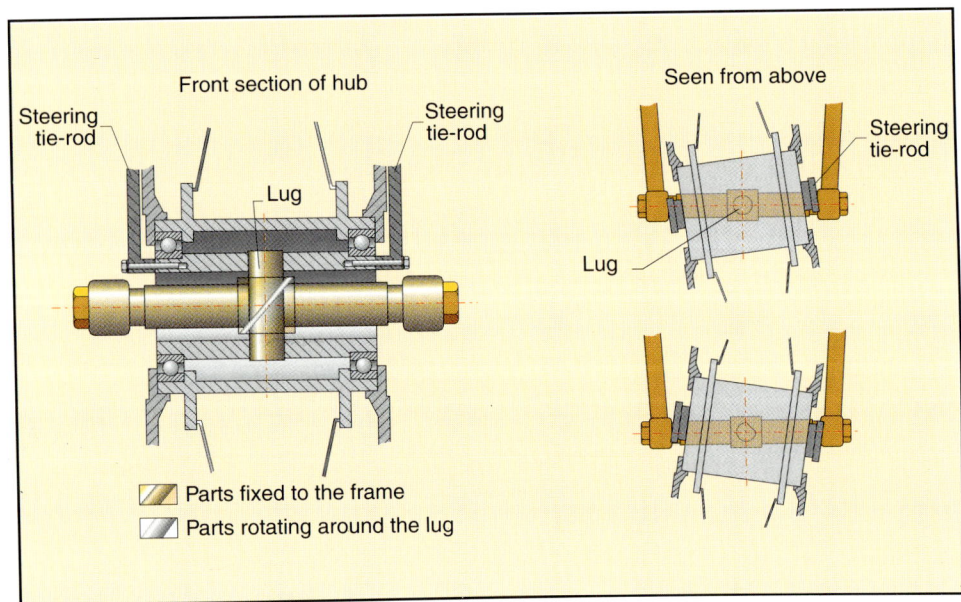

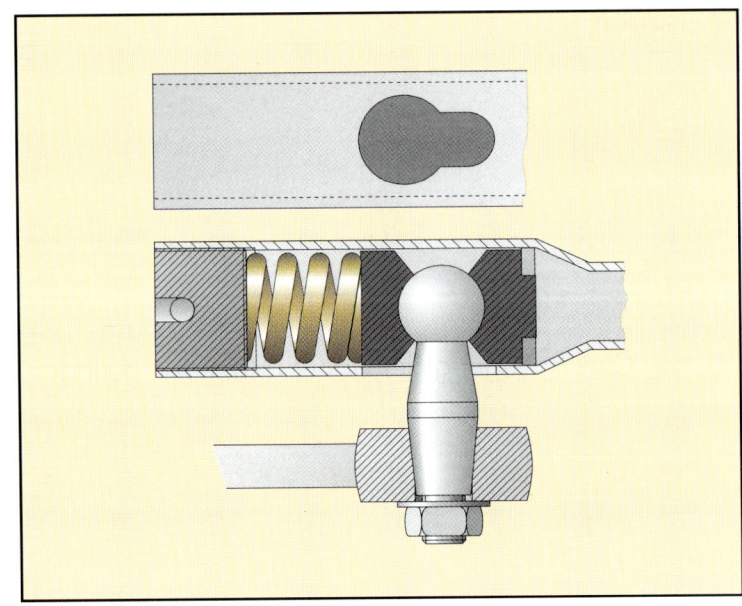

Abbildung 14.21: Di Fazio-Radnabenlenkung.
Front section of hub = Vorderansicht der Nabe
Steering tie-rod = Lenkgestänge
Lug = Achsschenkelbolzen
Parts fixed to the frame = mit dem Rahmen verbundene Teile
Parts rotating around the lug = Teile, die sich um den Achsschenkelbolzen drehen

Abbildung 14.22: Kugelgelenk mit Spielausgleich.

- Sicherheitsprobleme: Die Lenkung muss unter allen Umständen zuverlässig funktionieren. Das Lenkgestänge sollte deshalb in sturzgeschützten Bereichen angeordnet sein.

Um die komplexen und unterschiedlichen Anforderungen an Mehrlenkerachsen zu erfüllen unterscheiden sich Motorräder mit solchen Konstruktionen ganz erheblich von traditionellen Lösungen. Sie haben oft ein futuristisches Aussehen, das an Pkws erinnert.

c) Linearführungen

Derartige Radaufhängungen haben bei der Raderhebungskurve und dem Nachlauf die selbe Geometrie wie eine Telegabel. In der Praxis ersetzen wälzgelagerte Linearführungen zylindrische Teleskopbauteile.

Für Federung und Dämpfung sorgt ein konventionelles Federbein. Die wälzgelagerten Linearführungen stammen aus dem modernen Werkzeugmaschinenbau.

Vorteile:

- Besseres Ansprechverhalten;
- Geringes Spiel und hohe Steifigkeit;

Nachteile:

- Eine konventionelle Zweischeiben-Bremsanlage ist schwer unterzubringen.
- Die asymmetrische Anordnung kann ein Moment um die Lenkachse erzeugen.

d) Telelever

Schematisch kann diese Lösung als unechte Parallelogrammgabel betrachtet werden.

Unter diesem Gesichtspunkt fehlt der obere Längslenker. Die Funktion der Radaufhängung ermöglicht eine Gleiteinrichtung, die siehe Abbildung 14.23, von der Telegabel stammt.

Vorteile:

- Die Gleitbewegung der Rohre erfolgt mit geringerer Reibung als bei der Standardgabel, da der untere Längslenker die meisten Kräfte aufnimmt.
- Der Lenker ist direkt mit den Standrohren verbunden und deshalb narrensicher. Das Übersetzungsverhältnis beträgt 1 : 1.

Nachteile:

- Sie ist mechanisch aufwendiger aufgebaut als eine traditionelle Telegabel und benötigt wegen des Längslenkers mehr Bauraum.

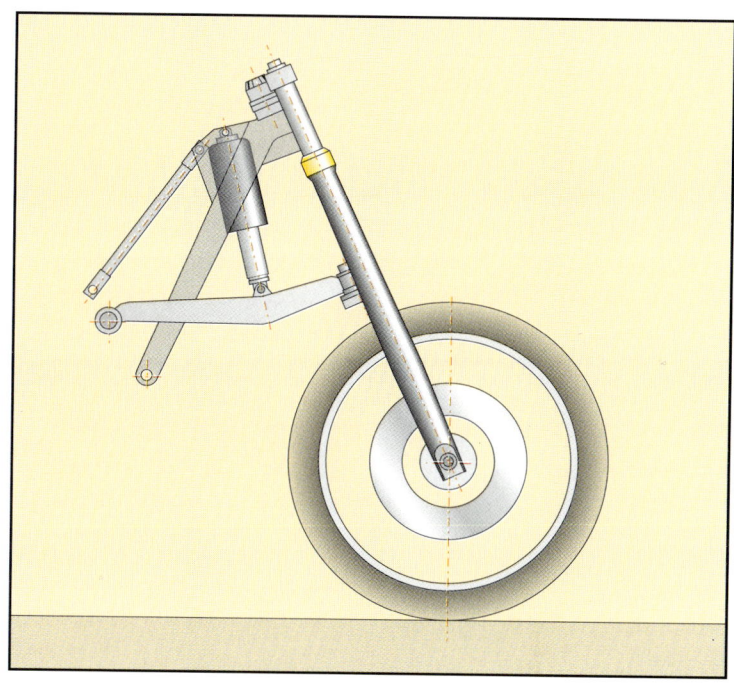

Abbildung 14.23: Telelever.

Antidive-Einrichtungen

Für den Rennsport entwickelten Konstrukteure mechanische Antidive-Systeme um das Eintauchen der Gabel einzuschränken.

Abbildung 14.24 zeigt eine solche Konstruktion.

Mithilfe eine Reihe von Hebeln und Gelenken überträgt der drehbar gelagerte Bremssattel das Bremsmoment auf das Chassis und wirkt so dem Eintauchen entgegen.

Diese Systeme fanden wegen folgender Probleme keine große Verbreitung:

- Es ist schwierig die Bremssättel steif genug zu lagern, um sich nicht einen Verlust an Bremskraft und hochfrequente Schwingungen einzuhandeln.

Abbildung 14.24: Mechanisches Anti-Dive System.

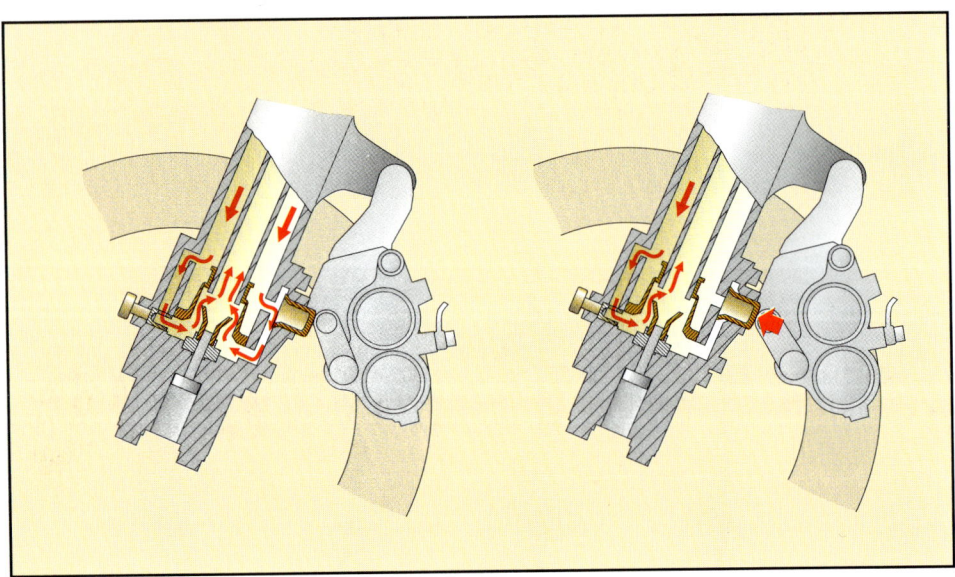

- Zusätzliches Gewicht;

- Höheres Massenträgheitsmoment um die Lenkachse;

- Nur geringfügige Verbesserung des Fahrverhaltens.

Zudem haben weiterentwickelte hydraulische Antidive-Systeme den geringen Nutzen mechanischer Systeme übertroffen.

Doch wegen ihrer keineswegs perfekten Funktion werden selbst hydraulische Antidive-Systeme immer seltener. Sie nehmen Einfluss auf die Dämpfung. Beim Bremsen schließen sich Ölpassagen wie Abbildung 14.25 zeigt.

Abbildung 14.25: Hydraulisches Anti-Dive System

Wenn die Dämpfung zu stark ansteigt kann die Radaufhängung speziell während der sensiblen Kurvenfahrt kleine Fahrbahnunebenheiten nicht mehr absorbieren.

Kapitel 15

Hinterradaufhängung

Bei aktuellen Motorrädern besteht die Hinterradaufhängung in der Regel aus einer **Schwinge**.

Zu dieser einfachen, robusten Lösung, scheint es im Augenblick keine ernsthafte Alternative zu geben.

Ihre Kinematik ist simpel. Die Radachse dreht sich um die im Rahmen gelagerte Schwingenachse.

Daher verläuft die Bahnkurve des Radaufstandspunktes P tangential zum Kreisbogen, den die Schwinge um den Schwingendrehpunkt ausführt.

Diese einfache Geometrie ändert sich, wenn waagrechte Kräfte im Radaufstandspunkt wirken.
Wenn eine Widerstandskraft angreift, neigt die Radaufhängung zum Ausfedern. Gleichzeitig ändert sich der Winkel der Kettenzugresultierenden. Die dynamische Radlastverlagerung versucht dagegen, die Radaufhängung zusammenzudrücken.
Im umgekehrten Fall neigt die Radaufhängung beim Bremsen zum Einfedern, während die Radlastverlagerung das Gegenteil bewirkt.

Obwohl die Konstruktion der Hinterradaufhängung für nahezu alle aktuellen Motorräder gleich ist gibt

Verhalten der Hinterradaufhängung

Abbildung 15.1: Hinterradschwinge.
Swingarm pivot point = Schwingenachse
Instantaneous trajectory of P = Bahnkurve von P

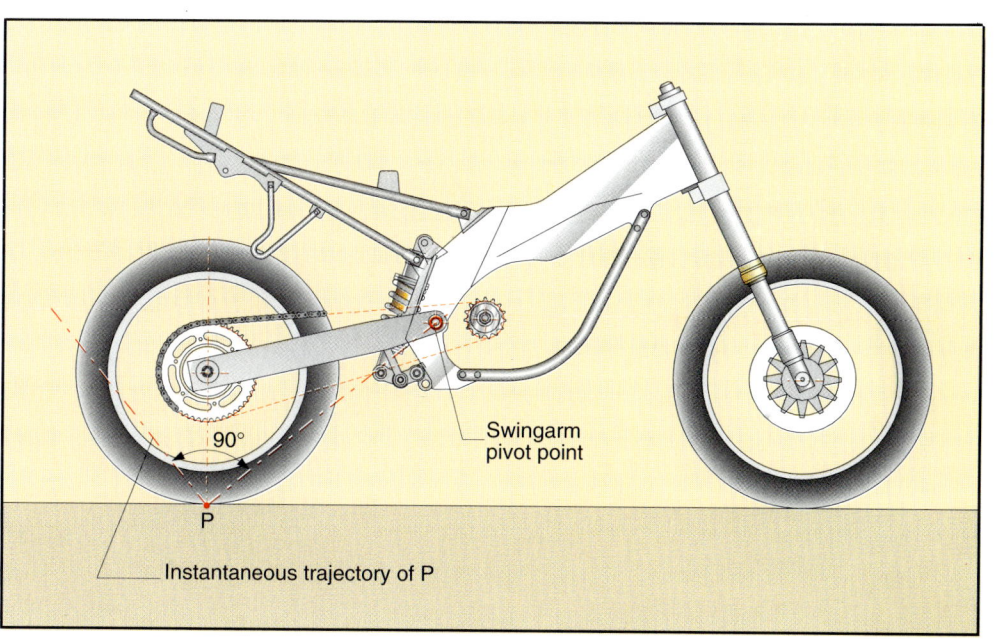

90°

P

Swingarm pivot point

Instantaneous trajectory of P

es bei zwei wichtigen Kriterien deutliche Unterschiede:

- **Das Verhältnis des Federwegs am Rad und den Federbeinen;**
- **Die Änderung des Übersetzungsverhältnisses über dem Federweg des Rads.**

Wir wollen diese Faktoren getrennt analysieren.

Verhältnis des Federwegs am Rad zum Federweg am Federbein

Es handelt sich dabei um das Verhältnis zwischen dem Federweg des Rads und dem korrespondierenden Weg an der Feder der Radaufhängung.
Bei klassischen Motorrädern mit zwei senkrechten, nahe der Radachse angeordneten Federbeinen geben die Längen **a** und **b** in Abbildung 15.2 das Verhältnis vor.
Da die Längen bei dieser Anordnung ziemlich ähnlich sind, beträgt das Verhältnis nahezu 1 : 1.

Bei späteren Entwicklungen neigten die Konstrukteure die Federbeine und versetzten sie von der Radachse weg nach vorn. Mit dieser Konfiguration traten entscheidende Änderungen ein.
Das ursprüngliche, statische Verhältnis betrug nicht länger 1 : 1 und änderte sich zudem während der Einfederbewegung des Rads.

Insbesondere wenn das Rad einfedert nimmt die Federrate und somit die Widerstandskraft zu. Das Federbein legt einen längeren Weg zurück. Deshalb wird die Feder stärker zusammengedrückt und erhöht somit die Radlast.

Wenn sich das Verhältnis von Federweg am Rad zum Weg am Federbein ändert, bedeutet das gleichzeitig eine entscheidende Änderung der Dämpferkräfte. Da das Motorrad bereits auf geringe Unterschiede äußerst sensibel reagiert, spielt dieses Verhalten eine wichtige Rolle.
Die Dämpfungseigenschaften hängen von der Ein- und Ausfedergeschwindigkeit ab. Die Geschwindigkeit bestimmt wiederum die zeitliche Verdrängung des Öls im Dämpfer und somit die Dämpferkräfte.

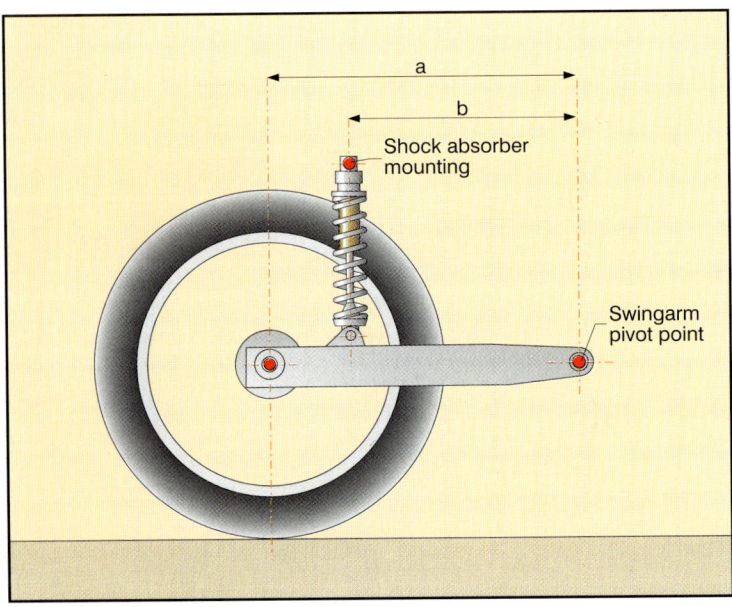

Abbildung 15.2: Kräfte an Rad und Federbein.
Shock absorber mounting = Federbeinanlenkung
Swingarm pivot point = Schwingenachse

Spätere Entwicklungen führten zu einzelnen, vor dem Hinterrad angeordneten Zentralfederbeinen.

Abbildung 15.4 zeigt die erste Anordnung dieser Art. Sie ermöglichte eine Schwingenkonstruktion mit einem Zentralfederbein und einer einfachen, robusten Rohrstruktur.

Das Verhältnis zwischen dem Federweg am Rad und am Federbein legt wie im vorhergehenden Fall das Verhältnis von **a** zu **b** fest. Es ändert sich über dem Einfederweg des Rads.

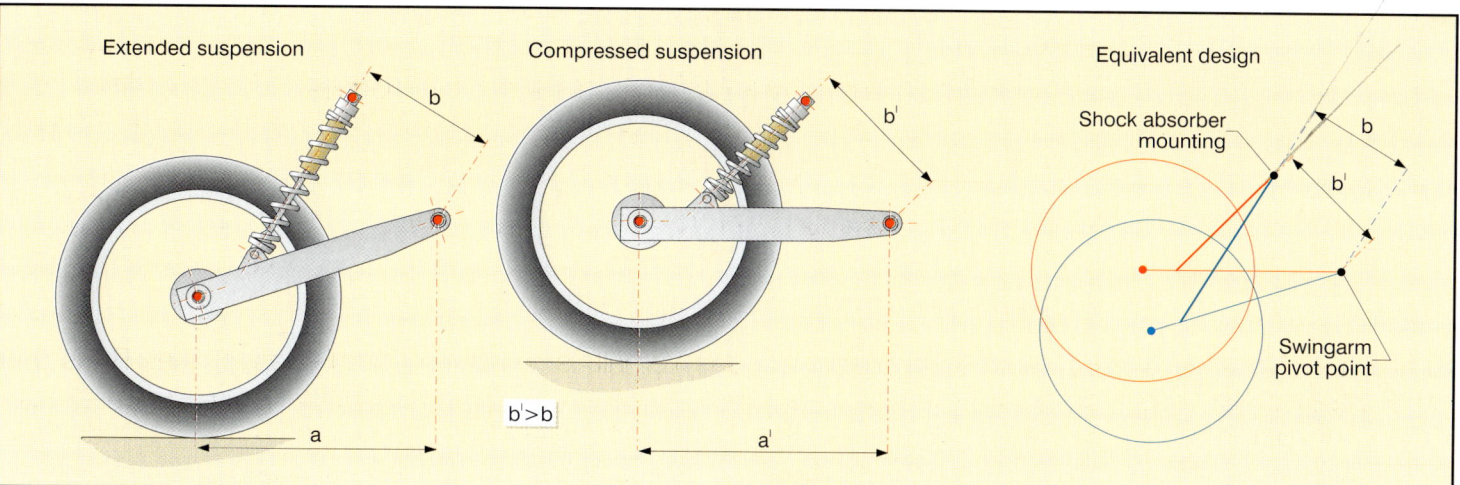

Abbildung 15.3:

Die wichtigste Errungenschaft bei der Entwicklung der Radaufhängungen trat während der 70er Jahre in der Motocross-Technik ein. Überzeugende neue technische Lösungen von Crossern hielten darauf bei allen anderen Zweiradkategorien von der Enduro bis zum Straßenmotorrad Einzug.

Lange Federwege ließen sich plötzlich realisieren, um selbst extreme Bodenunebenheiten sauber zu absorbieren. Die Federwege erreichten und überschritten 300 Millimeter.
Wenn das Federbein für große Federwege nahe der Radachse angeordnet ist, sind hohe Konstruktionskosten und großer Bauaufwand die unausweichliche Konsequenz.

Die logische Weiterentwicklung führte zu einem einzelnen Federbein mit moderatem Federweg, das vor dem Rad angeordnet war und sich über ein Hebelsystem abstützte. Das lieferte gleichzeitig noch das gewünschte Übersetzungsverhältnis. Nebenbei konnte sich jeder Hersteller vom anderen durch die Konstruktion der Hebelumlenkung unterscheiden.

Die Anordnung des Federbeins vor dem Hinterrad hat starken Einfluss auf den Biegemomentenverlauf der Schwinge. Das Biegemoment nimmt äußerst hohe Werte an und erreicht sein Maximum an dem Punkt, an dem die Hebelumlenkung an der Schwinge angreift.

Um die höheren Kräfte aufnehmen zu können müssen die Schwingen steifer konstruiert sein. Geringe Verformungen durch Torsion erfordern ebenfalls hohe Steifigkeiten um negative Auswirkungen auf das Fahrverhalten zu eliminieren.

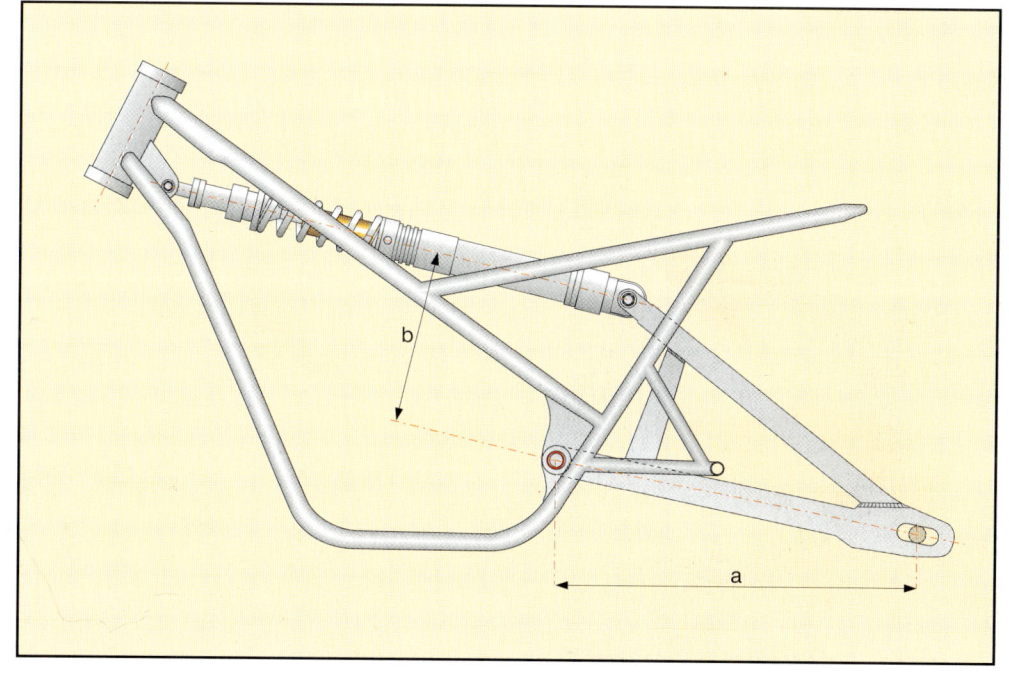

Abbildung 15.4: Dreiecksschwinge.

Abbildung 15.3: Radaufhängung mit progressiver Kennlinie: Mit zunehmendem Federweg steigt die Kraft am Federbein überproportional an.
Extended suspension = Radaufhängung ausgefedert
Compressed suspension = Radaufhängung eingefedert
Equivalent design = schematische Darstellung
Shock absorber mounting = Federbeinanlenkung
Swingarm pivot point = Schwingenachse

Die Übersetzungsverhältnisse zwischen Rad und Federbein haben sich bei aktuellen Offroad-Motorrädern und Motocrossern bei 5 bis 7 zu 1 eingependelt. Bei Enduros nehmen die Federwege dagegen wieder langsam ab.

Für Straßenmotorräder mit geringeren Federwegen von 120 bis 160 Millimeter beträgt das Übersetzungsverhältnis in der Regel etwa 3 : 1 und verringert sich bei Grand Prix-Motorrädern mit Federwegen von 120 Millimetern bis auf 2 : 1.

Zentralfederbeine haben sich aus folgenden Gründen durchgesetzt:

- Im Verhältnis zum Federweg am Rad können extrem kompakte Federbeine mit begrenztem Hub verbaut werden. Sie lassen sich leichter konstruieren und haben ein geringes Gewicht.

- Das Federbein kann im Bereich des Rahmens weiter vorn platziert werden. Das kommt der Steifigkeit der oberen Aufnahme zugute.

- Geringerer Bauraum und ein geringeres Massenträgheitsmoment des Motorrads um die Querachse; Das Federbein liegt näher am Schwerpunkt des Motorrads.

- Die Möglichkeit, das gewünschte Übersetzungsverhältnis vom Federweg am Rad zum Federweg am Federbein, sowie eine progressive Federrate zu erzielen, nützt allen Motorrädern, insbesondere jedoch Offroad-Bikes.

- Geringere Kosten, da ein Federbein einschließlich der Hebelumlenkung billiger ist als zwei Federbeine.

Da das Federbein von außen meist nicht zu sehen ist, spielen zudem Finish und optische Erscheinung keine Rolle, was zusätzliche Kosten einspart.

Beim Federbein handelt es sich um einen der seltenen Fälle, in denen eine hochentwickelte technische Lösung einer praktischen Lösung Platz gemacht hat, die sogar wirtschaftlicher ist als ihr Vorgänger.

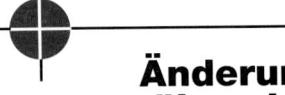

Änderung der Federrate über dem Einfederweg, progressive Federrate

Die Federrate ergibt sich aus den beiden Größen:

- *Federweg am Rad;*
- *Radlast;*

Beide nehmen Einfluss sowohl auf den Fahrkomfort, als auch auf den Kraftschluss.

Wenn die Radaufhängung beim Bremsen nahezu vollständig ausgefedert ist, muss die Feder so weich sein, dass Fahrbahnunebenheiten noch absorbiert werden können und der Fahrbahnkontakt erhalten bleibt.

Der Kraftschluss hängt, siehe Kapitel 13, von der statischen Radlast ab. Deshalb muss die Feder so weich sein, dass sie geringe dynamische Laständerungen aufnimmt.

Bei *Konstantfahrt* muss die Federrate höher sein als beim Bremsen, da dann die Last am Hinterrad wieder zunimmt.

Beim *Kurvenfahren* ist eine höhere Federrate notwendig, um starkes Eintauchen des Hecks und somit einen flacheren Lenkkopfwinkel zu verhindern.

Im Falle eines tiefen Schlaglochs oder einer Fahrbahnerhebung muss die Federung am Ende des Federwegs eine hohe Federrate aufweisen um nicht durchzuschlagen.

Bei einem mit zwei Personen und Gepäck voll beladenem Motorrad, bei dem die Last in erster Linie auf dem Hinterrad ruht, sollte die Hinterradaufhängung nicht zu weit eintauchen, um die Lage des Motorrads nicht extrem zu verändern. Auch in diesem Fall darf die Federung bei einer Bodenwelle nicht hart durchschlagen.

Daraus lässt sich ableiten, dass die Federrate mit zunehmendem Einfederweg ansteigen sollte.

Das Hebelsystem verursacht demnach ein abnehmendes Verhältnis vom Federweg am Rad zum Federweg am Federbein. Das bedeutet, dass bei gleichmäßiger Einfederung des Rads das Federbein und damit die Feder progressiv zusammengedrückt werden.

Wenn man das Verhältnis des Wegs von Rad zu Federbein als Funktion des Federwegs aufträgt, erhält man für jedes Motorrad eine charakteristische Kurve. Diese Kurve ist in den meisten Fällen eine sogenannte progressive Federkennlinie, da die Radlast über dem Federweg progressiv zunimmt.

Diese Charakteristik zeigt Abb. 15.5, bei der die Radlast als Funktion des Federwegs am Rad aufgetragen ist.

Viele Motorräder haben eine progressive Federrate, die sich nach dem gewünschten Fahrverhalten des Motorrads richtet. Bei Motocross-Motorrädern kann sie zum Beispiel bis zu 60 Prozent ansteigen.

Abb. 15.6 zeigt zwei unterschiedliche Kurven, einmal für ein Straßenmotorrad, das andere mal einen Motocrosser.

Abbildung 15.5: Radaufhängung mit progressiver Kennlinie.
Wheel – shock absorber ratio = Verhältnis des Federwegs von Rad und Federbein
Load on wheel = Radlast
Wheel travel = Federweg am Rad

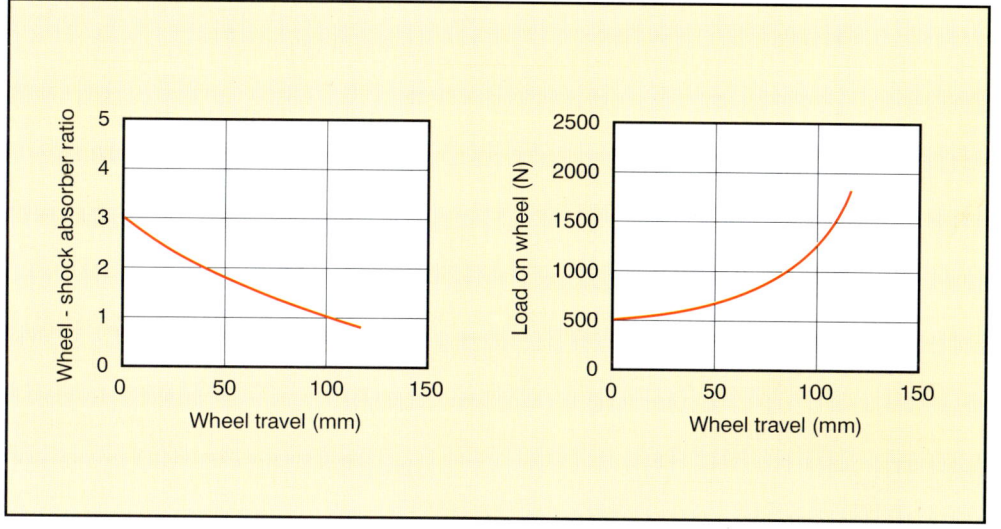

Abbildung 15.6: Funktion der Federrate über dem Einfederweg von Straßenmotorrädern und Motocrossern.
Streetbike = Straßenmotorrad
Motocross bike = Motocrosser

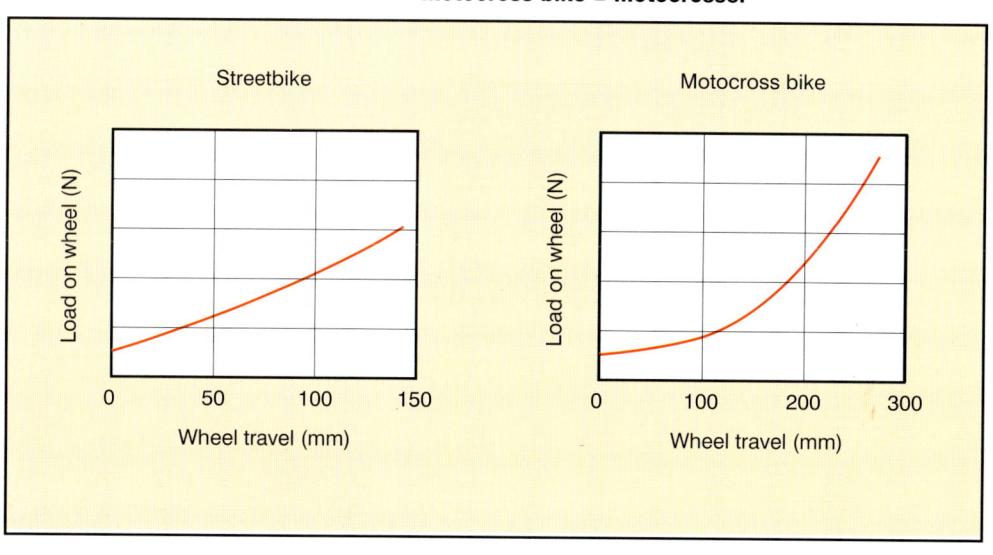

Selbstverständlich lässt sich eine progressive Federrate auch durch speziell gewickelte Federn erreichen (siehe das Kapitel über unterschiedliche Federraten), die sich zudem einfach herstellen lassen. *Andererseits bieten Hebelumlenkungen die Möglichkeit auch die Dämpferkräfte zu beeinflussen.*

Hebelumlenkungen von Federbeinen

Alle Hebelsysteme basieren auf dem Arbeitsprinzip eines in der Regel einfachen und nur in den seltensten Fällen aufwendigen Viergelenksystems mit ähnlicher Kinematik.

Ein einfaches Parallelogramm-Hebelsystem, siehe Abbildung 15.7, besteht aus folgenden Komponenten:
  - *Bauteil 1, der Schwinge,* die sich um die im Rahmen gelagerte Schwingenachse A dreht;
  - *Bauteil 2, dem unteren Hebel,* der sich um Punkt B, die Befestigung am Rahmen, drehen kann;
  - *Bauteil 3, der Zugstrebe,* die Bauteil 1 und 2 miteinander verbindet und dabei eine Translations- und Rotationsbewegung ausführt.

Das Federbein stützt sich in einem Drehpunkt auf Hebel 2 oder 3 ab.

Nachfolgend einige Beispiele von Hebelumlenkungen, die sich nach den obengenannten Kriterien zuordnen lassen:

- Federbein an Bauteil 2 angelenkt:

Abbildung 15.8 zeigt ein Funktionsprinzip, bei dem das Federbein seinen unteren Drehpunkt in Bauteil 2 hat. Dieser Hebel ist am Rahmen angelenkt und führt um seinen Anlenkpunkt eine Drehbewegung aus.

Die gewünschte progressive Federrate erhält ergibt sich durch die Wahl entsprechender Längen der unterschiedlichen Elemente und Winkel, die sie untereinander bilden.

- Federbein an Bauteil 3 angelenkt:

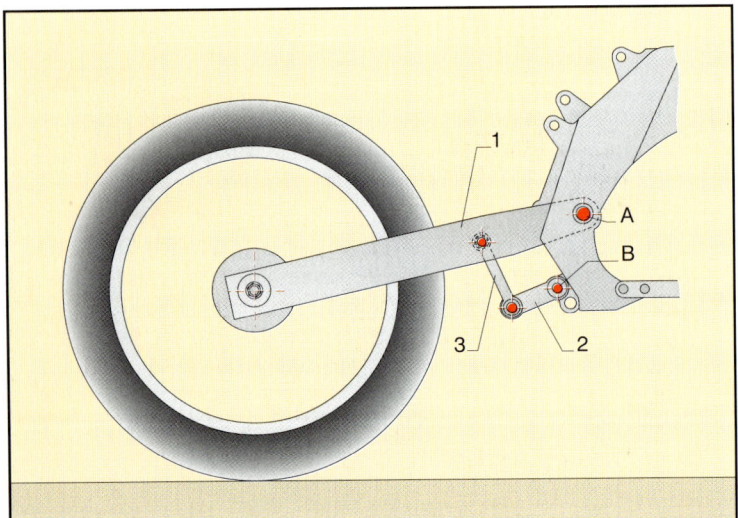

Abbildung 15.7: Hebelumlenkung für Federbeine.

Abbildung 15.9 zeigt die Anlenkung des Federbeins am Hebel 3, der den Hebel 2 mit der Schwinge 1 verbindet. Er führt sowohl eine Translations- als auch eine Rotationsbewegung aus.

Diese Anordnung ermöglicht ganz spezielle, progressive Federkennlinien und begrenzt die Längsbewegung des Federbeins im Rahmen. Sie benötigt deshalb nur wenig Einbauraum im Motorrad.

Diese Anordnung erlaubt eine geradlinige Bewegung. Das heißt beim Einfedern wird das Federbein nur in einer Richtung beaufschlagt und führt keine Schwenkbewegung aus.

Auf jeden Fall verhalten sich diese beiden Lösungen praktisch gleich. Die Entscheidung für die eine oder andere Konstruktion hängt von der speziellen Einbausituation und dem Einsatzzweck des Motorrads ab.

Dank der hochentwickelten Technik moderner Federbeine und den Qualitäten aktueller Reifen lässt sich eine progressive Federkennlinie immer einfacher gestalten. Der zur Verfügung stehende Bauraum und die Positionierung der Anlenkpunkte an Schwinge und Rahmen bestimmt daher die Wahl der Umlenksysteme.

Es gibt eine ganze Reihe weiterer Umlenksysteme, die auf Parallelogramme zurückgreifen. Dadurch lässt sich das Federbein in nahezu jeder Lage mit einer enormen Vielfalt von unterschiedlichsten Federkennlinien verbauen.

Bei einem anderen, weit verbreiteten System stützt sich das Federbein nicht am Rahmen ab. Beim Einfedern wird es vielmehr an beiden Enden zusammengedrückt. Diese Konstruktion, die Abbildung 15.10 zeigt, erübrigt also eine Anlenkung am Rahmen.

Mit dem Auftauchen von Hebelumlenkungen propagierte jeder Motorradhersteller sein eigenes System, gab ihm eine spezielle Bezeichnung und rüstete die meisten Modelle damit aus.

Heutzutage sind Hebelumlenkungen weit verbreitet. Daher ist jedes Modell mit dem dafür am besten geeigneten System ausgerüstet.

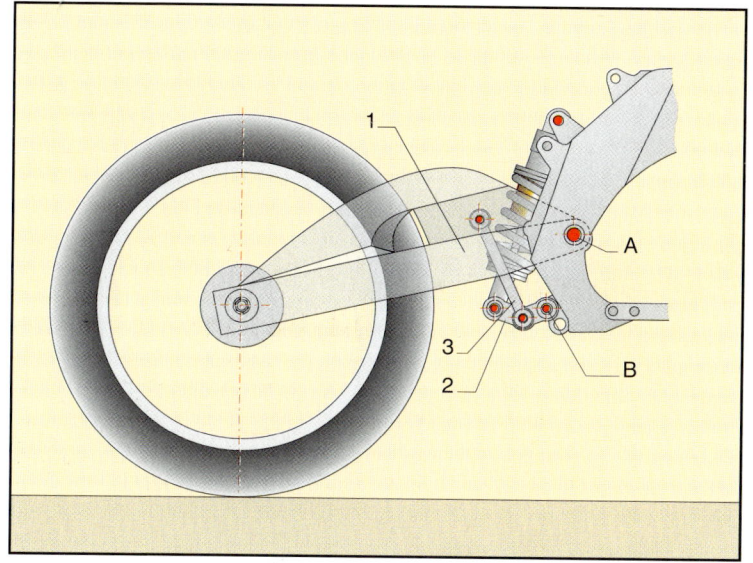

Abbildung 15.8: Federbein an Zwischenhebel angelenkt.

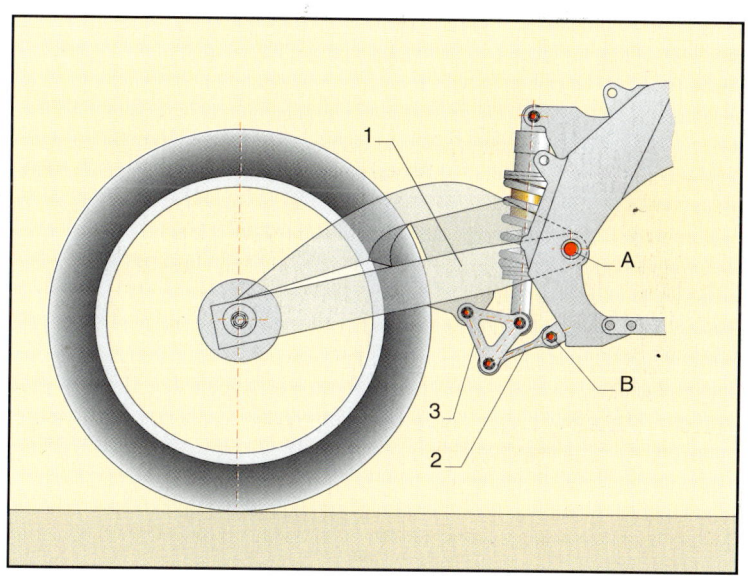

Abbildung 15.8: Federbein an Zugstrebe angelenkt.

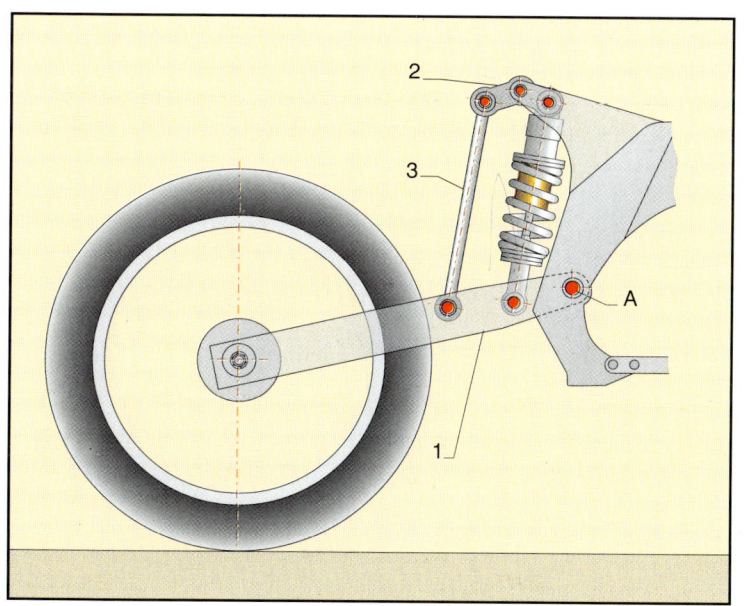

Abbildung 15.10: Federbein, das an beiden Enden zusammengedrückt wird.

Stichwortverzeichnis